国学经典系列解读

李一冉◎编著

孝经与孝道

——献给天下的儿女们

中国广播影视出版社

**图书在版编目（CIP）数据**

《孝经》与《孝道》：献给天下的儿女们 / 李一冉
编著. —北京：中国广播影视出版社，2016.1（2018.3重印）
　　ISBN 978-7-5043-7581-0

　　Ⅰ.①孝… Ⅱ.①李… Ⅲ.①孝—文化—中国—青少
年读物 Ⅳ.①B823.1-49

中国版本图书馆 CIP 数据核字(2015)第 320285 号

**《孝经》与《孝道》**
—— 献给天下的儿女们

李一冉　编著

| | |
|---|---|
| 策划编辑 | 王　萱 |
| 责任编辑 | 李潇潇 |
| 装帧设计 | 亚里斯 |
| 责任校对 | 张　哲 |

出版发行　中国广播影视出版社
电　　话　010 - 86093580　010 - 86093583
社　　址　北京市西城区真武庙二条 9 号
邮政编码　100045
网　　址　www.crtp.com.cn
微　　博　http://weibo.com/crtp
电子信箱　crtp8@sina.com

经　　销　全国各地新华书店
印　　刷　河北鑫兆源印刷有限公司

开　　本　710 毫米×1000 毫米　1/16
字　　数　278(千)字
印　　张　21
版　　次　2016 年 1 月第 1 版　2018 年 3 月第 2 次印刷

书　　号　ISBN 978-7-5043-7581-0
定　　价　42.00 元

# 前　言

　　古典史籍成千上万，但能够称得上"经"的，的确如数家珍。那么究竟什么是经？

　　经者金也，就是永远不变的真理；经者镜也，就是回光返照之本觉；经者精也，就是真实生命之展现；经者劲也，就是自强不息之君子；经者静也，就是厚德载物之本性；经者净也，就是不染红尘之慈悲；经者径也，就是一条光明之大道。故经的代名词也可称之为道。

　　道不生不灭，不垢不净，不增不减，无色无味，不可触摸，不可感觉，无形无相，但可显现。如何显现？孝，毫无疑问就是最好的一种表达方式，所以对待父母如敬天。由此可见，《孝经》之内涵太深奥了，可谓博大精深。

　　所以一个人孝道做圆满了，成圣成贤不在话下。如我们所熟悉的曾子，孝道做到了极致，成就宗圣，为我们树立一个"立身行道，扬名于后世，以显父母，孝之终也"之典范。

　　在这条光明大道上，孝不会变更，不会随着时代的变迁而变化，因为无论是古人还是今人，无论是凡夫还是圣贤，也无论是帝王将相还是平民百姓，皆是父母所生，每个人承蒙父母大恩大德。昊天罔极，故孝道不可或缺。

　　孝的本体就是道，就是本善，所谓"人之初，性本善。"人的本性，其实纯善无恶，只是被后天的欲望诱惑蒙蔽了我们的慧眼，导致常为小我而奔忙，常为欲望而烦忧。于是人们开始成为金钱的奴隶、感情的俘虏、生活的蜜蜂、工作的机器、政治的牺牲品，天天忙得不亦乐乎，忙得忘却了人生的意义和生命的真

谛，而且忙得经常忽略孝顺父母亲，故《孝道》和《孝经》的提倡，实属情非得已，这也道出了国人之悲哀。

曾经，定弘法师在写《孝经》的时候，运用天台宗的"五重玄义"来诠释，诠释得非常好。今天，末学将以道为本体，运用儒、释、道三家哲学来阐释《孝经》。其实，儒、释、道三家同出一体。而自古所有的历代帝王也都注解过《孝经》，足以见得对《孝经》重视之程度。

雍正皇帝曾写过一篇《上谕》，即皇帝的圣谕。他说："理同出一源，道并行而不悖。"是说三家的义理，都是出自同一个源头。这个源头是什么？佛家言"自性"，道家讲"玄牝"，儒家说"明德"，其实都在称道，道是源头。即古圣先贤的真理是从道中流露出来，道是体，即本源论；德为用，即方法论。

有句话叫作："条条大路通罗马"，意思是无论是儒释道耶回哪一家，也无论是孝悌、忠信、礼义、廉耻中的哪一样，做到至诚和极致都可以通到罗马，即都可回归道中。五教圣人就像我们人的五根手指，虽然形体有差别，但根却是相同的。如果我们觉得五教有所冲突，那并不是五教的道理有所冲突，而是我们自己对五教的理解上有偏差，不够透彻。

《孝经》所述，是性命之谈，"性"就是本性，就是讲到宇宙万物的本体，那就是道。"命"就是天命，就是上天赋予每个人身上的良心本性。如果依此修行，落实《孝经》，必定获得无上的利益，因为它是通向圣贤之路的指南针。因此本经的开宗明义就说，这是先王的至德要道。所以概括起来，本经修学的功用，小则可以使得家庭幸福，大则可以使得世界大同。

天上没有一位不孝的圣贤，人间没有一个不忠的忠臣。古圣先贤之孝行，感天动地，成就万德庄严，使父母物质不贫乏，精神不空虚，让父母无量世生命得以发光发亮，他们把孝道做到了极致而圆满。

故今日以附《孝经》，就是想重振人伦，恢复纲常，推广扩深人们对孝的延伸，更深层次地认识孝道，体悟孝道，力行孝道，成就至孝，与君共勉之！

# 序

　　玄奘大师孩童时期，一次父亲为他讲《孝经》时，他突然起身，洗耳恭听，父亲疑惑不解："你为何不坐下来听呢？"玄奘说："因为曾子昔日聆听《孝经》也是如此！所以孩儿今天也要向他学习！"

　　曾子曾说："老师，请允许我冒昧地提一个问题，什么才是圣人的德行？在所有德行中，难道就没有比孝道更为重要的了吗？"

　　孔子说："在宇宙万物之中，唯有人类最为尊贵。而作为人，他最高的品行便是孝道，没有任何品行可以超越它。"

　　《孝经》云："夫孝，天之经也，地之义也，民之行也。"

　　孝乃天赋人类之本性天良，失却孝道，就意味着人类的天理良心荡然无存。人如果昧了天理良心，什么坏事都能干得出来。猛禽野兽之互相争食，乃是动物之生存本能，不外乎本身的尖牙利爪迅捷争夺。食饱之后就没有故意伤害其他动物的欲望。

　　然而人却不会满足于温饱，即使解决了生存危机与温饱之后，还会生出永无止境的享受欲望，人为了自己的口欲及经济利益，制造武器、制造捕猎其他动物的工具，残杀动物甚至同类。

　　有的人为了自私的心理，不仅伤及长辈，甚至不敬养父母。据某地调查，赡养老人好的地区不孝之子占人口总数的1%，差的地区占3%，这1%~3%的比例数虽然很少，但中国人口基数庞大，这1%~3%的人数也是惊人的。在1%~3%内，对每一个老人却是100%，这些家庭中的老人得不到很好的赡养甚至受到逆

子恶媳的虐待，有的状况还十分凄惨。

　　一个连生身之父母都不孝的人，你说他还有什么事干不出来?! 羊羔跪乳、乌鸦反哺、雁飞有序、家犬有义，从古至今没有变化。人若失去天良，不孝敬父母，比动物还要低一等级，看来"禽兽不如"的说法其来有自。

　　动物世界虽有争食相残，但只是自然生物链条的一个环节，对天地生态之影响不大。然而列为天地人三才之一的人类，如果悖逆天理，秩序混乱，将直接影响天地之气的五行化布。日本江本胜博士的水试验告诉我们，当人对水加上了美好的意念时，水的结晶就特别漂亮，相反加上恶的意念时，水的结晶就非常丑陋。由此而推，极恶的人心会摧毁万物并给人类带来灭顶之灾，岂能不慎乎?!

　　人与自然是一不是二，所以当心术不良，行为随之又越轨，进而影响到万物的和谐发展，故孝道乃是天理良心的最后一层底线，一旦攻破了这层底线，顶天立地的最后一根柱子将会折断。

　　老子云："故失道而后德，失德而后仁，失仁而后义，失义而后礼。夫礼者，忠信之薄也，而乱之首也。"当人类失了道才提倡德，德行不彰又提倡仁，仁慈不显方提出义，义之难行勉为其礼了。人为造作之礼一旦出现，标志着人与人之间的真诚淡薄，天下大乱就要开始。

　　殊不知"孝"就是礼的核心内涵。从尧舜以孝治天下，到孔夫子传授儒家孝道，集纲常伦理于经典之中，说明天下已经不正常了，乃至三千年后的当代又重提孝道，则反映出人们的道德行为更加败坏了，这确实是个迫在眉睫的严重问题。

　　多少大德高僧每讲孝道，都声泪俱下，这难道只是一种自我感动吗? 更深的含意是为人类的命运而慈悲! 千古圣贤苦口婆心、慈悲度人，都不想看到由人类贪婪、自私的行为造成的种种罪业而导致玉石俱焚的可怕后果! 人心失道，魔军入侵，已越过了德、仁、义、礼、孝的最后一道防线，危在旦夕，如果这个核心崩溃，"覆巢之下岂有完卵！"人类的命运就不言而喻了。

故当今提倡孝道，乃是构建和谐社会的基础与大根大本，舍此没有二法。孝虽是家庭伦理，但直接影响到社会安定及天下太平。因此历朝历代皆奉孝为"立身之本、齐家之宝、治国之道"。

《孝经》以孝为教、以德导人、以理晓人，启发心智、感化人心、引人正行。《孝经》是历朝历代教化之核心和灵魂，是孝教的最好教材。

元朝的郭居敬编撰的《二十四孝》的故事六百年来在宣传孝道上影响极大，家喻户晓。

《弟子规》系清代康熙时山西绛州人李毓秀所作。他根据《论语》中的"弟子入则孝，出则弟，谨而信，泛爱众，而亲仁，行有余力，则以学文"，这句话，改编为《弟子规》的总序，尤其是入则孝："父母呼，应勿缓。父母命，行勿懒。父母教，须敬听。父母责，须顺承。冬则温，夏则凊。晨则省，昏则定。出必告，返必面。身有伤，贻亲忧。德有伤，贻亲羞。亲爱我，孝何难。亲憎我，孝方贤。亲有疾，药先尝。昼夜侍。不离床。丧尽礼，祭尽诚。事死者，如事生。"这段话，三百年来，对教化世道人心，净化心灵上功不可没。尤其在今天大力弘扬中国传统文化的作用上，是无法估量的；在构建当今和谐社会中所扮演的角色占有举足轻重的地位；在促进世界大同中起着推波助澜的积极作用。

常言道："船到江心补漏迟，临崖勒马收缰晚。"不要等到不孝之风成燎原之火，则悔之晚矣！只有孝道可以救人心于不古，挽家庭于离散，匡社会于混乱，扶人类于颠倒。

孝道没有文字之分，没有民族之别，没有信仰之异，没有国界之区，没有时空之限，它是灵魂的核心，是做人的根本，是人类生命共同的大道！是宇宙生生不息的原动力！

为了广大读者更好地理解孝道，末学通过圣贤之理教与发生在生活中的事例对孝之精髓进行了全方位的解读与阐释，力求把圣人的智慧与现实紧密结合起

来，以便掌握孝道之奥旨，引导大家寻找生命的源头。

《〈孝经〉与〈孝道〉》在编写过程中，从多种形式，不同角度，由浅入深，开启众生之智慧，打动读者之心扉，唤醒儿女的良知良能，以期早日实践孝道，从而成就生命之圆满境界。

由于末学才疏学浅，在编著过程中，难免有断章取义之嫌，失谛误解之疑，或未尽通达之失，诸多不当之处，在此还望诸位大德批评斧正，为盼！

愿本书能在您的心中引起共鸣及危机感，共同投身到弘扬孝道、拯救人心的伟大事业之中。

# 目　录

上 部

《孝经》

# 孝　经

## 开宗明义章　第一

**【原文】**

仲尼①居，曾子②侍。子曰："先王③有至德要道，以顺天下④，民用⑤和睦，上下无怨。汝知之乎？"曾子避席⑥曰："参不敏，何足以知之？"子曰："夫孝，德之本也，教之所由生也⑦。复坐，吾语汝。身体发肤，受之父母，不敢毁伤⑧，孝之始也。立身行道，扬名于后世，以显父母，孝之终也。夫孝，始于事亲⑨，中于事君⑩，终于立身⑪。《大雅》⑫云：'无念尔祖，聿修厥德。⑬'"

**【注释】**

①仲尼：孔子的字。春秋时鲁国人，生于鲁襄公二十二年（前551年），卒于鲁哀公十六年（前479年），是儒家学派的鼻祖，著名的思想家和教育家。

②曾子：曾参，字子舆，鲁国南武城（今山东费县西南）人，孔子的学生。

③先王：先代的圣贤帝王，旧注指尧、舜、禹、文王、武王等。

④以顺天下：使天下人心顺从。顺，顺从。

⑤用：因而。

⑥避席：古代的一种礼节。席指铺在地上的草席，这里指自己的座位。

⑦教之所由生也：古有"五教"之说，即：教父以义，教母以慈，教兄以友，教弟以恭，教子以孝。儒家学者认为，孝是一切道德的根本，一切教育的出发点。

⑧毁伤：毁坏，残伤。

⑨始于事亲：以侍奉双亲为孝行之始。一说指幼年时期以侍奉双亲为孝。

⑩中于事君：以为君王效忠、服务为孝行的中级阶段。

⑪终于立身：以进德修身，留名后世为孝行之终。

⑫《大雅》：《诗经》的一个组成部分，主要是西周官方的音乐诗歌作品。

⑬"无念"二句：语出《诗经·大雅·文王》。

## 【译文】

孔子闲居在家，曾子在旁陪坐。孔子说："先代圣王尧、舜、禹、汤、文、武等，他们有至高无上的德行，极其重要的大道，可以用来指导天下人民，全国因此和睦相处，用它可以使得天下人心归顺，百姓和睦融洽，上上下下都不怨天尤人，你知道这种至德要道是什么吗？"

曾子听到孔子的教诲，立刻恭恭敬敬地站起来，连忙走到孔子的前面说："老师，学生生性愚钝，哪里能知道这么高深的东西呢？还是请老师教导我吧！"

孔子说："那就是孝！孝是一切道德的根本，所有的品行教化都是从孝产生出来的，你先回到原处！听我慢慢道来。

身体发肤是父母所生的，我们应当要特别地加以爱护，丝毫不敢损伤它，这是孝顺父母的开始，也是最基本的孝行。然后，立身行道，进德修业，遵循天道，有所建树，扬名于后世，使父母荣耀显赫，这是孝顺父母的终结，也是孝道最后圆满的境界。

所以孝道这件事，起初在幼年时代，如果能够侍奉父母，和兄弟和睦相处；到了中年时代，就能移孝作忠，效忠君王，鞠躬尽瘁，死而后已；到了老年时代，顶天立地，扬名于后世，道成天上，名留人间，这才是孝道的圆满结果啊。

《诗经·大雅》说：'怎么可以不追念你的祖父文王的德政呢？要好好地效法先祖的德行，努力将之发扬光大，不断修养你的美德啊！'"

## 【妙解】

开宗明义直述《孝经》之根本，发露自性之德能，彰显出《孝经》的道义和义理。下面通过一个事例来引出其妙义。

一位留学生过年回家，母亲看到儿子拎了一袋鼓鼓囊囊的东西回来，高兴地说："回来就行了，还带这么多礼物干什么？"母亲接过袋子一瞧，傻眼了，原来袋子里全是脏的衣服。儿子脸色顿时很尴尬。难道这就是过年孝顺父母的礼物吗？一位老师在论坛上曾经问大学生："请问大学生有没有文化？"回答说"有！""那么再请问大家，不孝顺父母的人有没有文化？""没有！"同学们回答得干脆利索。老师又追问道："不孝顺父母的大学生有没有文化？"这时会场沉默下来，仿佛陷入了深深的沉思之中……

由此可见，孝是教育之大根大本。我们看这个"教"字，它是由"孝"与"文"组成的，只有把孝做好了才有下文，才可以学习四书五经、六艺，等等。正如《弟子规》开头所言："弟子规。圣人训。首孝悌，次谨信。泛爱众，而亲仁。行有余力，则以学文。"《论语》也说："有子曰：'其为人也孝悌，而好犯上者，鲜矣；不好犯上，而好作乱者，未之有也。君子务本，本立而道生。孝悌也者，其为人之本与。'"孔老夫子云："志于道，据于德，依于仁，游于艺。"所以最好的教育莫过于孝，孝是教育的核心与灵魂。

孝是一切道德之源头。所有的品行教化都是从孝产生出来的，《礼记》云："居处不庄，非孝也；事君不忠，非孝也；莅官不敬，非孝也；朋友不信，非孝也；战阵不勇，非孝也。"

就拿"朋友不信，非孝也"。举例说明吧。现今社会诚信严重缺失，谁都不会轻易相信谁。过去是"老乡见老乡，两眼泪汪汪"，可如今却变

成"老乡见老乡，背后放黑枪"。手机诈骗短信到处都是，传销坑了多少亲朋好友，假冒伪劣产品比比皆是，广大群众深受其害。然而，还有些人对此认识不够，甚至到了麻木不仁的地步。

一次我去理发，理发师见我身着唐装便问："这衣服很好看，你是做什么工作的？""讲国学的老师。""什么是国学？"她好奇地问。"就是传统文化，诸如《弟子规》、仁义礼智信什么的。"我知道她对这方面接触得少，所以尽量说点简单的，再说"大道至简"嘛！"这年头谁还学这玩意？谁还不说假话呢？"理发师冷不丁地冒出这么一句。"你认为诚信不重要吗？"我反问。她摇摇头，一副满不在乎的样子。我没有直接反驳她，怕伤了和气。于是心平气和地提出了几个问题与之商讨："请问你，如果你孩子说去同学家写作业，而事实上去网吧玩游戏了。你知道后会有何反应？""回来我就揍他一顿，我最讨厌说假话的孩子了。"我又接着问："那我再问你，假如你先生与你结婚时，隐瞒了一段婚姻史，其实是二婚，你知道后，又将会怎样呢？""我跟他离婚！谁愿意与骗子过一辈子？"她斩钉截铁地回答。"再请问你，倘若你朋友说母亲病危，想跟你借些钱看病，事实上他拿去还赌债了。你了解到情况，又当如何？""我与他一刀两断、一了百了，永远不同这种人打交道！"这时我才语气温和地说："大姐，你不是刚才说，诚信不重要吗？"理发师被质问住了，表情非常不自在，为了打破僵局，她赶忙拿起吹风机给我吹头发，一边吹一边说："看来诚信的确很重要，您赶紧去讲吧！社会太需要诚信了！！！"

所以孔子才曰："人无信不立。"儒家言："信统四端兼万善。"佛家云："信是道源功德母，长养一切诸善（根）法。"常言道："大丈夫一言九鼎"、"一言既出，驷马难追"、"人言为信"。可见，"信"是多么重要啊！所以孝的核心就是信，也只有至诚的孝才能让世界充满和谐与幸福。

所谓百善孝为先，孝门一开，百善皆来，孝德荒废，百善不生。因为根本没有了，其他之德不足为道。因此孝道是打开自性宝藏的钥匙，也是成就生命之关键所在，更是修身之本，齐家之要，治国之道。

孝是尊师重道之延续。孔老夫子讲述《孝经》也是对曾子的一种肯定，因为曾子是大孝子，他的孝行感天动地，他把孝道做到了极致。正因如此，孔老夫子几乎特为他写的这本《孝经》。

开篇曾子在孔老夫子旁边侍坐，服侍老师，这一举动足以说明曾子在力行师道，他在家行孝道，在外行师道，孝亲尊师，垂范后人。

师道是在孝道的基础上建立起来的，师道和孝道同样重要。

一次，我去外地给当地学生授课，其中一位学生是企业的老板，生活富裕，正巧家里刚新买了辆劳斯莱斯，他自告奋勇去接老师。来到机场，众人们面面相觑，他开来接老师的车居然是一辆开了有些年头的旧款奔驰。

大家议论纷纷，有的说，他舍不得崭新的劳斯莱斯。有的说，他瞧不起老师……说话间我出来了，被众人簇拥着上了车，上车后，学生恭敬诚恳地向我说："老师，您一路辛苦了！首先跟您解释一件事情。学生没有开自己最好的车来接老师，请您老见谅。学生并不是不舍得，而是因为新车甲醛超标，对您老身体不好，所以我还是决定用这辆旧车来接您，这车学生开了些年几乎已经没有甲醛味了，您老坐着安全，学生心里也踏实。"学生这样一份至诚爱师之心，感动得我眼含热泪。

一个人存活于天地之间，除了承受父母大恩大德之外，最要感恩的就是我们每个人的老师。所以，中国传统文化最重视的就是孝道和师道，儒家特别强调尊师重道，强调老师的恩德与父母的恩德是一样的，孝道和师道是教育之大根大本。现代社会人们尊称老师是"人类灵魂工程师"，而古人称"一日为师，终身为父"。

古往今来，每个人对老师都是尊重有加，就连皇帝也要率先垂范。皇帝都是面南朝北来接见群臣的，但是在他接见自己的老师的时候，就不能够以君臣之礼接见，而必须是以主宾之礼接见，也就是一个站在东面，一

个站在西面，这也体现出师道之重要。

古代父母过世要守丧三年，老师过世也得守丧一年到三年不等，而子贡却为至圣先师孔老夫子守孝六年。

孔子大德，峻极于天，令一向傲慢的子贡敬佩不已。公元前 479 年，孔子去世，子贡作为孔子最忠诚的弟子，从远方昼夜兼程赶来的他悲痛欲绝。孔子下葬那天，子贡更是伤痛无比，稽颡泣血，一支哀杖已不能支撑他的躯体，只能双手各持一支。孔子棺材入土后，子贡手拄的两支哀杖，已深深扎进土里拔不出来了。

孔子弟子守孝三年离去后，子贡为报师恩，便在老师墓旁搭庵结庐又守三年。守墓期间，两支入土的哀杖生根发芽成活了，这树说柳不是柳，说槐不是槐，十分罕见。子贡联想到周公庙前的楷树，老师高风亮节，博学善教，于是给这树起名"楷树"，寓意孔子之德行可与周公相媲美，成为世人学习与效仿之楷模。

同样地，孔老夫子也很尊重他的弟子，因为古代对男子的尊称成为"子"，老师对学生没有直呼其名，而是称之为"曾子"，可见他对弟子们的尊敬。所以礼是有两面性的，所谓"爱人者人恒爱之，敬人者人恒敬之"。

韩愈曾说："师者，传道，授业，解惑也。"师道贵在传承，六祖云："祖祖惟传本体，师师密付本心。"人的一生中在不同时期会遇到不同老师。授业解惑的老师教你知识、技能。所以感恩这些老师传授我们本领，让我们能够有生存之本，生活之源。而明师是通天彻地、大彻大悟的老师；明师是指点迷津的老师；明师是帮助我们脱离苦海的老师；明师是直指人心、见性成佛的老师；明师是天下稀有的老师。这样的老师可以让我们明心见性，无量世生命得以发光发亮。

开悟的老师对我们的恩德太大了。因为父母给了你生命，明师给了你慧命。有了智慧，人生就有了目标和方向，也就有了价值与意义。而这样的智慧是父母无法给予的，所以，可以说，老师的恩德在某种意义上超越了父母给予你生命的恩德。因此，老师的恩德如同父母的恩德一样是无法代替的。

孔老夫子就是明师，是明白宇宙人生真实相的老师，而不是出名有名的普通老师。孔子在明传诗书暗传道的过程中，育人无数，在三千弟子中成就四配、十哲、七十二贤，许许多多的弟子追随孔夫子直到生命最后一刻，反映出浓浓师生情。

今年教师节那天，有位学生给一位传道的大德明师写了一封信：《老师您辛苦了》，写得特别到位——

老师，您背井离乡，奔走四方，开荒阐道，为了我们能够觉醒生命，付出了一切，您辛苦了！

老师，您抛家舍业，放下一切，担起使命，为了我们能够早日闻道，付出了一切，您辛苦了！

老师，您离妻别子，聚少离多，忍痛割爱，为了我们能够阖家团圆，付出了一切，您辛苦了！

老师，您慈悲喜舍，忠孝仁义，牺牲奉献，为了我们能够究竟解脱，付出了一切，您辛苦了！

老师，您不辞辛苦，不顾寒暑，走遍天涯，为了我们能够离苦得乐，付出了一切，您辛苦了！

老师，您为法忘躯，苦口婆心，身心憔悴，为了我们能够明理超越，付出了一切，您辛苦了！

老师，您忍辱负重，救苦救难，心量广大，为了我们能够成就生命，付出了一切，您辛苦了！

老师，您无怨无悔，舍己为人，经受考验，为了我们能够明心见性，付出了一切，您辛苦了！

老师，您含冤莫白，接受诽谤，认罪到底，为了我们能够好好修行，付出了一切，您辛苦了！

老师，您修身齐家，倾巢出动，全家付出，为了我们能够良心唤醒，付出了一切，您辛苦了！

老师，您尊师重道，一日为师，终身为父，为了我们能够学习榜样，付出了一切，您辛苦了！

老师，您孝行天下，坚持不懈，感动中国，为了我们能够世界大同，付出了一切，您辛苦了！

老师，我们感恩您慈悲，感恩您付出这一切。毛泽东主席曾说：一个人做一件好事容易，难的是一辈子做好事。而您却天天做，年年做，几十年如一日，从未停止过度化众生的脚步。老师您是我们学习的好榜样。

因为有您，在修行的这条路上，让我们不再迷茫，不再痛苦，不再沉沦；

因为有您，面对种种考验时，能够抵住风雨侵蚀，战胜困难，超越自我；

因为有您，我们才有机会，开悟明理，正己化人，止于至善，成就菩提。

老师，您总是以大局为重，不计较个人恩怨得失，您常常教导我们：个人荣辱是小，众生生死事大。您从不放弃我们。老师我们爱您，我们永远爱您！

所以我们今生选择老师，也要选择德高望重、明心见性，可以让我们成圣成贤的老师，以后无论遇到再大的困难，当效仿孔老夫子的弟子，追随老师忠心耿耿，永不变心。大德有言："大忠大孝大感恩，忠天忠地忠良心。"做人要懂得一个"忠"字，忠贞不贰才是英雄本色。

孝是至德要道之精髓。先王一般指的是历史上的三皇五帝，古圣先王，德范天下，能够上顺天意，下合民心，依道而行，把"至德要道"之孝道推行天下，并且以孝治天下，依孝平天下，使得上下君臣之间都和睦无怨，天下太平，万国一家。因为孝道扩展至最后那就是"老吾老以及人之老，幼吾幼以及人之幼"。

所以孝道是我国传统文化之美德，是数千年来最伟大的立国精神，也是健全家庭组织的基本要素，更是人格完整的奠基石。古往今来，古圣先贤的孝行故事，感天动地，震撼心灵，激励着一代又一代的中华儿女力行忠孝。

王春来，洛阳监狱一级警督。12 年，4300 个日日夜夜，照顾双双瘫痪的父母义不容辞，坚持写下上万篇亲情孝子日记。

这之前他没想过出书，更没想过出名。只是在伺候双亲的过程中，为了让父母感觉老人没有耽误儿子前程，抽空就在父母病床前写书。因为看到儿子埋头写书的身影，父母就像看到他儿时写作业一样开心。所以即使精疲力竭，他都会从旁人难以想象的疲劳中挣扎着醒来，拿起笔书写。

12 年的不眠之夜，王春来就躺在病重的父母中间，一只手为母亲翻身，一只手为父亲换尿布到深夜。白天他口腔、鼻腔里都是血块，他曾经一度怀疑自己得了肺结核……

2008 年度他荣获"感动洛阳十大人物"，并被网友推荐为网络版"2009 年度感动河南十大人物"、2009 年"当代中华最感人的十大慈孝人物"、2010 年"当代中华新二十四孝"。

纵观当今，孝道颠倒，人伦荒废，孝道不能大行于天下，让所有有良知的中国人感到不安，故重新提倡孝道，唤醒世人之本性，对促进家庭幸福、社会安定、国家和谐乃至世界大同有着深远的意义。

孝是保护身心灵之和谐。"身体发肤，受之父母。"父母给我们一个完完整整的身体，临命终之时我们也要全而归之。其实完完整整有两层意思，不仅仅是要保护好身体，也要呵护我们的内心不受污染。

　　王凤仪善人 16 岁时在外地做小工，有人欺负他，他都不与人争，默默忍受，旁人都看不过去了，问他为何不反抗，跟他论个长短？难道是怕对方吗？他很谦卑地回答："离家好几十里，好好做活，妈都还天天挂念着我呢！要是再和人打架，万一传到我妈耳朵，不就更不放心了么？是怕妈妈惦念我，才学老实，我哪里是怕他呢？"

　　《诗经》说："战战兢兢，如临深渊，如履薄冰。"就是提醒大家，父母给我们的身体，要好好照顾，时时刻刻谨慎戒惧，不能让它受到任何的伤害啊！

　　《大学》有云："所谓修身在正其心者，身有所忿懥则不得其正，有所恐惧则不得其正，有所好乐则不得其正，有所忧患则不得其正。"

　　如果我们心里有病，比如忧患得失的病、愤怒生气的病、嫉妒吃醋的病、不满抱怨的病、骄傲自大的病、恐惧不安的病，等等，都是不孝，因为会让父母牵挂，会让父母担心。所以要把埋怨变感恩，嫉妒变赞美，愤怒变忍辱，骄傲变谦虚，恐惧变心安，调整好我们的心态，每天充满阳光和幸福，充满正能量。

　　如果我们"身有伤、德有伤"就不可以称之为孝了，同理，我们也不能称之为身心灵和谐，不仅如此，还将使我们的心灵沉沦苦海，永失真道。

　　所以每一个人一定要守护好我们的灵体，让我们的自性常清静，回归于道中，并努力修行，让二六时中分分秒秒都能止于至善，那么这是对父母——不仅仅是生育我们肉体的父母，还有生我们灵性的大道母亲，都是最好的孝顺，这也是极致圆满的孝道。而要想达到这样的境界，必须"立身行道，扬名于后世，以显父母，孝之终也"。

　　孝是层层深入之境界。道是要行的，而不是独善其身，应该兼善天下。五祖有云："有情来下种，因地果还生。无情既无种，无性亦无生。"所以自己明理了之后，还要广度有情众生，让不明白真理的也能开悟明理，最后道成天上，名留人间。

少年时期的刘邦曾经担任泗上的亭长，有一次他在首都咸阳城看见秦始皇率军出巡，辇车华盖，耀武扬威，刘邦看见这种情况，叹息道："同样是人，他为君王，我为百姓，他享尽荣华富贵，我受尽孤独贫贱。像这种榨取民脂民膏的独夫，天下人却敢怒不敢言。唉！大丈夫应该有除暴安良的鸿鹄之志，一来拯救百姓于水火之中，二来也好立身扬名，以显父母啊！"

于是刘邦招兵买马，终于拥有了一支颇为强劲的军队，并在沛县奠立基业，又经过难以计数的大小战斗，使得秦朝覆灭，垓下之围，逼得项羽自杀，统一天下。要登基之前，刘邦回乡省亲，他的父亲闻讯而出，卑躬屈膝地为他打扫门径。刘邦大吃一惊，赶紧从马背上跳下来。他的父亲谦卑地说："你是人君，我是人臣，君臣名分既定，君臣之礼就不可废，我虽是你的父亲，也不能例外啊！"

刘邦听了这一席话，颇不以为然，仍旧以父子之礼相见，并且封父亲为太上皇。一个人能够在飞黄腾达的时候，不忘父母的养育之恩，而且把立身扬名的最高荣誉，归功于父母的栽培，这种孝心，岂是让父母甘旨无缺的小孝所能比拟？

所以小孝是指孝顺好自己的父母亲，中孝就是忠君爱国，大孝就是立身行道，成就无量无边德性，让父母同沾这份德光，从而庇佑祖先后代同归臻至善。所以孝道是有境界和次第之分的，为人要提升智慧，立志尽大孝。

从古至今的历代祖师大德做的都是弘扬正法，传播真理大道，宣扬无上真理的圣业，如六祖大师。被称为"东方如来"的六祖惠能大师，一安顿好母亲，就踏上了求学问道之路，最后成为一代祖师大德。他24岁闻经悟道，39岁剃度落发，说法利生37年，得旨嗣法者43人，悟道超凡者，不计其数。圣人在弘扬无上真理的过程中，度化了无数众生，成就了

无量功德。

　　今天，让一个人明理靠什么？传经布道。让一个人放下靠什么？传经布道。让一个人解脱靠什么？传经布道。只有传经布道使其明心见性，最后通过自身的不断修行，人性回归，方证涅槃。所以释迦牟尼佛才传经布道49年。当然我们的至圣先师孔老夫子也周游列国，讲法度众。他们离开家乡传经布道不是不孝，不是不管父母，而是在尽至孝，这种境界是很多人不理解的。所以要发扬好我们每个人被上天所赋予的灵光自性、良知德性，以此报答天恩师德于不及万一。

# 孝经

## 天子章　第二

【原文】

子曰①："爱亲者，不敢恶于人②；敬亲者，不敢慢③于人。爱敬尽于事亲，而德教加④于百姓，刑⑤于四海。盖⑥天子之孝也。《甫刑》⑦云：'一人有庆，兆民赖之⑧。'"

【注释】

①子曰：今文本，自《天子章》至《庶人章》，只在最前面用了一个"子曰"，而古文本则每章都以一"子曰"起头。

②爱亲者，不敢恶于人：全句是说天子将对自己父母的亲爱之心（孝心）扩大到天子所有的人的父母。

③慢：傲慢，不敬。

④德教：道德修养的教育，即孝道的教育。加：施加。

⑤刑：通"型"，典范、榜样。

⑥盖：句首语气词。

⑦《甫刑》：《尚书·吕刑》篇的别名。"吕"指"吕侯"。

⑧一人有庆，兆民赖之：人，指天子。商、周时，商王、周王都自称"余一人"。庆，善。兆民，极言人民数目之多。

## 【译文】

孔子说："为天子的，能够亲爱自己的父母，即使对他人的父母也不敢不亲爱；能够恭敬自己的父母，也就对别人的父母不敢不恭敬。

把亲爱恭敬做到极致：就是侍奉父母。然后以德行去教化百姓，进而作为全国的模范，影响全国民众，这就是天子的孝道。

《甫刑》里说：'天子有如此孝亲的美好善行，天下万民全都信赖着他，国家便能长治久安。'"

## 【妙解】

开宗明义篇道出了孝之真意，孝无论对天子还是庶民都适用，也就是说男女老少、各行各业、富贵贫贱，都离不开孝道。但只是讲了一个大概而已，并没有详细说明。

《孝经》从第二章天子章开始，到诸侯章、卿大夫章、士章、庶人章这五章，就告诉了我们不同身份地位的人群，到底应如何来行孝道。

古代讲究尊卑有序，《大学》也说："物有本末，事有终始，知所先后，则近道已。"所以第二章先从天子章讲起，然后诸侯章、卿大夫章、士章、庶人章依次有序。

天子章的"天子"，用《礼记·表记》中的一句话解释："惟天子受命于天，故曰天子。"

天子乃上天之子。三皇五帝如尧舜禹汤文等圣君，不仅被尊为天子，确实受命于天。《诗》曰："嘉乐君子，宪宪令德。宜民宜人，受禄于天。保佑命之，自天申之。"故大德者必受命。意思说："高尚优雅的君子，有光明的德心，有美好的德行！重用贤才治国，人民安居乐业；享受上天赐予的福禄，受上天保佑重用，由天道赐予他大智慧！"所以，大德之人必受天赋使命。

所以他们不仅肩负着传承真理大道的天命，而且还承担起教化人民的责任与义务。圣人天心，以孝治天下，使得老有所安，幼有所长，鳏寡孤独皆有所养，天下人民安定康乐，万物和谐，于是乎出现了尧天舜日之世界大同的美景。

天子是有境界的。正如老子所言："太上，下知有之。其次，亲誉之，其次，畏之。其下，侮之。"最上等的国君，无为而治，使人民各顺其性，各安其生，所以人民只知道有个国君罢了，没有感觉到他做了些什么，可称之为明君，如尧舜；次一等的国君，以德治国，用仁义化民，所以人民都亲近赞誉他，如可称之为圣君，如文武；再次一等的国君，以法治国，用刑法威慑人民，所以人民都畏惧他，可称之为人君，如唐王乾隆等；最末一等的国君，用权术愚弄人民，用诡计欺骗人民，甚至用武力镇压人民，所以人民都反抗他，可称之为昏君，如商纣周幽等；当然还有碌碌无为的国君，可称之为庸君，如奕訢刘志等。

夏桀的儿子太康耽于游乐田猎，连着一百天也不回去，荒废政事，不理民情，失去了做国君的品德，人民不堪忍受他的所作所为。有穷国君羿率领人民在黄河北岸抵御太康返回国都，使得太康失去帝位。

所以说对于一个国家来说，领袖是举足轻重的，难怪梁襄王向孟子讨教治国之道，孟子告之"定于一"。老子云："道生一。"由此可见，一位有道明君是何等的重要，因为这将直接影响百姓的福祉乃至人民的去向和归属。

孝是大爱的升华。正如经中所言："爱亲者，不敢恶于人。"这个"爱"下一个台阶就是情，再下降一个层面就是欲。上升一个层面就是大爱，再提升就是博爱，也就是大慈大悲。所以佛讲慈悲不讲爱，因为自私的爱只能爱自己，不能爱别人。所以儒家讲仁爱，耶稣讲博爱，老子讲大

仁不仁，与佛的大慈大悲都是一个道理。

说到仁爱，我想起了《弟子规》里的一句话"父母呼，应勿缓。"其实很多人对此理解，只停留在一个表面，其实它高深莫测的含义正与佛家的大慈大悲不谋而合。

《弟子规》中的"父母呼，应勿缓。"这句话可从以下十五条解读出深刻含义：

一、暴力报复——对父母怨恨太深，伺机对父母下毒手。

二、恐惧心态——父母求孩子帮忙，还得看儿女的脸色。

三、不愿拖累——父母宁哀求他人，或者自己亲自去做。

四、子呼勿缓——对长辈指手画脚，呼之即来挥之即去。

五、威胁恐吓——"你别逼我太甚了，否则就不回这个家。"

六、大唱反调——叛逆心态常作祟"我就不！我就不！！"

七、不想搭理——沉默对抗不吭声，没好气说"我听着呢。"

八、没有耐心——不耐烦"行了行了，我做就行了真啰唆。"

九、借口推脱——"我忙着呢没时间，以后再说着急什么?"

十、心不甘愿——"怎么又让我做呢? 他们就不能做了吗?"

十一、勉强去做——有利可图而行之，没有好处坚决不做。

十二、欢喜应诺——"好的"马上应答了，"有什么事尽管叫我"。

十三、默默付出——此时无声胜有声，父母干的提前做了。

十四、皆我父母——天下男人皆我父，天下女人皆是我母。

十五、孝顺道母——大道母亲呼唤儿，人欲净尽天理流行。

前五条简直就不是个人；第六到十一条属于反常，也就是说十一条之前的子女都是不合格；只有第十二条才算正常；做到第十三条的叫作优秀；第十四条能行谓之贤人；第十五条做圆满成就圣人。他们放大爱心，对一切有缘的父母尽孝，同时又能与天下无缘的父母生起孝敬之心，这就是同体大悲，无缘大慈。

孝贵在人我一体。曾经有这样一个故事：赵简子春天的时候动用民工在邯郸修筑高台，偏偏遇到天老是下雨，不能继续施工，他就跟手下的人说："可有没有要回去种田的？"尹铎回答说："工事要紧，他们只好把稻种高挂在台上；这时候就是想去种田，也办不到了。"

赵简子猛然警惕，于是就停止筑台的工事。他说："我急着要修筑高台，却竟不知人民种田的紧急；人民因为不必再为筑台而服劳役，也该了解我爱民的心意吧！"

《道德经》曰："天下万物生于有，有生于无。"道生化宇宙这一切，因为道在自身，身外无道，也等于我即宇宙，宇宙即我。宇宙万物是吾变现的，所以我们与众生都是一体的，所谓爱别人就是爱自己，恨别人就是恨自己。爱亲的圆满就是不敢恶于人，不会讨厌哪个人，不会和任何一个人起对立与矛盾，更不会跟谁产生冲突和斗争，因为一切人、一切事、一切物跟他都是一体的，看见众生疾苦，必定心生慈悯，彼此会互相帮助。这是自然而然的，没有任何目的和动机，就像我们的手和脚，脚不小心碰痛了，手就很自然地去抚摸它，再正常不过了，难道还要讲什么条件？所谓"仁者无敌"。所以化解一切危机冲突的唯一方法就是爱敬万物，万物同体。

为什么这么说呢？其实从根源来说，我们每个人都拥有和圣人一样的光明德性，这个德性与天地同光，与日月同参。也就是说我们每个人都有良知良能，即良心本性。众生都有良心，而且每个人的良心也都一样，所以从先天来讲，我们都是兄弟姐妹，都是一母同胞的手足，我们根同源，灵同母。如果能够把众生的父母都当成自己的父母，众生的孩子都当成自己的孩子，那么此时此刻流露出来这个菩提心，就与圣人无二无别了。

《华严经》上说："唯心所现，唯识所变。"宇宙万物是什么？都是我们的心识变现出来的。所以万法当体即空，了不可得。不执著，自然没有分别、妄想。

这个世界没有一个可得到的实体，没有一个相是永恒不变的。从现象上说都会成住坏空，都有一天会尘归尘土归土；从本质上论都是当体即空，宇宙一切都是不生不灭。所以天地万物当下就是有不有，这一切法是让我们普度有缘众生妙用的而不是让我们执著的。殊不知我们的自性是空不空，一切相无所得，不住有不著空，说空不空生万有，说有不有变万空，空有一如。所以这"空不空有不有，有不有空不空"之妙理就是宇宙人生真实相。

孝敬是一体两面。孝就是敬，敬就是孝，离敬别谈孝，离孝无以敬。故"敬亲者，不敢慢于人"。其实，我们越亲的人越不能太随便了，更应该尊敬才对，可是我们却不分尊卑，乱开玩笑，这样实在不好。

有位母亲一天突然接到在新西兰留学儿子的电话，说他要回国了。母亲喜出望外，赶忙去了机场，可是左等右等，就是不见儿子的身影，下飞机的人都走光了，这下可把母亲急坏了，赶忙打电话，好不容易电话接通了："儿子，你在哪儿？""在新西兰呢。""你不是说回国了吗？""妈，你也真是的，不看看今天是个什么日子？""什么日子？""愚人节啊！"母亲气得半晌说不出话来，末了才说："儿呀，这愚人节怎么愚人到你妈头上来了。"儿子却振振有词："我不愚弄你，愚弄谁啊？！谁叫你是我妈。"

敬天爱人的情怀就是不敢慢待一切人事物，敬的体现是存诚谦和，从至诚之心表达敬意，言行举止不敢有半点造作，谦下有礼，和乐融融。

曾经一富人请教禅师，为何自己有钱后变得如此狭隘和骄傲了？禅师带他到窗前问："向外看到了什么？"富人说："外面有山有水。"又带他到镜子前，问："你又看到了什么？"富人："自己。"禅师笑："窗户和镜子都是玻璃的，区别只是镜子多了一层薄薄的银子。就这点银子，就使人只看到自己而看不到世界了。"

修行不是比谁更有智慧，而是因为我有太多无明烦恼要去除；修行也不是要逃避人世，追求虚无，而是平常日用之间，所谓"真佛子只论家常。"要深知"生活即是道场，工作即是修行，家庭即是磨炼，处处皆是考验，时时都是境界"。把握当下就是修行圆满，修行圆满每个当下就是止于至善。所以不是身外求法，也不是心外寻佛，而是把自己的内心按住在大道之上。今天社会不是比谁更恨谁，而是比谁更爱谁，不是比谁更骄傲，而是比谁更谦卑。

今天，我们虽然不是国君，也不是天子，但是天下兴亡匹夫有责，天黑不如点灯，叹世不如救世，人人都要大发博爱心，将孝道这份德光发扬光大，所谓"一家兴仁，一国兴仁；一家兴让，一国兴让"。如果我们把这份本自具足的良知彰显，那么就可以度亲化朋，乃至邻里乡亲，到最后一个县、一个市、一个省，乃至一个国家，直到最后世界大同。

## 孝　经

## 诸侯章　第三

【原文】

在上不骄，高而不危；制节谨度①，满而不溢②。高而不危，所以长守贵也。满而不溢，所以长守富也。富贵不离其身，然后能保其社稷③，而和其民人。盖诸侯之孝也。《诗》④云："战战兢兢，如临深渊，如履薄冰⑤。"

【注释】

①制节：指费用开支节约俭省。谨度：指行为举止谨慎而合乎法度。

②满：指财富充足。溢：指超越标准的奢侈、浪费。

③社稷：社，土地神。稷，谷神。土地与谷物是国家的根本，古代立国必先祭社稷之神，因而，"社稷"便成为国家的代称。

④《诗》：即《诗经》。汉代以前《诗经》只称为《诗》，汉武帝尊崇儒术，重视儒家著作，才加上"经"字，称为《诗经》。

⑤"战战兢兢"等三句：语出《诗经·小雅·小旻》。

## 【译文】

诸侯是一人之下，万民之上，地位显赫。如果身居高位的诸侯能不骄傲，尽管地位很高，也不会有倾覆的危险了；执掌一国的财政，必须俭省节约，慎守法度，虽然财富充裕也不会僭礼奢侈。

高高在上而又谦卑自处的诸侯，必能获得天子的信任，人民的爱戴，自然能够永久保守尊贵的地位而没有任何倾覆的隐患。资财充裕，谨慎开支，国库盈余，百姓安居乐业，这样自然就能长久地保守富有，国家才能强盛。

富贵不离开诸侯的身上，然后才能保守住天子所赐自己的国家，能保住社稷自然禄位加身不退，光宗耀祖，人民幸福，社会和谐，国泰民安。这样才算是诸侯应尽的孝道啊！

《诗经》里说："诸侯治国一定要战战兢兢，戒慎恐惧，谨慎小心，就像身临深潭之水边唯恐坠陨，就像脚踏春天之薄冰唯恐沉沦。"

## 【妙解】

本章即天子章之后，是讲诸侯是如何行孝的。诸侯是一国之主，地位仅次于天子。古代分封制度有公、候、伯、子、男五种等级。那么官至诸侯地位的人，要做到进退有度，上下无怨，实属不易，所以一定要懂得承上启下，以身示道。这一章中提到，诸侯应具的品德是谦德、俭德与谨慎。

### 诸侯之谦德

《曲礼上》云："敖不可长，欲不可从，志不可满，乐不可极！"贡高我慢是最大的敌人，放纵欲望是最大的祸害，自得意满是最大的陷阱，乐极生悲是最大的不幸！

《书经》云："满招损，谦受益。"水满则溢，日中则昃，月满则亏，自然的规律在告诉我们，骄傲的人注定要失败的。从古到今，因为骄傲自满而落得身败名裂下场的例子不胜枚举：千古一帝的秦始皇，骄傲自大，强权统治，命断沙丘臭鱼掩尸；西楚霸王的项羽，自命不凡，孤注一掷，自刎于乌江；位极人臣的年羹尧，桀骜不驯，藐视皇权，被赐狱中自裁；贵为宰相的李斯，目中无人，阴险狡诈，被处以全刑。

这些人皆由骄傲自满，不知谦下，才会落得如此下场。所以骄傲就是前进脚步的终结；骄傲就是成功路上的绊脚石；骄傲就是众叛亲离的端倪；骄傲就是自取灭亡的开端。

然而，对于现代人，骄傲之心成了某些人的通病，这种人被称为"麦穗人"，意思是：麦穗中高昂的都是秕子，而低头下坠的是真正的饱满麦穗。麦穗人稍微有所成就、取得一些成绩就高傲得意，他们目空一切，刚愎自用，殊不知天外有天人外有人，自己所得不过微不足道，又有何骄傲之处!？

另一种是"竹子人"，嘴尖皮厚中间空。这就犹如有一些人，金玉其外，败絮其内，用外表的骄傲之色来掩饰内心之空洞。所以圣人常教育我们，傲不可长，欲不可纵。因为骄傲的危害何其之多，何其之大。

孟子云："失道者寡助，寡助之至，亲戚叛之。"自古骄傲自大、失去道义的君王都会落得众叛亲离的下场。历史上武王伐纣，就是因为纣王骄傲自大，目中无人，不纳忠臣之谏，昏庸无道，滥杀无辜，导致妻离子散，万民激愤，最终被武王的仁义之师灭国。可见，在上位者，若不谨言慎行，谦卑自律，那么最终都会使得自己失去助缘，众叛亲离甚至灭身之祸。

古语言，"骄兵必败"。三国时期的曹操率兵百万，南下攻关，听了庞统的话，建成连环船，自以为得计，站在船上对酒当歌，踌躇满志，以为必胜无疑。结果，连中计谋，被蜀吴联军打败；无独有偶，明末农民起义领袖闯王李自成，率领大军攻陷北京，建立大顺王朝。但李自成及其手下大将骄傲自满，腐化堕落，争权夺利，很快就被吴三桂打败；历史的车轮一直向前，那些一个个惨痛地拜倒在骄傲手上的人和事，就是在警示后人，莫起一丝傲念，否则转瞬便一败涂地。

生活中，常常遇到这样一种人，目中无人、蛮横无理、独断专行，这样的人任谁都不愿亲近，不愿与之共事，更不会为其提供方便，从而导致了自己人际关系的不和谐、事业发展的受阻。那么将这样的傲气、傲心、傲行带回家中，同样也会得到家人的埋怨，发生争执，使得家庭不和谐。

易之象辞所言："天道亏盈而益谦，地道变盈而流谦；鬼道害盈而福谦，人道恶盈而好谦。"也就是说对于骄傲自满的人，就连鬼神都会愤恨、讨厌，甚至设置障碍。

三国时期有一个著名的故事——杨修之死。杨修足智多谋但就是锋芒过露，傲慢自大，自认为可以读懂曹操之意，不曾想因此犯了曹操的大忌，招来杀身之祸。所以，可见骄傲有时却是灭身的缘由。

综上所述，傲慢对于凡人会有如此之多的害处。那么对于一个进德修业的君子来说，骄傲更是修行的大忌。学佛的人就会认为佛法最高，自己所修是究竟解脱法，而儒家不过是教你做个好人罢了，耶稣也只是成就人天福报，由此生发傲慢之心，轻视其他教派。然而在佛法中提到，贪、嗔、痴、慢、疑、不正见都是堕落的根源，都不可取，所以一念我慢起，魔道门已开。其实五教同根同源，只是形式、教义、度化的方式、接引众生的层面不同而已，每个教派都有各自的因缘，但真理是唯一的，如果不是唯一的就不会称作真理。

也有的人学习了传统文化尝到了甜头，获得了利益，但是却修错了方向，经典没有成为自己内化之法，反而变成了测量他人的尺，仿佛手里拿个照妖镜，看谁都是妖魔，然而一念成佛，一念成魔，这样的言行已经就是魔行。并且傲慢的人言行举止时常表现出唯我独尊，个人利益高于一切，甚至到了顺我者昌逆我者亡的地步，最终成了一个名副其实的大魔头，若不自省，必堕魔道。所以傲是障道的门，堕魔的渊。

老子曰："自是者不明，自见者不彰，自矜者不长，自伐者无功。"道出了一个自厚其德者也会骄傲的大道理。至于小人得志便猖狂及自恋狂者更不足以称道。通常人们以才为傲、以财为傲、以姿为傲、以势为傲、以权为傲、以靠山为傲、以有功为傲、以行善为傲，之所以产生这一切傲慢之心的根源就在于执著我相。

执著我相的人，表现出来的是活在别人的世界里。别人一句话就流泪，一个眼神就多心，将自己情绪的钥匙交到了别人的手里，别人让你哭你就哭，让你笑你就笑；白天为追逐名利而忙忙碌碌，为保全自我利益而愤懑不休，为了满足私欲而放纵不节；晚上更不用提，梦境中被名、利、欲三座大山压得死死的，不能控制意识。生前被音、声、色、相所诱所忙；死后又因此而被拉去受报，循环往复，六道轮转，常沉苦海，永失真道。所以，有我相就出不了六道。因为有"我"即有苦，"我"是造作一切的源头，"我"是痛苦的根源，"我慢"是小我的把戏，傲慢心起小我篡位，大我被障，一切美好德行无法流露，智慧之光黯然失色。

所谓"天道亏盈而益谦，地道变盈而流谦。"谦乃自然之法则，自性之自然流露，所以，自性被迷，天性丧失，这样的人就无法与道相合，达到天人合一的境界。

傲慢的危害如此之多，可见，谦虚对于人生的重要性不可小觑。谦是人成功之基石；谦是人德行之根本；谦是性德之流露；向上级谦恭是本分，向平辈谦虚是和善，向下级谦逊是高贵，向大众谦虚是涵养。谦虚的人，因为看得透，所以不躁；因为想得远，所以不妄；因为站得高，所以不傲；因为行得正，所以不惧；因为信得真，所以不欺。这样的人，才称得上一个真正谦虚的人。事实上，天地万物无不喜欢谦，谦是宇宙之法则。

孟子云："得道者多助，多助之至，天下顺之。"常言道："人往高处走，其实高处不胜寒；水往低处流，其实低处纳百川。"《道德经》有云：

"江海所以能为百谷王者，以其善下之也，是以能为百谷王。是以圣人之欲上民也，必以其言下之；其欲先民也，必以其身后之。"江海所以能成为百川溪流所归往的地方，是因为它善居溪谷的下游，所以才能容纳百川。因此圣人想居于万民之上，必定言语要对人民表示谦下，卑以自牧；想要立于万民之前，必定要先人后己把人民的利益放在首位，恒顺民意。

《史记·周本纪》记载：周文王，中国商代末年西方诸侯之长。姬姓，名昌。仿效祖父和父亲季历制定的法度，实行仁政，敬老爱幼，礼贤下士，治理岐山下的周族根据地。周文王管辖的范围是商纣王的两倍，生活在周文王部落中的人口也是商纣王的两倍，可是文王以大事小，对纣王毕恭毕敬，充分体现了文王的谦德，老百姓自然归顺于文王。

有一次，两个诸侯国的国君为了一堵墙争执不下，于是他们便去找文王评理。谁料来到文王管辖的区域后，发现田埂很宽，比自己国家的田埂要宽出许多。疑惑不解的他们向农民问道："你们的土地很富有吗？"农民的回答是否定的，"本来这里的田埂只有一米宽，我主动让出一米，可是我的邻居不肯让我吃亏，所以他也让出一米，最后互相谦让，这田埂就变成了三米，以至于可以过往车辆。"两个国君听完之后，感到十分羞愧，于是回去以后把城墙拆掉，两国从此建立了友好的关系。

当周文王被纣王囚禁在羑里时，虽处险恶环境之下，仍然以谦卑自居，以至死里逃生，为儿子武王伐纣奠定了胜利的基础。文王治理国家的方针名留青史，"其人在则其政举，其人亡则其政息"，只有像文王这样德行的人治理天下，才会有太平盛世。

圣人不愿意做大，故能成其大；圣人无私，却能成其私；圣人越站在人民的后面，人民就越把他推到前面；圣人越谦虚地对人民，人民就越愿意把他举在头顶让他做领袖，这就是不争之谦。因为圣人从不与任何人相争，所以天下就没有人能够争得过他了。所以谦为卑巽，亦为退让，但其道尊大而光显，以其为善行之最极，为做人之至德。故自处虽卑，而其德

高尚，无以复加，人莫之能踰。此君子志诚于谦，恒久于谦，而不变于谦，所以能尊大光显。

同样在生活中谦卑自处，首先会得到众人的拥护，人们的爱戴，大家都愿意亲近；再者，一个将自己放低的人，会因此而接收到善知识的正能量，充实和提升自己的修为境界；人生在世，吉凶祸福，如何趋避，确是系于一念，人若能紧守一念之善，丝毫不得罪天地鬼神，谦虚地抑制自己，则天地鬼神必能时时照顾维护，以荫我人福祉。

在必要时，谦卑也可逢凶化吉，趋吉避凶。曾经一位修道有所成就的长者在驾车时无意剐蹭到了前方停靠的车辆，车主手持铁棍凶神恶煞般地下车理论，这位长者赶紧下车赔罪道歉，承诺补偿，请求原谅。态度之诚恳，言语之谦卑，让车主十分诧异，不知不觉中放下了棍子，勉强说了句下次注意，便扬长而去。可见人生在世，谦谦君子卑以自牧，自能化险为夷，无往不吉。

骄傲之情会堕魔道，反之谦虚可远离魔道。移开贡高我慢山，当下便见真佛子。

有一能言善辩的人想把老子辩倒，这一天这人来到老子的家中，看到他家徒四壁、穷困潦倒，而老子的妹妹也病重去世。那人不知其中的因缘果报，便骂："你不慈悲啊！居然看着妹妹被饿死。"但是老子对此却默不作声，毫不辩解。这人见状又来了气势："你看，你家脏得跟老鼠窝一样。我看你啊也没啥能耐，不过就是学个之乎者也。"老子依然不为所动。

这人怏怏而去，回家后辗转反侧，夜不能寐，寝食难安地纠结为何自己如此言行老子都不生气。最后还是忍不住跑去问老子："我这样骂你为什么你不生气呢？为这事我纠结了一晚上想不通。"老子淡然一笑，幽幽道来："一个人如若心中有大道，你说他是大便还是苍蝇都已经无所谓了。"这就是破除了我相的智者。

所以谦之根源在于能够破除我相，放下心中的小我，彰显大我之无量德性、无量智慧、无量觉光，从而出离六道，回归大道。然而正所谓低到极处方为高，并非无我玩空方为高，我相虽要破，成就生命却是无我又不妙。"我"为自性妙法，"我"是连接人间与极乐的桥梁与纽带，所以说谦虚是开辟了通天之路，与大道相吻合，而"我"则需要达致空有一如之状态。

### 诸侯之俭德

习近平总书记在第十八届中央纪律检查委员会第二次全体会议上的讲话中提出："俭则约，约则百善俱兴；侈则肆，肆则百恶俱纵。"

晋朝太尉式与皇亲王凯斗富，他听说王凯家洗锅子都用饴糖水，就命令自家厨房用蜡烛当柴烧；又听说王凯在家门前大路两旁来回四十里，用紫丝屏帐以彰显自己的财富，因为自己想更胜王凯。

一日，王凯自晋王处得到一株有两尺高，枝条匀称，粉红鲜艳的珊瑚，以此向富翁石崇炫耀，正当众人对此珍惜之宝赞不绝口的时候，没想到石崇从桌子上拿起了一只铁如意，三两下就把王凯的珊瑚给敲碎了，王凯气急败坏地责问石崇，石崇却又嬉皮笑脸地叫王凯不要生气，随即叫随从回家去，把家里的珊瑚树统统搬来让王凯挑选。随从搬来了几十株的珊瑚树，每一株都还胜于王凯原来的那一株。像这样财富奢华胜于一时的石崇，家中净房皆用绫罗供帐，香气袭人；跟随的家童，都穿着火浣布衫，一衫价值千金，最后也因为太过招摇，被赵王司马伦所杀。

石崇炫富，风靡奢侈，不知收敛，给自己带来了杀身之祸。所以勤俭是我们的传家宝，什么时候都不能丢掉。要大力弘扬中华民族勤俭节约的优秀传统，大力宣传节约光荣、浪费可耻的思想观念，努力使力行节约、反对浪费在全社会蔚然成风。之所以大力提倡勤俭，是因为奢靡之风盛行，而奢靡是堕落的开始，害身损德。当一个人过度奢侈，德行会渐渐衰败，会使人陷入贫穷、匮乏、悲惨的处境，倘若依然昌盛，也必是祖上尚有余庆，德尽必亡。放纵欲望，终将积恶毁身。

宋朝卢多逊，被皇帝任命参政，生活方式渐渐地走上奢侈腐化，他的父亲知道后，就对他说："我们的祖先，三代当朝廷的官，每代都以俭朴传家，才有今天，你现在得了皇上的重赏，你就忘了家教，行富贵人家的奢侈生活，一定要改的，于上才不愧对皇帝，于下才不会愧对祖先，须知做官所吃用的钱，是百姓的血汗。"但卢多逊不听严父的教导，后来被罢官而且坐牢了。

节俭不一定能创造财富，但是不节俭绝对不会创造财富。同时地球资源有限，无节制地开采、挥霍、污染，最终贻害的是我们的后世子孙。

在民间有这么一个故事，说的是一个地主的儿子，他非常喜欢吃包子，但是他不喜欢吃包子皮，只喜欢吃包子馅，每一次吃包子的时候都会把包子皮顺手扔出窗外。

隔壁住着一位穷苦的老太太，当看到地主儿子如此的浪费时，她感到十分心痛。所以每次地主儿子把包子皮扔出去以后，她就把包子皮捡起来放好。

几年过去了，老地主死了，他的儿子没有多大的本事，坐吃山空很快就把家底吃空了，所有的财产也都被他败光了，最后终于沦为了路边的乞丐。

有一天，他来到了这位穷苦的老太太家门口乞讨，老太太给他端出一盘热乎乎的东西。他吃过以后连声说好吃，忙问这是什么东西。

老太太笑眯眯地对他说："这就是你当年扔掉的包子皮晒干了以后做的。"地主的儿子听了以后惭愧不已。故事中地主的儿子因为不节俭而自食恶果，因奢侈浪费遭到惩罚。

其实所谓的浪费不单单只是浪费金钱、浪费资源这样表面上所看到的，更深一层的浪费是浪费生命，虚度光阴，将时间消磨在了无聊的、没有意义的事情上。年轻人沉迷于网络游戏，中年人沉浸在是是非非之中，老年人又在打牌打麻将中消磨时间。人生短短几十载，迟暮之年回首往事，忙忙碌碌、辛辛苦苦、坎坎坷坷走过的一生，到头来，最终不过是一场空，什么也没有留下，什么也没有带走，除了满身的业障和返不了仙乡的遗憾罢了。而导致如此的根本原因就是在于心念的放纵与浪费。

那么我们就给自己的心念算一笔账，假设我们一天起 24 万个念头，那么试问我们自己有多少个念头是止于至善的呢？寥寥无几。谁又没有发呆放空的空念的时候呢？大约又浪费了 1 万个。那么在有为的善念上呢？大约 2 万个。可是恶念上却能浪费近乎 8 万个念头，剩下的十几万的念头全部都浪费在无聊的事情上，今天吃什么，明天穿什么，等等。所以当觉悟细微到心念上时，才恍然惊觉我们浪费了多少自己宝贵的生命在无聊的事上，甚至在造因果之中。所以百年之后，是何去处当下便知。不得不慎，不得不觉！

有一个富翁父亲，生了三个儿子，小儿子最像他，是个财迷。一天父亲和小儿子出门办事，来到渡口，父子俩舍不得出钱摆渡，挽起裤腿就下水渡河。父亲一脚踩滑，跌在水中，眼看就要淹死，小儿子忙喊道："喂，那边的船夫，快来救我父亲，我出三十文！"船夫们摇摇头，小儿子喊道："出四十文，怎么样？"船夫还是不肯。已经被水呛得半死的父亲，挣扎着把嘴伸出水面，说："畜生，要是出到五十文，我就沉下去自尽！"这时有个船夫看不下去了，把父亲救了上来。

父亲落水受了风寒，回家就一病不起。临终前他将三个儿子唤到床前，问他们怎样处理自己的丧事。

老大说："父亲操劳一生，一旦归西，依我之意，选上好的棺木入殓，高搭灵棚，雇吹鼓手发送你七七四十九天，送入祖坟。"父亲听闻，手指长子骂道："败家子，祖上的家业全叫你折腾光了。"

轮到老二表态，他说："待父亲命归黄泉，丧事简办，尸体火化，用鸡蛋壳装骨灰，深埋地下，岂不节省了耕地？"父亲听了还是摇头："不可，不可！"

　　父亲最后问老三咋办。小儿子说："父亲，你死后我扒你的皮做鼓卖，选出肥肉熬油，割下瘦肉多掺菜馅，蒸包子卖。"

　　财迷父亲气喘吁吁地说："你才是最孝顺的儿子，但有一条，蒸包子千万别卖给你二舅。""为啥?""你二舅爱赊账，不给钱。"说完，父亲这才闭上了眼睛。

　　过于节俭就趋于吝啬，过犹不及都不是道。真正的俭不但是事相上的节约，更重要的是心念上的节制，老子在《道德经》提到人生三宝："一曰慈，二曰俭，三曰不敢为天下先。"所以圣人眼中的俭是减少自己心中的妄念，削弱自己的私欲，一个微小的妄念都很吝啬，最后就连俭的念头也是多余的，完全回归到原本纯净纯善的自然本性。

　　圣人行俭，不偏不倚，佛性彰显。而凡人从俭，极左极右，人心造作。

　　如何来理解呢? 接下来我们从下面四个方面来共同体悟:

　　一、对自己吝啬对别人大方。在事相上有一些人对自己很节俭，但是对别人从来都是慷慨解囊，这种人往往很受别人的欢迎。然而心态却是有的是无我之仁慈，但是有的却是因好面子，也不免有打肿脸充胖子的嫌疑，为了小我的满足。圣人对此却是严于律己，宽以待人。包容理解众生，时刻将众生的利益放在首位，同体大悲，无缘大慈。

　　二、对自己大方对别人吝啬;事相上这样的人为自己，铺张浪费，大手大脚，但是一旦要为别人付出，就会找到各种理由退缩拒绝。这样的人的内心是自私的小我作祟，而这种内外不一，表里不一的人，身心灵也都不和谐。而圣人内外如一，以身示道，一心为众，慈光不断，大爱不停，身心归道。

　　三、对自己吝啬也对别人吝啬;这样的人就犹如欧也妮·葛朗台一般的吝啬鬼，将金钱看得高于一切，沦为金钱的奴隶。不但不肯给别人付出，而且对自己也吝惜花钱，成为名副其实的守财奴。这样的人心里会认为钱不是用的，而是放在手里摸的，放在眼前看的，放在家里守着的。殊不知，钱不能造福于民，犹如废纸，不能流动，犹如死灰。再多又有什么用呢？死后也都无法带走一分。

四、对自己大方对别人大方；这样的人慷慨仗义，无我无他，然而内心却是节制无度，贪图享乐、小我作祟，大智慧没有流露，为了满足小我之虚荣，甚至也会做出损德离道的事。所以由此可见，凡人之俭终不究竟，人心做事，不能圆满，而唯有修持自己，恢复良知，自性流露之俭，是为至俭。

**诸侯之谨慎**

所谓"谨度"即是强调了慎独的重要性。所谓慎独首先就是谨慎自己的言行。即我们常说的"话不能乱说，事不能乱做"。纵观古今有多少人，因为一次不够谨慎的言行，而导致终身抱憾，后悔晚矣。所谓"一句好话三冬暖，恶语一句六月寒"。所以说话要讲究艺术，更要讲究原则，原则有四：勿随便，不犯忌，忌偏激，言行相顾。随随便便讲出的话，可能会没有经过认真思考，在有意无意之中就伤及他人。孟子说："一个人说话轻易出口，那就不值得责备他了。""人之易其言也，无责于耳。"信口开河的人，孟子是懒得责备他的。

古人曰"入国问禁，入境问俗，入家问讳。"不同的国度、不同的地区以及不同的家族都有各自的风俗习惯，我们在社会交往活动中要懂得尊重对方的风俗习惯，这是起码的基本礼仪吧？大德有言：尊重是与人为善给人利益；沟通是从善如流体解人意。

有些人爱说偏激的、极端的话。比如：死去吧！找死呀！等等。不给自己留后路，到头来就无路可走。

言行不一是思想上的假冒伪劣，比市场上的假冒伪劣更可怕。市场上的假冒伪劣固然可恨可气，但毕竟是看得见的，而思想作风的言行不一，却是无形的。其实，言行就像身与影，形影不离。说道做不到的是凡夫，

说道做到是君子，以身示道的是圣贤。

所以很多时候，我们用两年的时间学会了说话，却要用一辈子的时间学会闭嘴。因此说话要学会该说什么样的话，少说什么样的话：

少说抱怨的话多说宽容的话；抱怨带来障碍，宽容乃是大度。

少说讽刺的话多说尊重的话；讽刺显得轻薄，尊重增加理解。

少说拒绝的话多说关怀的话；拒绝形成对立，关怀获得感恩。

少说命令的话多说商量的话；命令只是权威，商量才是领导。

少说批评的话多说鼓励的话；批评产生阻力，鼓励发挥能力。

少说消极的话多说积极的话；消极只会沮丧，积极激发潜智。

少说不能的话多说可能的话；不能带来失望，可能迈向成就。

少说负面的话多说正面的话；负面趋向黑暗，正面迎向成功。

做事同样要学会谨慎，我们人一生在做事——做后悔的事，做违心的事，做喜欢而又不能做的事，做不想做但又必须做的事，做不能做而又忍不住偷偷去做的事；我们却忘记要做——做能做的事，做该做的事，做想做而又有意义的事，有价值的事，有营养的事，合乎道的事。总而言之就一件事——了生死大事！

所以做事也要谨慎，学会：

勿随意，未雨绸缪；勿逞能，量力而行；

勿随便，诚心诚意；勿敷衍，认真对待；

勿粗心，战战兢兢；勿轻慢，脚踏实地；

勿鲁莽，三思而行；勿优柔，当机立断；

勿自暴，突破自我；勿骄傲，谦谦君子。

勿畏惧，信心坚定；勿半途，始终如一；

勿着急，循序渐进；勿懈怠，勇猛精进；

勿固执，通权达变；勿任性，随缘不变；

勿自卑，世事难料；勿主观，虚心纳谏；

勿盈满，功成身退；勿散乱，纪律严明。

勿造业，因果不爽；勿狡辩，反求诸己；

勿轻诺，进退两难；勿谎言，一言九鼎；

勿计较，人生无常；勿羡慕，造化各异；

勿怕苦，苦尽甘来；勿张扬，低调做人；

勿着相，当体即空；勿分别，角度圆方。

勿对立，万物同体；勿惮改，自强不息；

勿推脱，敢于承担；勿埋怨，厚德载物；

勿怨天，命中注定；勿奢侈，勤俭是德；

勿颠倒，生死事大；勿烦恼，般若智慧；

勿惊喜，宠辱不惊；勿牵挂，如如不动。

一个人的言行是一个人外在的表现，谨言慎行至关重要。所谓"一人贪戾，一国作乱；其机如此。此谓一言偾事，一人定国"。所以说一言足以兴邦，一言足以丧邦，一言不当而偾事，由于一个人言行不够谨慎，影响波及非常大，一个人的决定不当，将使一国遭殃。所以一位修道君子，应时时谨慎自己的言行，所谓"一言即重，千言无用"。言行的流露就是心在驱使，所以谨言慎行核心应该是慎心，慎心之关键在于慎独，关照每一个独处当下的念头。

其实我们原本是佛，正所谓"人之初，性本善"，那个状态就是"自性常皓，二六时中"；虽然当下未动，我们也要保持慎独，如同母鸡孵蛋专心一处；但当念头欲出未出的时候，这个时候要扼杀在摇篮之中，在隐微之处谨慎自己的念头，如同猫抓老鼠时刻警惕着；否则稍不留神，一念无明即出，如若没有及时遏制恶于动机，妄念就会复出，心物开始滋蔓，这时就要急刹车；如果不果断遏制，念头就会接二连三地出现，一旦控制不住，等到自己的妄念从零零星星发展到妄念成片的时候，再想及时刹车已经晚矣，这个时候妄念炽盛，真是"一念不觉成山丘"，我们不能给自

己的心做主，被欲望牵着走，妄念纷飞，相续不断，终于养成自己的不良惯性思维，所谓习惯成自然，这时候再想觉悟，过上清净自在正觉的人生，比登天还难，无奈之下，只好随波逐流，不能自我，于是一蹶不振，堕落深渊，常沉苦海，永失真道。

事实上，从起心动念到言行造作，过程是非常复杂的。由于每个人的性格不同，有急性子或慢性子的，有聪明或愚笨的，有优柔寡断或鲁莽行事的，他们在个人得失宠辱利弊的权衡下，在善恶美丑是非标准的选择下，在追求名利欲望不一的情况下，在境遇认知不同的条件下，在累世根基福德因缘的造化下，在家庭教育规矩修养不一的背景下，在环境熏习变化差异的考量下，在社会风气法律制度管理区别的考量下，往往从产生一念贪、嗔、痴、爱到现于言行之间的时间间隔不同，现于言行的造作大小不同，付诸实施的行动方法不同，现于言行的频率次数不同，所造成的后果严重程度也是不同的。

一般来说，一念无明就会立即现于言行，这样草率行事的人毕竟少之又少，所以一想就行动，下这样的决心，实属不易；有些人妄念复出才会鲁莽行事的也不太多，即使有也是在好奇心不断驱使下，抱着侥幸的心理，感情用事，去投石问路，若即若离；有些人出现零星的妄念才会采取行动，并且渐渐产生了浓厚的兴趣，从偶尔为之到不断推动自己言行，隔三岔五去造作；有些人等到妄念断断续续才会铤而走险，并且还上了瘾，一不做二不休，义无反顾，破釜沉舟；有些人妄念相续才会身物昭著，中毒越来越严重，此时仍然一条道走到底，不肯回头，破罐破摔；对于这些死不悔改，妄念炽盛，习性熏种子，种子变现行，变本加厉推动言行深度造次，逐步成为习惯，走向自我的反面，导致无法挽回局面。

每个人从起心动念到身物昭著的手段及过程不尽相同，但最终的结局都是一步一步地走向深渊，沉沦苦海。

当然也有极个别的人，他们想了很久也没有去做，除了优柔寡断原因之外，还遇到了一些特殊原因：如神仙托梦，暗示天机，当机立断，改变计划，如果没有这般因缘，肯定会冒天下之大不韪；如明人指路，经过考虑再三，最后选择了放弃，倘若与行者无缘，恶缘现前，推波助澜，罪加一等；如没有漏洞，条件始终不太成熟，只好作罢，日后条件成熟，种子不净，也许会犯；如接受圣贤教育，一时受到触动，突然醒悟，重新做人，假如离开学习圣贤的环境，回到红尘，再次遇到污染，可能还会旧病复发，死灰复燃。

所以人心善变，如果不能始终觉心，在多种因素及不可预见性的作用下，任何人都会在一念之间迷失自己或幡然醒悟，有可能生命走向毁灭，也有可能走向成就，除了君子自强不息、厚德载物之外，就看其造化而定了。

《诗》云："战战兢兢，如临深渊，如履薄冰。"寓意着作为一个诸侯国的国君，要恒长地戒慎恐惧，小心翼翼，来维持这一国基业。尧舜帅天下以仁，而民从之；桀纣帅天下以暴，而民从之。尧舜是历史上的两位圣君，因为以仁道来领导天下，所以人人安居乐业天下太平。以仁慈的心治理天下，是顺从天意，同时也使百姓从之。夏桀跟商纣两位暴君，自身不行仁道，又以残暴苛虐的手段来统治天下；用如此方式对待百姓，百姓为了求生不得不从，但却是口从心不从，导致怨气冲天。

天之国如此，身之国亦复如是。其实我们每个人也有自己的国君，如果把我们的四体百骸比作万民，把心中的我比作宰相，把内心种子比作我们的大臣，自性比作国君，那么我们身为一国之国君，也要自性当家做主，即国君掌事，不受身欲人民之干扰，不为心之大臣所蒙蔽，不为自私自利之心中的小我宰相所牵引。身（民）听心（臣）支使，心（臣）听大我（宰相）安排，大我听性（君）执行命令，身乃心之器，心乃性之用，性心身一贯也。自性做主，宰相配合，臣民拥护，天下太平。

举例说明，现在用尧舜两位圣君来比作我们的自性，自性发露出的仁

慈来指挥我们的大我（宰相），然后宰相再下达指示，心中的种子（大臣）及四肢百骸这个万民就会遵旨而行，那么身心臣民所表露绝对也是仁慈。

如果桀纣帅天下以暴，自性迷昧偏离正道，血心（小我）用事，宰相篡权，宦官当道，自然四肢百骸所表露出来就是残暴不仁。因为性、心、身是一体的。

所以就要时时刻刻慎独，"独一无二，二六时钟，止于至善"。让我们的自性良心不偏离大道一步。《中庸》曰："道也者不可须臾离也，可离非道也。"

我们的心念可谓"一念一轮回"，一念大恶即地狱，一念善即人间，一念大善即天堂，一念至善即极乐。稍不留神就是万丈深渊，故要慎之又慎啊！

故"慎独"是悬挂在心头的一记警钟，是阻止陷进深渊的一道屏障，是提升自身修养走向完美的一座殿堂。而拒绝慎独，就像放任"病毒"在自己的肌体内蔓延滋长，最终结果就是彻底毁灭自己。因此，为人做事都应该从大处着眼，小处着手，防微杜渐，警钟长鸣；不要让自己的念头偏离大道一步，方能守住人生的大根大本。

# 孝　经

## 卿大夫章　第四

**【原文】**

非先王之法服①不敢服，非先王之法言②不敢道，非先王之德行③不敢行。是故非法不言④，非道不行⑤；口无择言，身无择行⑥。言满天下无口过⑦，行满天下无怨恶。三者备矣⑧，然后能守其宗庙⑨。盖卿大夫之孝也。《诗》云："夙夜匪懈，以事一人⑩。"

**【注释】**

①法服：按照礼法制定的服装。古代服装式样、颜色、花纹（图案）、质料等，不同的等级，不同的身份，有不同的规定。卑者穿着尊者的服装，叫"僭上"；尊者穿着卑者的服装，叫"偪（逼）下"。

②法言：合乎礼法的言论。

③德行：合乎道德规范的行为。一说指"六德"，即仁、义、礼、智、忠、信。

④非法不言：不符合礼法的话不说，言必守法。孔传："必合典法，然后乃言。"

⑤非道不行：不符合道德的事不做，行必遵道。孔传："必合道谊，然后乃行。"

⑥"口无"二句：张口说话无须斟酌措辞，行动举止无须考虑应当怎样去做。

⑦言满天下无口过：全句是说，虽然言谈传遍天下，但是天下之人都不觉得有什么过错。满，充满，遍布。口过，言语的过失。

⑧三者备矣：三者，指服、言、行，即法服、法言、德行。孔传："服应法，言有则，行合道也，立身之本，在此三者。"备，完备，齐备。

⑨宗庙：祭祀祖宗的屋舍。《释名·释宫室》："庙，貌也，先祖形貌所在也。"

⑩"夙夜"二句：语出《诗经·大雅·烝民》。夙，早。匪，通"非"。懈，怠惰。一人，指周天子。原诗赞美周宣王的卿大夫仲山甫，从早到晚，毫无懈怠，尽心竭力地奉事宣王一人。

## 【译文】

不合乎先代圣王礼法所规定的服装不敢穿在身上，因服装有官阶的意义，是朝廷的规矩，乱穿的人就违背了先王的法制。不合乎先代圣王礼法的言语不敢说出口，不合乎先代圣王规定的道德的行为不敢推行，不敢胡为，先王是有道明君，以道德治国，这法服、法言、法行三件事均与孝道有着密切关系，所以必须谨慎遵守。

因此，作为臣子的一定要忠君爱国，不合礼法的话不说，不合道德的事不做。由于言行都能自然而然地遵守礼法道德，开口说话无须斟字酌句，选择言辞，行为举止无须考虑应该做什么、不该做什么。虽然言谈遍于天下，但从无什么过失；虽然做事遍于天下，但从不会招致怨恨。完全地做到了这三点，服饰、言语、行为都符合礼法道德，然后才能长久地保住自己的宗庙，奉祀祖先。这就是卿大夫的孝道啊！

《诗经》里说："早晚不能有任何的懈怠，要常存诚敬之心，竭力地去奉事天子！"

## 【妙解】

卿大夫是西周、春秋时期国王及诸侯所分封的臣属，地位次于诸侯，诸侯在其国由世子世袭，诸侯的众子则封为卿大夫。卿大夫接受国君封给的都邑，世袭对都邑的统治权，服从君命，对国君有定期纳贡赋和服役的义务。

本章从卿大夫的服侍衣物、言语行为、德行等方面具体讲述了大夫要如何尽孝。圣人告诉我们要依道而礼，依道而言，依道而行。

依道而服，非礼勿饰。先王所规定的服饰就是礼的具体表现。古圣先贤智慧超群。仓颉造字寓意深刻，给每个字赋予了生命，可以毫不夸张地说，中国文字是世界上最美丽的字，中文也是最动人的语言。不妨我们一起来解读一下这个"礼"字，其繁体字为"禮"。

①从象形字看，象征着人弯腰捡豆子。

②"禮"字拆开解：

　　　　二——"上也"代表上天之意。

　　　　川——"三垂"代表日、月、星垂照大地。

　　　　示——上天垂日、月、星三象以示人。

　　　　豊——古代祭祀用的盛酒之礼器。

③古文化的概念中，人之身体并非原本的肉体，而是早已被赋予了礼的含义。

中国一向素有礼仪之邦的美称，礼的表现除了言谈举止态度之外，还能从穿衣戴帽上也能体现出礼貌的尊严。从一个人的着装可以推测出这个人的内涵、修养，也能区分出一个人的职务和职业。和尚的帽子道人的衣，朝廷的冠服儒家的靴，军队的制服、学生的校服，穿衣戴帽，各有一套。从这些服饰上，无不反映出一个国家的尊严、一个民族的精神、一个

团队的力量以及个人的素质，所以服饰对每个人乃至国家来说，至关重要。

在古代，穿衣尤为讲究，强调不露形体，即不暴露身体的曲线，不暴露身体的皮肤、肉体。《礼记·内则》强调："女子出门，必须蔽其面。"古人女子出门连脸都要遮上，而现在不少媒体报道有人一脱成名的。一位女子为了一台笔记本电脑可以当众脱掉衣服，毫无羞愧之心。而人们经常会在公园里、广场中、花丛中不经意看到动物穿着漂亮的衣服在散步。人要脱衣，兽要穿衣，本末倒置，人不将为人乎，兽要取而代之，哀哉啊！

生活当中，如果我们不注重礼节的举止，袒胸露体见人，不仅是轻亵自己，也是对对方的不尊敬。现代女子都没有接受过圣贤教育，特别是女德教育，不知道伦理、道德、因果，不懂穿衣礼仪之道，不知道穿紧身暴露的衣服是福还是祸，由于穿衣不合时宜，而引起别人误会，勾起别人的邪念，甚至诱人犯罪，做出不轨行为，给别人带来了祸害，同时也给自己带来了诸多的烦恼与困扰。

俗话说"重色轻德"，就是说一个重视化妆打扮的女子必然忽视道德的修养，这样不仅会损自己的德行，消减自己的福报。因为穿紧身暴露的衣服会使自己的命变得越来越薄，古人说"红颜薄命"，讲的就是这个道理。佛家讲："一切法从心想生。"你选择穿什么衣服是由你的心来决定的，不同的人心对衣服的选择也不同，有道德的人会选择有道德的衣服，真正有道德的衣服是按照自然的规律、秩序和关系制作出来的。其次穿紧身暴露衣服的人会使自己的气质变得越来越低俗，身上有一股邪气、妖气、淫气。而穿保守传统衣服的女人却有股正气、清净之气。穿紧身暴露衣服的人还会感召到不好的伴侣，祸害丈夫，败坏家族。

古人讲："人以类聚，物以群分。"穿着紧身暴露的女子说明她很注重身材色相，因此她所感召来的也是喜欢身材色相的男子，这样的男子对家庭对社会没有责任心，所谓"以色交者，花落而爱渝"。而只有用德行换来的婚姻才是长久和幸福的。也就是古人说的"以道交者，天荒而地老"。因此，有贤女才有贤妻，有贤妻才有贤母，有贤母才有贤子女。

据中医理论而言，经常穿紧身暴露衣服的人会使健康受损。因为当人体的一些重要穴位被暴露出来，比如命门、丹田、大椎穴等，就会有大量的寒气侵入，导致患上种种疾病。俗话说"人老先老腿"，习惯经常冬天穿裙子、夏天穿短裙的女士，将来会老得快，身体也不好，特别是腿脚不好。因此，由于中国现代的年轻女子盲目追求时髦，衣服穿得很性感很暴露，预计在未来，中国将会有越来越多的女子到中年后得一身病，到老年后坐在轮椅上。这是一个可怕的现象，国人应该警觉！

《弟子规》云："上循分，下称家。"穿衣戴帽打扮要符合自己的身份，倘若本末倒置，国家领导人穿着乞丐服，田里的农夫穿着绫罗绸缎，位居上级的人穿着下级的衣服很不庄重，位居下级的人穿着上级的衣服德不配位，礼仪由此颠倒。

鲁襄公到楚国去朝见楚王，正巧遇上楚康王去世。楚国当时很强盛，想借此羞辱鲁襄公，楚国人就说，康王去世，请您务必要为康王做到亲自致赠衣裳的礼。

鲁襄公的随从人员说："这未免太不合理了！"因为襚是致赠衣衾给死者的礼，但是诸侯如果要致赠衣衾，一定是派使者去做，绝不会亲自去送的。楚国人当面提出要求，而且坚持一定要鲁襄公亲自致赠，就等于只承认他是一名使者的身份，而不认为他是一国的君主，这明明是存心要羞辱襄公的意思。但鲁襄公也非常聪明，他带着巫祝进入灵堂，用桃枝扎成扫帚先去拂拭棺枢，这是一种君主亲自到臣子家去吊丧之前，所做的驱除邪气的准备工作。这样一来，鲁襄公就成了以君主的身份下临臣子的丧礼了，楚国人感到求荣反辱，后悔也来不及了。

一次，有一位亿万富翁想要包装一位弘扬传统文化的大德老师，他说："老师，我要让你戴着纯金的眼镜，穿着世界名牌衣服，系着上万元

的皮带，戴着名表，去吸引更多有缘人的目光，让他们来听闻真理大道。"老师笑着说："外在的行头只是一时的点缀，真正尊贵的人是内在有德行的人，所谓'富润屋，德润身'，还用得了这些外在不可得、不长久的物质来包装我吗？有德自然走遍天下，无德寸步难行呀！"

的确如此，每个人都愿意把自己最美好的一面展现给他人，当一个人把身上最昂贵的物品展现给对方时，说明他的人格还不如他佩戴的物品珍贵。

由此可见，非先王之法服不敢服，是因为圣明的君主内心有道，外表是一个和常人一样的平凡身躯，内心当中穿着一件道衣。所以，在我们一生当中，每个人的身体都是我们内心穿的一件衣服，一些人埋没了自己的良心，身体成了造业遭罪的工具；一些人迷失了自己的良心，身体成了行尸走肉的躯壳；一些人执著自己的善心，身体成了积善行德的机器；一些人在恢复良心的过程中，身体是成就圣贤的法器；还有一些人良心已经恢复了，身体是诸佛菩萨的妙法身。

因此，要思身后之生，有的人死后换成了兽衣，有的人死后又换成了人衣，有的人死后换成了仙衣，有的人死后换成了莲花衣，有的人死后成就了无量的法衣，古代圣明的君主给我们后人做了很好的榜样。何去何从，我们每个人应当细细思量……

依道而言，非礼勿言。周总理设宴招待外宾。上来一道汤菜，冬笋片是按照民族图案雕刻的，在汤里一翻身恰巧变成了法西斯的标志。外宾见此，不禁大惊失色。周总理对此也感到突然，但他随即泰然自若地解释道："这不是法西斯的标志！这是我们中国传统中的一种图案，念'万'，象征'福寿绵长'的意思，是对客人的良好祝愿！"接着他又风趣地说："就算是法西斯标志也没有关系嘛！我们大家一起来消灭法西斯，把它吃掉！"话音未落，宾主哈哈大笑，气氛更加热烈，这道汤也被客人们喝得精光。

在外交场合出现法西斯的标志很容易引起外交纠纷，尤其是对于曾经遭受法西斯铁蹄蹂躏的国家，他们看见这种标志是很反感的。周总理的解释及时解除了他们的误会，更令人叫绝的是周总理借题发挥，号召大家一起来消灭法西斯，把那个菜吃掉。这么一个既意外又被动的场面，经周总理反意正解，反倒起了活跃宴会气氛的作用。

周总理在外交礼上可谓机智灵活，不伤和气亦不失国之尊严。将礼之精髓"主敬、存诚、行和"表现得淋漓尽致。主敬存诚之真实含意表现为：利为义，义薄云天；和为贵，一团和气；善为本，纯善无恶；信为魂，诚信无欺；诚为先，至诚无息；德为用，厚德载物；道为体，自强不息；中为根，中庸一体。

老子曰："言有忠。"孔子说："巧言令色，鲜矣仁。"达摩祖师云："讲法不离自性，离自性说法是魔在说法。"俗话说："依理而言。"不能胡言乱语，损人听闻，所谓"一言兴邦，一言丧邦"，积功德的是我们这张口，火烧功德林的还是我们这张口，因此古人告诉我们"慈悲心方便舌处处都在积功德"。

常言道："水深则流缓，人贵则语迟。"做人准则——饭不能乱吃，人不能乱交，话不能乱说，否则最后就会被自己说中自己，因为地球是圆的，扔出去的东西还会滚回来的。

爱说人笨者，自己孩子容易更笨，自己将来也容易比人家笨——老年痴呆。

爱打小报告者，将来也会被诬陷。

爱说别人作风不好，乱搞男女关系者，那你自己家里会招一个。

爱浮夸者，一生很难得到真心赞扬，好心不得好报，冤枉委屈多。

爱吹牛者，一生不得志，"吹"字就是嘴欠。

爱说脏话者痰多。

爱说刺激话者，容易牙疼，口腔溃疡。

爱说绝话者，往往断绝了自己的机会且灾难较多。

爱说大话者，往往是没什么能力的人。

爱说狠话者，易招横祸。

爱说极端话者，一生易大起大落。

爱承诺而又办不到者，易遭欺骗。

爱发牢骚者，命苦，怨什么来什么。

越是表白自己是好人者，越不得好报。

喜欢争辩是非者，易得不到别人的认可，应以不争辩为真解脱，真正有修为者不会与常人争辩，只是点到为止，不愿意抬杠。

爱嘲笑人者，最终不如人，嘲笑人就招人家毛病。

喜欢夸自己家人者，最终会发生丢人现眼的事。

喜欢议论是非者，一生只能当小人，让人看不起。

语言上喜欢证明自己者，易让人误解。

喜欢说的，一般没什么实际的收获，只能落一个能说会道的美名。

喜欢说谎者，不易得到别人的重用和信任，而且记忆力减退。

说话不留余地者，遇到困难和灾难不易化解。

喜欢别人夸奖者，事业上很难得志。

溜须拍马者，易让人出卖。

不清扫心灵垃圾不可能祛除疾病，转变命运。

所以我们要戒多言，"话说多不如少"，言多必失；戒轻言，不要轻率地讲话，轻言的人会招来责怪和羞辱；戒狂言，不要不知轻重，胡侃乱说，往往是自己追悔莫及；戒杂言，说话不可杂乱无章，杂乱无章就会言不及义，伤害自己的美德；戒戏言，不要不顾分寸地开玩笑，否则会引起冲突；戒直言，不要不顾后果地直言不讳，否则也会引火烧身；戒尽言，说话要含蓄，不要不留余地，否则会进退两难；戒漏言，不要泄露机密，事以密成，语以漏败；戒恶言，不说无礼中伤的话，不要恶语伤人，否则招来祸害；戒巧言，不要花言巧语，花言巧语的人，很虚伪；戒谗言，不要背后说别人的坏话，天下不太平的原因就是背后有人说坏话；戒轻诺之言，轻诺必寡信；戒讥评之言，不要说讥讽别人的话，否则自取其辱；戒出位之言，不要说不符合自己身份、地位的话，否则以下犯上；戒狎下之言，不要对下属讲过分亲密的话，以免下属迎合你而落入圈套；戒诒谀之言，不要说吹捧奉承的话，会让人品卑微；戒卑屈之言，不要低三下四，说奴颜婢膝的话，因为厚德者无卑词；戒取怨之言，不要说招人怨恨的话，播下使人怨恨的种子，为冤结仇；戒招祸之言，不要说招来祸害的话，许多祸害，往往是说话不当的结果，祸从口出。常言道："话不能乱说。"法语之言，岂能不慎乎！

子石登上吴山，向四面眺望了一会儿，长叹一声说："哎呀，真是可悲啊！世上竟有一些通情达理，却不能迎合主人心意的；也有迎合主人心意，却不能通情达理的。"

他的学生问："这怎么讲呢？"子石说："从前吴王夫差不听伍子胥忠心耿耿的劝谏，反而赐他死罪，挖掉两目；而太宰当、公孙丑二人为求容身，一味逢迎，顺着夫差的心意正法越国，结果二人沈身于江湖，脑袋被拴挂在越国的旗杆上。古时费仲、恶来革、长鼻决耳和崇侯虎，顺着纣王荒淫无度的心理，一味迎合他的意旨，等到武王伐纣时，这四个人终于死在牧野，头脚都分家了；而比干因为忠心耿耿，早就被商纣王剖出心肝而死了。如今我想要通达情理，却怕惹来挖眼睛、剖心肝的灾难；先要迎合主人的心意，又怕遭到头脚分家的祸患。"由此看来，做个君子，可以走的路太狭隘了，如果遇不到圣明的君王，在这狭隘的路子中，又将危险闭塞得走不动。

依道而行，非礼勿动。一次，一位老师讲完传统文化，上车赶往另一个地方授课，有位学长来送老师，当时下着蒙蒙细雨，车走了，这位学长向老师深深一鞠躬，车走很远了，老师一回头，发现那位学长依然一动不

动地站在那里，目送着渐渐远去的老师，真正做到了"过犹待，百步余"。她完全可以扭头就走，但她当下的那份主敬存诚的礼，成就了她内心美好的德性，同时，也把礼表现得淋漓尽致。

同样的鞠躬行礼，盛典上礼仪小姐为你鞠躬行礼，过路之人有人视而不见，有人只是微笑点头，不见谁会停下回礼。而至诚之心的恭敬之礼，人人都会被其所感染。就是因为有这样的一颗心、一颗至诚之心，用在父母身上，称之为孝心；用在领导身上，称之为忠心；用在众生身上，称之为悲心。

老子曰："事有君。"道是无形无相的，看不见摸不着的，那如何把道表现出来呢？通过看一个人的行为举止就能看出他是否有道。凡事都去用自己的良知良能去做事，去侍奉自己的君主。但是凡人为的是名利权势去做事，而圣人为的是天下众生能够出离生死苦海而去做事，由于用心不同，最终境界也有差异，前者终究还是六道凡夫，后者成就了自己永恒的生命。

魏国的大夫石骀仲死了，正妻没有孩子，偏室有六位儿子，只好用问龟甲的方式来决定谁是继承人。掌管占卜的人说："如果谁先洗头洗澡，身上再配上一块好的玉，龟甲上一定会显示出好的征兆的。"

于是那五个孩子都赶紧去洗头洗澡，身上还佩了一块玉。只有石祁子说："哪里有为父亲守丧期间，而可以去洗头洗澡，身上还有要佩玉的事？"坚持不肯去洗，也不肯佩玉。卜龟的结果，却显示只有石祁适合做继承人。这件事传开之后，所有的卫国的人都认为龟甲倒真的是很灵验的呢！

有一次，一位大德前辈讲课，台下坐着几千听众，这位大德前辈虽然没有华丽的言语，但是一生当中牺牲奉献教化无数众生。正当前辈讲课的时候，台下有一名很有才华的大学生站了起来，很傲慢无礼地说："你讲的是什么呀，还不如我讲得好呢！"

顿时，台下的听众都议论纷纷，前辈缓缓走下台，深深地向这名大学生鞠了一躬，很诚恳地说："今天都是我的错，是我无德，让你产生烦恼心了，我向你认罪。"这时，台下的听众无不感动落泪，被前辈这一份德行深深地感动。下课后，前辈老师回自己的房间，看到了整个走廊跪着一群人，都在等待前辈再次为他们讲述真理，真正地拜倒在真理的脚下，折服在前辈的德光之下。

因此，一个真正有德行的人，他外在的一举一动都能够把道彰显出来。他的行为自然会感化着万民都来效仿他，向他学习，家庭自然幸福和谐，国家自然繁荣昌盛，天下必然大同。

生活处处是道，道无处不在。曾经有一位年轻人请教一位禅师说："您有这么高的境界和修为，请问您有什么修行经验，能给我们传授传授吗？"年轻人期盼着前辈说一些高深的禅语，没想到禅师很沉稳地说了一句："该吃饭的时候吃饭，该睡觉的时候睡觉。"年轻人很失望，心里想道："修行这么多年，也只不过如此嘛！"轻蔑地一笑，问道："禅师，我们每天都是睡觉和吃饭嘛！"禅师微笑说："你们吃饭的时候挑三拣四，睡觉的时候胡思乱想啊！"因此大道至简，一个人的行为举止始终不离自性，才是真正圣明君主的德行。

所谓道在自身，身外无道，每个人自身都有一条光明大道，需要找到传播真理大道的日月明师来开启我们本自具足的大智慧，来指导我们人生的方向，让我们过上吉祥圆满的人生。

因此，《中庸》云："率性之谓道。"率着我们每个人的天性做合乎于大道的事情。事故君子动而世为天下道，行而世为天下法，言而世为天下则；远之则有望，近之则不厌。如此一来，身为一国君王的人，他的每一举动自然成为天下人永世所共由的常道。他的每一桩行为，成为天下人人永世所共行的法度。一开口所说的话，就成为天下人人永世所遵守的法则；像这样"立功、立德、立言"三不朽的人，时代就算久远，也能愈

为后人仰慕，而立在当世，也不会受到人家的厌恶。

圣人的德业，重在为天下人着想，故凡有举动，必为天下之达道；凡有一行，便则天下之常法；凡有一言，必成天下之轨则，因德泽配天，故能令誉永存。

孔子之德好比天地，没有一样不能负载的，也没有一样不能覆盖的；又好比春夏秋冬四季的更替运行，又如同日月的更代，交相辉映。其大道使万物各安其位，各自生长化育而不相害；其小德行，形成五伦八德，有如河川之流行，脉络分明，滋润众生德业，各善其身；其大的德行又能掌握万殊归一本之理，感召万物，普化群生，兼善天下。天地之所以伟大处即在此，圣人（孔子）之德伟大处亦在此。

孔子到鲁国北部游览，从东边登上农山，子路、自贡和颜渊跟在身边。孔子长叹一口气说："登上高处向远处眺望，使人感慨高端。你们且谈谈各自的抱负，让我听听吧！"

子路抢先说："我希望遇到明月般白色羽毛和太阳般赤色羽毛装饰的盛装军队，那种鼓的声音洪亮得可以上达霄汉，彩旗飘扬飞舞，笼罩地面。我如果率领军队攻击，这样装备精良的敌车，一定可以节节胜利，扩地千里，这种事若我办得到，他们两位只好委屈点当我的跟班。"

"是敢作敢为的勇士呢？还是愤恨不平的人呢？"孔子笑笑说。

子贡接着说道："当齐楚会战于辽阔的原野，两军壁垒相当，旌旗相互对峙，兵马掀起的尘埃弥漫天地，短兵相接，血肉横飞时，我愿穿着白上衣，戴着白帽子，在白刃之间陈述道理，化解两国的战祸。这样的事唯有我办得通，他们两位只好委屈点当我的跟班。"

"是能言善道的辩士呢？还是轻举妄动的人呢？"孔子笑笑说。

颜渊在旁边默默不语。

孔子说："颜回啊，过来！怎么只有你不谈谈抱负呢？"

颜渊说："文武两方面的事情，都被他们包办了，我哪里敢加入呢？"

"你不屑于那些事吧！虽然不愿加入，也勉强谈谈。"孔子说。

颜渊说："我听说鲍鱼和兰芷，不可以藏在同一个箱子里，尧舜和桀纣不能治理同一个国家。他们两位说的和我的志愿完全两样，怎么能相提并论呢？我愿找个明白圣主来辅佐他，使得城郭不必修筑，沟池不用挖掘；我要熔化剑戈等兵器而铸成农具，使天下千年没有战争的祸患。如果这样的话，那么子路又何必愤恨不平地出兵攻击呢？子贡又何必轻举妄动地挺身游说呢？"

孔子听后，连连点头。

子路举手问道："我们愿意听听老师的高见。"

孔子说："我所希望的，正是颜回的抱负。我乐意背着衣箱，跟随这个姓颜的孩子。"

由此可见，礼之重要可想而知。因为天与地之间，必须有人；教与教之间，必须有道；人与人之间，必须有礼；人得礼则安，昧礼则乱。道德仁义，非礼不成；国家外交，非礼不威；军政纪律，非礼不严；纷争辩讼，非礼不决；事奉师长，非礼不亲；君臣父子，非礼不定；祭祀鬼神，非礼不诚；移风易俗，非礼不备。

故人不学礼，无以立足；礼主敬存诚，以和为贵。

用礼节而制，才能适中；用礼节而行，才能义正；

用礼节而和，才能正直；用礼节而归，才能勇敢；

用礼节而导，才能圆融；用礼节而调，才能和谐。

# 孝 经

## 士 章 第 五

【原文】

　　资①于事父以事母，而爱同；资于事父以事君，而敬同。故母取其爱，而君取其敬，兼之者父也②。故以孝事君则忠，以敬事长③则顺。忠顺不失④，以事其上，然后能保其禄位，而守其祭祀⑤。盖士之孝也。《诗》云："夙兴夜寐，无忝尔所生⑥。"

【注释】

　　①资：取。

　　②兼之者父也：指侍奉父亲，则兼有爱心和敬心。兼，同时具备。

　　③长：上级，长官。唐玄宗注："移事兄敬以事于长，则为顺矣。"

　　④忠顺不失：指在忠诚与顺从两个方面都做到没有缺点、过失。

　　⑤而守其祭祀：刘炫认为："上云宗庙，此云祭祀者，以大夫尊，详其所祭之处；士卑，指其荐献而说，因等差而详略之耳。"（《复原》）

　　⑥"夙兴"二句：语出《诗经·小雅·小宛》。兴，起，起来。寐，睡。忝，辱。尔所生，生你的人，指父母。

## 【译文】

孝亲的道理，本为人之天赋使然。拿侍奉父亲的态度去侍奉母亲，那种爱母之心与爱父之心是相同的；取侍奉父亲的道理去侍奉国君，那种敬君王的心和敬父亲的心是一样的。侍奉母亲取其爱心，侍奉国君取其敬心，只有侍奉父亲是兼有爱敬之心。其爱敬都出自于至诚之心，皆自性所为，所以爱敬是相连的。

所以，士人以侍奉父母之孝心去为国君服务必能忠诚，以敬重父母之心去侍奉上级必能恭顺。能以忠事君，则得君宠；以敬事长，则受长欣。侍奉国君和上级，都能做到没有什么缺憾和过失，就能永远保住自己的俸禄和职位，维持对祖先的祭祀之无忧。这就是士人的孝道啊！

《诗经》里说："我们要早起晚睡，努力工作，谨慎行事，不要玷辱了生育我们的父母，才不愧我们的一生！"

## 【妙解】

天地万物交相爱是化成天下之道。《墨子·兼爱篇》说："乱何自起？起不相爱，臣子之不孝君父，所谓乱也。子自爱，不爱父，故亏父而自利；弟自爱，不爱兄，故亏兄而自利；臣自爱，不爱君，故亏君而自利；此所谓乱也……若使天下兼相爱，国与国不相攻，家与家不相乱，盗贼无有，君臣父子皆能孝慈，若此，则天下治。故天下兼相爱则治，交相利则乱。"

而爱却源于感恩，终于报恩。若没有太阳，我们就感受不到温暖；若没有水源，我们就没有存活的可能；若没有父母，就没有我们自己；若没有亲情、友情、爱情，世界就会是一片孤寂和黑暗……这些浅显易懂的道理，我们都懂，但我们在生活中理所当然地享受着这一切的同时，却常常缺少了一颗感恩的心。

当今社会，当人们被久久压抑的对物质的渴望遇到物质极大丰富的强

烈刺激时，导致了所有人的价值取向、世界观发生了扭曲，人类已经从理性变成了森林法则的动物。已然没有了人类本应该具有的那种和谐、那种理智、那种相互感恩，更多的是你争我夺。我们的民族，都在为求名而疯，为求利而狂。

无论是对大自然的风景万千，还是对伟大的祖国母亲，以及你身边的人甚至是对父母和孩子，我们表达情绪最多的不是感恩而是抱怨！通过抱怨来表达内心的不满、甚至是我们对他们所寄托的希望，然后互相抱怨、互相指责、互相掣肘，直至大打出手来平息纷争。所以懂得感恩是做人的道德底线。

一天，上帝派一个天使来到人间，手里拿了两个篮子，一个是装祈求的，一个就是装感恩的。于是，天使拿着两个篮子来到人间，从早晨到晚上，那个祈求的篮子很快就装满了，但感恩的却收到很少，相比之下，祈求的人太多太多了，懂得感恩的人实在太少了。

当你埋怨父母，是否记起父母辛勤付出的背影。

当你埋怨兄弟，是否记得一起睡过的那条被子。

当你埋怨爱人，是否想起曾经度过的风风雨雨。

当你埋怨孩子，是否忆起孩子曾带给无比温馨。

当你埋怨老师，是否想到老师开启你生命智慧。

当你埋怨朋友，是否记住彼此肝胆相照的友情。

当你埋怨社会，是否感谢社会为你提供的平台。

当你埋怨自己，是否思忖自己其实一直在努力。

当你埋怨一切，是否也在埋怨自己缺少感恩心。

通常来说，对我们有过恩的，我们都会感恩的，人人都有良心，所谓"滴水之恩，定当涌泉相报。"

感激生育你的人，因为他们使你体验生命造化；

感激抚养你的人，因为他们使你健康苗壮成长；

感激帮助你的人，因为他们使你度过艰难险阻；

感激关怀你的人，因为他们曾经给你温暖无限；

感激鼓励你的人，因为他们曾经给你力量动力；

感激教育你的人，因为他们用心开化你的蒙昧；

感激钟爱你的人，因为他们让你领悟爱情宝贵；

感激陪伴你的人，因为他们为你解除孤单寂寞；

感激提携你的人，因为他们为你提供成功舞台。

但面对伤害我们的人，一般人是很难生出感恩之心的。尤其是受人栽赃陷害，更是怨气冲天。

而李某却是个例外。他在博罗当地搞建筑，因为一个什么事件给抓到看守所去了，实际上跟他一点关系没有，等于抓错了，冤枉了，在看守所要接受调查9个月，当了9个月犯人，你说冤不冤？他出来之后警察告诉他有两件事情他可以做：第一，他可以起诉，告政府抓错了；第二，他可以索赔，大概得有几万块钱。大家想不到：第一，他没起诉，放弃了；第二，几万块钱他也不要。而且怎么样？他还要回到这看守所，回到监狱来当义工，为什么？

他在里面反省自己："我是个不孝子，没有好好地孝顺父母，《太上感应篇》里面'诸事不顺因不孝'，所以说人做什么事都是不顺，我不进去，在外面可能下一次更惨。所以我很感谢把我拉下水的那个人，我很感谢他，没有他我学不到传统文化，是传统文化救了我，让我学会了做人，明白了孝道。所以那是最好的地方。我感恩这一切……"

感激刺激你的人，因为他磨炼了你的心志；

感激欺骗你的人，因为他增长了你的见识；

感激鞭打你的人，因为他消除了你的业障；

感激遗弃你的人，因为他教导了你应自立；

感激绊倒你的人，因为他强化了你的能力；

感激斥责你的人，因为他助长了你的定慧；

感激怀疑你的人，因为他激励了你的自性；

感激迷惑你的人，因为他提升了你的觉悟；

感激腐蚀你的人，因为他考验了你的定力。

因此感恩是离苦的第一恩，李某坐牢也感恩，道出了人生真谛，爱他人就是爱自己，恨别人就是恨自己。全他即自，所以：

一切横逆过来，感恩还给他，反省留给自己；

一切痛苦现前，慈悲还给他，忏悔留给自己；

一切是非降临，宽恕还给他，觉悟留给自己；

一切考验出现，祝福还给他，境界留给自己。

一位老师外出弘法，有个老居士闻听后，连夜给老师纳了一副鞋垫，并且在每只鞋垫上面绣了一朵莲花，希望老师脚踏莲花度化众生，离苦得乐，成就菩提。更难得的是这位老居士每绣一针，便念一句阿弥陀佛，等这副鞋垫做好了，佛号已经念了数万声……

一个人存活于世上，承受诸多恩德，人类因感恩而伟大，世界因感恩而美丽，感恩是爱的延续，感恩是生命的原动力。学会感恩，才能体会到生活中多姿多彩的美；才能懂得人生道路上所有人对我们付出的爱。人生在世，有五种恩德值得我们去感恩，那就是天、地、君、亲、师。

智慧给虚心学习的人；祥和给珍惜一切的人；

清静给随处自在的人；幸福给常怀感恩的人；

财富给慈悲喜舍的人；成功给坚持到底的人！

天有包容一切之德，地有涵养万物之功。天无私覆地无私载。天地至公、至诚、至爱之恩，雨露均沾，万物并载。上天没有因为谁是好人，而多一点雨露降临；也没有因为谁是坏人，而少一点甘霖滋润。太阳没有因为某人是恶人，而不照耀他；大地没有因为某人是恶人，而裂个地缝将其掩埋。这便是天地的至公之恩。所以"大道之行也，天下为公"。天地对万物一视同仁，没有憎爱之分。《中庸》云："至诚如神。"

诚就是万物发展的运行规律。也就是，天地万物都有自己运行的规律，而且无时无刻都是在按照自己的规律在运行。日月星辰如果不诚则宇宙失序；太阳如果不诚则天昏地暗，由此大自然将会陷入混乱的状态。"万物运行而不相悖"宇宙万物各行其道，从不相互违背。

在当今一切向"钱"看的社会，我们总觉得，收钱的一定是好的，而且钱越多，这个东西越好，是不是？而阳光、雨露、空气，从来没有向我们收取过任何费用，但是它们却是最好的。天地无私地将自己的光和热奉献给世间万物，从不计回报。人们常把大地比作人类的母亲，其实和母亲相比，大地有过之而无不及。

人类的吃、穿、住、行皆来自土地。而自己不需要的东西又都抛弃给了大地，如果说儿女成人以后，还有离开母亲的时候，而人类却未曾一刻离开大地。虽然天不曾言、地不曾语，但是天地真的是：天无私覆，地无私载！

"没有国，哪有家？国是最大的家，家是最小的国。"只有国泰民安，人们才能安居乐业。由此可见，在上位的国君对国家的安定祥和起着决定性的作用。《道德经》云："太上，下知有之。其次，亲而誉之，其次，畏之。其下，侮之。"君有四种。最上等的国君，是无为而治的圣君，以道治国，使人民各顺其性，各安其生。所以人民只知道有个国君罢了，没有感觉到他做了些什么，尧舜就是这样的国君。

尧帝真的是做到了无为而治。上朝的时候，穿的是朝服；平日里穿的都和老百姓一样朴素。尧风舜日，一片世界大同的景象。次一等的国君——亲民的明君，以德治国，用仁义化民，所以人民都亲近赞誉他。例如文王。以德行感化人民，人民都是如此的宽厚。大礼纯礼之德，深受百姓的爱戴。再次一等的国君——法制的人君，以法治国，人民都畏惧他。最末一等的国君——害民的暴君，用权术愚弄人民，用诡计欺骗人民，甚

至用武力镇压人民，所以人民都反抗他。一代暴君殷纣王残暴虐民，百姓恨之入骨，都想与之同归于尽。最后百姓是群起而攻之，武王伐纣，一举灭掉商朝创立了史上最长的朝代——周朝。

今天我们是生在新中国，长在红旗下。我们国家历来注重以民为本，尊重人的尊严和价值，早在千百年前，中国人就提出"民为邦本，本固帮宁"。天地之间莫归于人，所以我们国家采取了一系列利民、育民、养民、惠民的政策。

《心地观经》云："慈父恩高如山云，悲母恩深似大海。"父母生育了我们，给了我们第一次生命。父母养育我们，无论我们变成什么样子，父母永远不会放弃我们，永远慈爱我们，并且会想尽一切办法、用尽一切努力，教导我们长大成人，给我们第二次重生的机会。父母的恩德真是昊天罔极！

所以《父母恩重难报经》中记载，释迦牟尼佛在给弟子讲述父恩母爱的伟大时说："我们左肩挑着父亲，右肩挑着母亲，绕着须弥山走啊走啊，走得皮开肉绽，走得血流成河，也报答不了父母的恩德啊！"

如果我们对最亲、最爱，给我们恩德最大的父母，都生不起感恩心，更何谈感恩国家，感恩万物，感恩一切呢？所以，作为子女，最好的报答就是学习和弘扬传统文化，效仿圣贤，最终成圣成贤。这才真正做到了《孝经》所说的："立身行道，扬名于后世，以显父母，孝之终也。"这是我们对亲恩的最好报答。

一个人，如果没有老师传授知识和教育，就不会健康成长，更何谈将来立足于社会，立足于天地？一个国家和民族，如果没有老师兴教，国家和民族就不会强盛，更何谈兴旺发达？所以，老师的恩德和贡献，对每个人乃至整个人类社会都是十分巨大的。所以居里夫人曾经说过："不管一个人取得多么值得骄傲的成绩，都应该饮水思源，应该记住是自己的老师为他们的成长播下了最初的种子。"

　　一位大德为他的老师在北京提供弘法场地，当老师来到菩提道场，被墙上一幅"感恩图"深深打动了。这幅感恩图是由三百个小心组成的。三百名学生每人在一个个小心图形上写下了自己最美好的祝福："老师我爱您！""老师您辛苦了！""谢谢老师的培育恩德！""感恩老师大爱付出"……

　　中国文化最重视的是孝道和师道，儒家特别强调老师的恩德与父母的恩德是一样的，正所谓"一日为师，终身为父"。孝道和师道是做人的大根大本，是一个人成功的关键所在。所以，我们国家把每年9月10日定为教师节，就是希望全社会能够尊重老师，同时也是守住做人的根本。其中，我们通常所说的老师与老师还有区别，"唐宋八大家"之首的韩愈在《师说》写道："师者，所以传道授业解惑也。"

　　授业解惑的老师就是教导我们文化、传授我们技术的人，解决我们的生存之道，提高我们生活水平的老师。什么是传道的老师？是能够开启我们的智慧，恢复我们良知的老师，我们称之为明师。老师就像园丁，不断精心培育祖国的栋梁；老师就像蜡烛，燃烧了自己却照亮了别人；老师就像灯塔，时刻指引我们前进的航向；老师就像蜜蜂，在人间不断辛勤劳作；老师就像石头，让别人踩着它前行；老师就像轮船，载着我们驶向成功的彼岸；老师就像拐杖，支撑我们走好每一步！老师不仅仅传授我们知识，教导我们做人做事的道理，更有一些老师为了我们的将来付出了生命的代价。老师的恩德实在是太大了！传道的老师也就是明师之恩，那可谓是恩重如山！所以，晋代的葛洪曾说："明师之恩，诚为过于天地，重于父母多矣。"有道是"天生我，地载我，君管我，亲养我，师教我"。明师能够为我们指引方向，不仅能开启我们智慧，还能净化我们心灵。是能够帮助我们，永远脱离苦海的老师。父母给予我们的是有限且短暂的生命，而我们在明师的指引下，却能够成就永恒的慧命。

　　当年六祖慧能大师如若不是五祖弘忍将真理传授给他，也就没有东方如来的成就；当年孔子如若没有问礼于老子，也就不会成就至圣先师孔老夫子；释迦牟尼佛如若没有昔日燃灯佛授记，也不会成就一代伟大的世尊。人类社会如果没有传播真理老师，整个世界就会陷入"黑暗"。尤其传播真理的老师，是我们人类"灵魂的工程师"，是让我们的生命发光发亮的老师，是让我们的人生有意义的老师！

感恩，是离苦第一因。感恩，是一种美德，是一种境界。感恩，是值得你用一生去等待的一次宝贵机遇。感恩，是值得你用一生去完成的一次世纪壮举。感恩，是值得你用一生去珍视的一次爱的教育。感恩，是世界上最美好的一颗心。感恩，让生活充满阳光，让世界充满温馨。

常言道，受恩容易，知恩难，知恩容易，感恩难，感恩容易，报恩难，报恩容易，报答天恩难啊！

在天津一座寺庙，有一块横匾上写着"报恩院"。而这个"院"字缺少了一点，成了没有报完恩之妙意，也就是说上天给予我们的恩德实在太多太多了，真是天恩浩大，师德巍巍！我们生生世世恐怕也报答不完的。所以报恩就是大爱无疆！

故《弟子规》云："凡是人，皆须爱；天同覆，地同载。"宇宙万物是为一体，地球上所有有生命的物，我们要爱；没生命的物，我们也要爱；山河大地、花草树木，我们要爱，所以爱是不可局限、不可估量的。犹如天之大，万物无不在天覆盖之下；地之广，万物无不在地所附载之上。天地没有分别心，对一切人、事、物都一律平等对待。

天之核心是道，展现德行是爱。如何爱撒人间呢？又怎样提升爱之境界呢？扩大爱心可从以下四个方面力行：

第一，敬己。

敬己者，爱身始。如今人们大多昼夜颠倒、暴饮暴食、吃垃圾食品、作息无规律、缺乏运动、放纵欲望等伤身伤德的行为习惯，然而身体发肤受之父母，孝之始也。不爱惜身体孝道则亏；其次，利用身体造作恶业，命运转衰，病痛、灾难接踵而至。所以敬己，首从爱身做起，健康饮食，戒荤吃素，作息规律，经常运动，节制欲望，等等，拥有一个健康的身体来行功立德，因为真正需要守护的是我们每个人本自具足的良心本性。

子路问君子。子曰："修己以敬。"一个君子，最重要的是修养己身，以敬重己身为责任事业。所以，一个真正爱己之人，一定会穷其一生之所能来完善个人的内心修养，培养自己的内德，来恢复自己的天性。老子说："修之于身，其德乃真。"所以君子应以力行"八德"为己任，真正做到身心和谐、家庭和谐，乃至社会和谐。

**第二，尊亲。**

孟子曰："孝子之至，莫大乎尊亲。"

一位母亲买了辆新车，为了不让年幼的儿子被新车里的甲醛熏到，母亲想尽了办法，听说柚子皮、橙子皮、香蕉皮、菠萝皮各种水果的皮可以除甲醛，于是买了很多放在车里的各个角落。回头又听说竹炭可以吸甲醛，又买了很多竹炭包放在车里。还是不放心，每日又定时将所有车门打开散发味道……如此这般连续忙活了好几个月，终于放心让儿子安全地坐在车里了。

这一件事就可以看出母亲对儿子无微不至的照顾和关怀，就是这颗心作为儿子的无以为报啊！所以父母恩德大如山、深似海，杀身难报。唯有行功立德，以德拔亲，使父母成就生命。我们把中国优秀的传统文化讲给父母听，让父母明白道理成就圣贤，行为至孝。

亲生父母对待我们宠爱有加，我们孝顺他们不是一件难事。即便有些许不如意之处，我们也能够包容理解。但是心存怨念，对父母耿耿于怀的，也不乏其人。如果亲生父母换成是继父继母，我们会有什么样的心态呢？

曾经有一个孩子父母离异后不久，父亲再婚，后妈非常贤惠善良，对他视如己出，但是在他心中一直存有芥蒂，态度言语都十分不恭敬。每每

父亲责备他时，继母都在一旁说情，说他年幼情有可原，并且还是一如既往地体贴照顾，可他依然无动于衷。这一天，两人又发生了冲突，继母十分不解，问他道："我虽是后母，但我一直真心对你，不逊色于亲生母亲啊，可你为什么还是这样态度恶劣？"这个孩子轻蔑一笑："哼！对我好？你那还不是为了讨好我爸！"此言一出，后母的心粉碎了。

后妈也是妈，其实大多数继父继母还是很明理的，比较接纳前任的孩子，也花了很多心思在孩子身上，甚至关怀程度更甚于对待自己的孩子。舍不得打舍不得骂，稍有疏忽就会背上恶毒的骂名，可即便是掏心掏肺地对孩子好，有时都唤不回孩子的理解，更别提孝顺了。其实继父继母也不容易，遭受了家庭破碎的打击，能够再一次鼓足勇气重新组建家庭，接受这个家庭的一切，心里也有很多苦。既然成了一家人，彼此包容，彼此理解，彼此关怀，人生苦短，何不活在爱的世界里，而不是恨的世界、埋怨的世界。继父继母对待孩子的好，有的孩子也会因此被感化；但如果继父继母不能善待孩子，孩子的感恩之心就较难生起，甚至有的孩子起了杀父弑母之心，大不孝也，造下了不悔因果，如何忏悔都无法消除果报，到那时觉悟为时晚矣。

《弟子规》云："亲爱我，孝何难。亲憎我，孝方贤。"父母对子女好的，孝理所当然；倘若不孝，便大逆不道。父母对子女不好的，也应尽孝，正所谓父可以不父，子不可以不子；倘若不孝的，便与父母形成情结，诸般不顺，福报消损。继父母对子女好的，更应该孝，一般人会怀疑长辈的真诚度，真正的孝是突破血缘关系，超越人我对待的；倘若不孝的，就会良心有愧，人生坎坷不顺。继父母对子女差，也应尽孝，因为《弟子规》云："事诸父，如事父。"

倘若不孝父母，逆天而为，前途堪忧。俗话说，"诸事不顺因不孝，怎知孝能感动天。"身体疾病、事业不顺、家庭不和皆是不孝父母而起，就算继父母待我们不好也是我们前世未与人结好缘，古人早就在这方面为我们做了榜样。

晋朝的王延九岁时，母亲去世了，继母总是虐待他，冬天给他穿的棉衣里塞的是蒲穰和烂麻头。王延明知道这样，当别人问起时却从不说破，反而侍奉继母更加恭谨。在寒冬腊月，继母想吃活鱼，让王延去找。王延实在弄不到鱼，结果被继母鞭打得遍体鳞伤，鲜血直流。为了继母能吃到鱼，他又一次跑到汾河边叩击冰凌大哭。突然，河里跃上一条五尺的大鱼来，王延连忙将鱼带回家煮给继母吃。

可是，蹊跷的是，继母连吃数日，鱼肉依旧不减，于是心中疑惑，一问缘由，才知是王延至诚感动得上天垂怜。继母回想起往昔对他百般苛刻，可他侍奉继母依旧无怨无悔、敦伦尽分，心中充满了内疚和感动，从此对王延如亲生儿子一般疼爱了。

然而除此之外，我们还有一个共同的母亲——大道之母，道母念儿殷殷切切，怎知儿却迷失回家路。在红尘中沉沦太久了，丢了母亲给的传家宝——自性之宝；忘记了母亲的临别嘱托——早日归家；找不到了归家之路——迷失大道。所以要赶快觉悟，"朝闻道夕死可矣"，认理实修，格物致知，回归大道母亲的怀抱。

第三，仁民。

如今，我国政府大力弘扬中华优秀传统文化，习近平总书记提出，要通过研读优秀传统文化书籍，吸收前人在修身处事、治国理政等方面的智慧和经验，养浩然之气，塑高尚人格。领导干部要爱读书读好书读善书，不断提高人文素质和精神境界。政府大力弘扬我国传统文化的做法，真正做到了"民之所好好之，民之所恶恶之"，此之谓民之父母。政府不但提高人民物质生活水平，同时更加注重公民精神境界的提升。这些都体现了党和国家亲民爱民的仁爱精神。

易云："王假有家，交相爱也。"是说由爱家推及爱国，由爱国推及万邦协和，黎明时雍。

老子云："圣人恒无心，以百姓之心为心。"可见圣人之仁德之心，不仅爱众生之身，更加爱众生之心，让众生彻底走出苦海深渊，脱离生死轮回之苦，实乃圣人之博爱精神，博爱之谓仁。圣人仁德具足，以仁爱之心做行善、济世、救人的工作，忍人所不能忍，行人所不能行，牺牲奉献，度化苍生。性存天理，心存仁德，大公无私，在危难来临之时，舍弃生命维护真理，无有丝毫怨言。

释迦牟尼佛为追求生命的最高境界放下尊贵地位，讲经说法四十九年，广度有缘；至圣先师孔老夫子周游列国十四年，遭受种种磨难，即使牺牲己命也在所不惜，化人心为良善，挽道德于颓废；所以圣人皆以博大的爱去教化众生，从根本上解救众生的灵魂，使众生了悟真理，彻悟宇宙人生的真实相，最终返璞归真，同臻至善。

**第四，爱物。**

网上播放了一个视频：一艘船起锚出发了，一只狗不小心掉进水里，虽然狗能游泳，但毕竟赶不上轮船的速度，眼看狗游得精疲力尽，马上就要沉入水底，就在这千钧一发之际，一条鲸鱼用背把狗托起，从而挽救了狗的生命，并且还带到船上。狗感动万分之余与之亲吻；离别时，不断"挥手"致意，让人敬佩不已。万物皆有爱啊！佛曰"蠢灵含动"，意思是动物也有佛性。

可是随着生活水平的提高，曾经只有在过年过节才会吃到的山珍海味，如今不分时间、不分地点、不分年龄，只要想吃，只要能吃，都会成为我们的口中肉。天上飞的除了飞机，地上跑的除了汽车，水里游的除了潜水艇，已经几乎无一幸免地成了人类的盘中食。

为了一己私欲不惜残害各种生灵，图一时之快最终换来的却是百病丛生，甚至是绝症。如今得癌症不再是一个新闻，癌症似乎虎视眈眈地在每一个人身体中伺机而动。流行病的种类越来越多，死亡率越来越高。从疯牛病、SARS病毒、禽流感，到如今的埃博拉病毒，病源之初大多是因为人食用了带有病毒的动物，病菌适应新的寄生产生变异，从而人群传染。佛家有句话说："预知世上刀兵劫，但听屠门夜半声。"

孟子曰："君子之于禽兽也，见其生不忍见其死，闻其声不忍食其肉。故君子远离庖厨。"世间万物和人类是平等的，所以应以平等心、诚敬心去和平相处。

一日，达摩祖师在路旁的大树下小憩，一只被猎人射伤的小鸟掉在地上。达摩祖师慈悲为怀，为其包扎治疗，甚至为其授记，皈依佛门，愿他日做人好修行。

片刻之后，猎人寻迹而来，达摩祖师问猎人："你一箭能射几只猎物？"猎人说："一只。不过运气好的话可以射两只。""两只？我看不止，如果运气好的话，有时可以射到怀孕的猎物呢？"猎人想了想："对啊，那就不只两只了！"说完得意洋洋地大笑起来。

达摩祖师看着猎人说道："我只可以射一只。不过我射的那只，万千的众生就可以得到安详。""那只是什么？"猎人不解道。

"就是你！""是我？我不杀生还有别人呢！"猎人忍不住为自己辩解。

"血肉淋漓味足珍，一般苦痛怨难中，设身处地扪心想，谁可拿刀割自身。"边说边渐行远去。

圣人之心悲悯苍生，不忍残害手足。因为万物成于一体，外相乃因个人因果业力所致。虽然示现的相有所差异，但内在的自性却是平等无差别的，佛曰"我、佛、众生，三无差别"，故君子所以异于人者，以其存心也。

敬己，是守护上天所赋予我们最宝贵的良知本性；爱亲，是聆听到大道母亲的呼唤，觉悟修行回归家乡；亲仁，是以至诚之心度化众生也能明心见性，共觉圆满；爱物，了悟万物同体，非空非有，只可妙用，不可拥有的宇宙真实义。

堕落的爱，是欲，放纵无度，伤身败德，堕入恶道，求出无期；迷惑

的爱,是情,彼此牵绊,相互纠缠,生生世世,苦不堪言;觉悟的爱,是慈悲,无牵无挂、无分无别,清净无染,得大自在;圆满的爱,是大慈大悲,舍身为道,普度苍生,觉行圆满,共证菩提。

礼之根本是诚,表现形式为敬。孔子说:"为礼不敬,临丧不哀,吾何以观之哉!"孔子认为祭祀最重要的是虔诚、恭敬,若奉行礼仪时,不能恭敬行事;亲临丧祭的时候,不能显露哀戚的表情,便失去礼的意义。所以孔子无奈地说:"这种人,我还凭什么来看他的做人呢?"可见,礼若无敬,则趋于形式。

那么如果我们向人行礼,对方没有回礼,该当如何?孟子说:"礼人不答,反其敬。"如果对方真的没向我们回礼,我们既不生气,也不与之计较,这反而更能得到他人的敬重。《左传》中说:"敬,礼之舆也;不敬,则礼不行。"所以礼的精神在于"敬"。

王彬少年的时候,身体多病,而且似乎命不久矣。自己甚至都在心里这样想:"我的身体那么差,一定活不了多久啊!"正因为此,他十分羡慕能活到迟暮之年老人们。凡是见到老人,他都非常的恭敬。经过王彬家门口的老人,无论身份贵贱,王彬都会起立向他们致敬。在路上遇到老人,也一定会让路给老人先走。奇迹发生了,王彬的病情逐渐转好,精神也越来越饱满,竟然活到了九十三岁。

佛经云"敬老者,得长寿报。"所以,他的一念至诚恭敬之心起,天地感通,从而逆转命运,得以延寿。

唐朝中书侍郎李义府,平常为人忠厚温和,而且不论和谁说话,总是面带着微笑,表现出十分诚恳的样子。其实他心地刻薄、奸诈,常以阴险的计策来陷害好人。日子一久,大家也发现了他的假面具,就说他"笑中有刀",从而都渐渐远离了他。

孔子曰:"巧言令色,鲜仁矣。"花言巧语,伪装出热情的样子,这样的人没有仁爱之心。所以外表的恭敬是内化之至诚所现。所谓诚于忠,行于外。至诚之心由我们每个人的良心本性所生发，当天然本性做主，自性显现时，心归于至善、至真、至美，此时所作所为无不是敬。

**敬物——物我同体。**

有的人用完东西就随便地乱丢，还有的人还别人东西的时候，一句："给。"然后重重地抛到桌面上，一点也不爱惜，难道不能轻轻放么？这种理所当然和不以为然的心理其实是很可怕的。如果有健康的心理，能像爱惜自己的珍宝一样爱惜这世上所有的物，很多本来好好的东西怎会瞬间无影。上帝创造的万物都有其生命，不是谁都可以随意决定它的生死。

所以我们决不能轻视物，不乱扔衣服，不乱放鞋子，不乱丢垃圾，就是做到了"置冠服，有定位"；不践踏小草，不砍伐树木，不浪费资源，就是对环境最大的保护；不捕捉小鸟，不伤害小狗，不残杀动物，不杀生，不吃肉，清口茹素就是最大的仁爱。

我曾看过网上有一段视频，特别感人：主人不在家，狗狗饿了，于是家里的小鸽子就飞到桌子上，在桌子上喂食物给狗吃，食物有点硬，它就蘸上水，不希望食物伤害到狗的喉咙，就这样一次又一次不厌其烦地喂着狗狗，这种关心体贴让人无不为之感动和震撼！可见万物和谐，彼此友爱互敬。

**敬事——理事一如。**

一、敬慎处事。《逸周书·谥法》："敬事供上曰恭。"朱右曾校释："敬事，不懈于位。"《论语·学而》："敬事而信，节用而爱人，使民以时。"清朱焘《北窗呓语》："持躬植品，敬事慎言。"

在一家外企，老板要求员工在接听电话时，必须起身接听，不允许敷衍了事，随随便便应付客户，必须认认真真，恭恭敬敬。顾客是上帝，谁也不准玩忽职守，掉以轻心，耽误了大事。

的确如此，小事即是大事，大事也是小事。《道德经》曰："天下大事，必作于细；天下难事，必作于易。"凡做大事者，必先从小工开始；要做难事者，则从易处下手。这样大事不也就成了小事了吗？难事也就变

成易事了。所以老子又说："慎终如始，则无败事。"拥有这样好的心态做事，只要坚持到底，成功是一定的。

二、恭敬奉事。《书·立政》："以敬事上帝，立民长伯。"《史记·五帝本纪》："取地之财而节用之，抚教万民而利诲之，历日月而迎送之，明鬼神而敬事之。"汉王粲《出妇赋》："竦余身兮敬事，理中馈兮恪勤。"晋葛洪《抱朴子·勤求》："帝王之贵，犹自卑降以敬事之。"《东周列国志》第一百七回："因盖聂游踪未定，一时不能够来到。太子丹知荆轲是个豪杰，旦暮敬事，不敢催促。"

有位传统文化大德老师，每一次备课时都专心致志，甚至废寝忘食。身边助理心疼老师，担心老师长此下去身体会出问题，于是劝道："老师，这些课您又不是第一次讲，干吗这么辛苦？天不早了，老师早点睡吧。"

老师微笑着说："你有所不知，每一次来听课的人不同，所以课件内容要有针对性地调整，我们不能应付众生，要对众生负责任啊！再说有些众生可能这一辈子与我的缘分就这么一次，所以我要好好珍惜，对得起他们及他们的老祖宗。因此，我不遗余力，尽自己所有，把最好的真理奉献给我最亲的家人们。"助理听了老师这番话，禁不住泪流满面，也不再劝说老师早点休息了。

老师这种一丝不苟的敬业精神及境界实在高深啊！她真是敬人如己，敬事如神啊！

**敬人——敬人敬己。**

有一次，一位相貌丑陋的太监有事求见曾国藩总督，来之前曾国藩让妻儿老小回避，然后热情招待，并且还帮助了他。可是其他一些大臣不但没有帮助，而且与家人还一起耻笑了这位丑陋太监。谁料，后来这位太监成了皇帝身边的红人，而那些曾经耻笑他的大臣都被一一报复了，只有曾国藩安然无恙。由此可见对人恭敬是多么的重要啊！即使是乞丐也不愿意吃"嗟来之食"，你都不能小看，更何况是一个前途无量的人呢？

刘备三顾茅庐的典故可以说家喻户晓，临行前，刘皇叔总是会沐浴更衣，怀着至诚之心前去拜见孔明，诸葛亮被他的赤诚所打动，为了报答主公的知遇之情，最后是"鞠躬尽瘁死而后已"。请记住，一分恭敬一分受益，十分恭敬十分收获，永远不伤害带灵魂的心，敬人者人恒敬之啊！

我们对领导或者是老板抑或是老师，也能表达一点恭敬之意，但有些人水分很大，往往是虚情假意，言行不一。同样一些修行之人往往对圣贤是恭敬有加，对佛菩萨是毕恭毕敬，然而对普通人却生不出一丁点恭敬之心，心生好大的我慢。

可有一位大德老师却并非如此，他每次上台时准会诚心诚意地说："各位贤弟妹们，我在你们的灵光面前认罪，向你们本尊面前请安。各位道安啊！"这位大德在给我们表法，众生一体，自性平等，他是在恭敬每个人的如来佛。无独有偶，佛之经教中有位常不轻菩萨，逢人便拜，并且说："你是佛，将来一定成佛！"的确，你把众生当成佛，你还敢这样目中无人吗？

**敬天——敬天爱人。**

所谓"爱人"，就是按人的本性做人。所谓"敬天"，就是按事物的本性做事。敬天信仰出自儒教圣经《诗经》："敬天之怒，无敢戏豫。敬天之渝，无敢驰驱。昊天曰明，及尔出王。昊天曰旦，及尔游衍。""上既劝王和德以安国，故又言当畏敬上天，当敬天之威怒，以自肃戒，无敢忽慢之而戏谑逸豫。又当敬天之灾变，以常战栗，无敢忽之而驰驱自恣也。天之变怒，所以须敬者，以此昊天在上，人仰之皆谓之明，常与汝出入往来，游溢相从，终常相随，见人善恶。既曰若此，不可不敬慎也。"天不言语，以灾异谴告。敬天信仰就是天人感应信仰。

孔曰："祭如在，祭神如神在。"康熙帝遇到大旱之年，他斋戒沐浴三天，内心坦诚一片，礼敬上天，然后徒步到天坛祭祀祈雨，果然在回宫路上下起了瓢泼大雨，灵验万分，让人明白一个朴素的道理——天人感应。

所以礼主敬：敬物——物我同体，情同手足；敬事——认真负责，理事圆融；敬人——众生平等，不生分别；敬天——良心不昧，天理纯全。唯有内心诚敬，才能由内而外地、自然而然地行万事而不失和谐，所到之处，才能感应道交，其乐融融。

圣人之礼，非只拘于外相，内敬我们本自具足之良心本性。依良心做事，内不失至诚，外不离中和。中庸曰："喜怒哀乐之未发，谓之中，发而皆中节，谓之和。中也者，天下之大本也。和也者，天下之达道也，致中和，天地位焉，万物育焉。"

当喜怒哀乐等七情六欲的情绪作用持于未动之时，是为至正无偏的道体"中"的境界。一旦能将喜怒哀乐等情绪作用恰当地应用，该快乐的时候欢笑，该悲哀的时候落泪，这种发得合情理而适当的境界，叫作"和"。"中"是天下人人来去的大根本，"和"是天下人人所共由的路径。进德修业者如果能完全做到"中""和"这两种境界，则宇宙万物必端正其位，推而使万物也都能顺此正道而发育生长了。

所以天地得其位，而人率性而为之，便是人与天地同参之真实义，天地人同列，其德、其行皆同，这便是说明致中和即道之体，也是由人道而成大道的重要法门。

五伦大道，其中君臣之道是每个人所必不可少的。因为每个人都有自己的事业、职业、生活与工作，可以往大了说国家领导人是君，我们老百姓是臣；往小了说企业里老板是君，员工是臣；父母是君，孩子是臣。君臣之道处理得好，那么企业能够兴衰不败，国家能够兴旺发达。因此君臣之道非常关键。

**君仁臣忠**。《大学》云："为人君止于仁，为人臣止于忠。"

昔日大臣李绩得重病，医生说："需得龙须灰，方可疗之。"太宗自剪须烧灰赐之，服讫而愈。李绩叩头泣涕而谢，表示要誓死效忠太宗。"含血吮疮抚战士，思摩奋呼乞效死"说的是战争期间一个叫李思摩的军士中箭，太宗亲为吮血，李思摩感动得高喊一定要拼死沙场，以身报国。

为臣尽忠职守，在其位谋其政。"忠"是由中和心组成，即中庸之道的心，称为忠心。不是忠于别人，而是忠于自己的良心。不然拿着俸禄工资，却没有按本分做事儿，有亏自己良心。因果公平，俗话说，出来混，总是要还的。韩非子说："仁者，谓其中心欣然爱人也。"意思就是说一个仁慈的人，就是用心来欢喜地爱戴每一个人。鲁迅也说："一个仁德深厚的人，自然会有天下。"所谓厚德载物，正是如此。将心比心，为人君能够爱戴你每一个下属的时候，下属必然也会爱戴你。

所以孟子曰："君之视臣如手足，则臣视君如腹心；君之视臣如犬马，则臣视君如国人；君之视臣如土芥，则臣视君如寇仇。"

秦末刘邦和项羽展开了楚汉之争，项羽即将攻破荥阳城，汉王刘邦被围在荥阳城插翅难飞。张良和陈平献计：找一个与汉王长相相似之人从东门出发去诈降，汉王和家眷以及文武大臣扮成一个普通人从西城门逃走，以施金蝉脱壳之计。纪信因为与刘邦长相神似，便主动请缨以死报德捍卫汉王的江山。刘邦含泪应允。纪信就穿汉王的衣服，坐着汉王的车子，插着汉王的旗子大声喊叫："我就是刘邦，我就是刘邦!"围在一旁的楚军非常高兴，以为汉王出来投降，结果被楚兵识破，用火烧死了纪信。后来汉王打下江山，做了汉高祖。就在顺庆（今四川南充）为他建造一座庙叫"忠佑庙"。纪信被誉为"功盖三杰，安汉一人"。

可见，用政治管治人民，用刑罚统治人民，人民就会钻法律的空子，不知羞耻更不知改变自己的恶习。用德来感化人民，以礼来约束人民，人民不仅知道羞耻，而且还会革除自己不良的毛病脾气。宅心仁厚的盛德君主为民所做之事，人民必会有所感知，而精忠报国。

**君礼臣敬**。为人君要懂得礼贤下士，三人行必有吾师。每一个员工都必有过人之处，一技之长，以谦卑的心态，调动资源，团结合作，才能为企业、部门创造更佳的业绩。因为自古谦受益，满招损。江海之所以能是

百川河流所归，是因为它善于自处低下的地位。老子曰："善用人者，为之下也。"意思就是善于用人的领导者，应当以谦逊的态度对待群众，切不可妄自尊大、盛气凌人、颐指气使。为人君者，高瞻远瞩，为臣子们营造一个良好的工作、学习和提升的环境。而为人臣者，自要替君分忧，为君布德。领导也许不能面面俱到，总有疏忽之处，为臣者要为君补漏，共进共退，最终有所成就。

小白即位，是为齐桓公。齐桓公即位以后，要封鲍叔牙为相，鲍叔牙却向齐桓公极力推荐管仲，他对齐桓公说："管仲之才，胜我百倍，君若欲大展宏图，非管仲莫属。"齐桓公也知道管仲是旷世奇才，又见鲍叔牙竭诚推荐，于是决定尽弃前嫌，重用管仲。为了能让管仲回国，齐桓公派人对鲁国国君说，杀掉公子纠，缚送管仲回国，以报一箭之仇。若不应允，即兴兵伐鲁。鲁国弱小，只得照办，杀了公子纠，把管仲捆绑起来，装入囚车，送回齐国。管仲自以为必死无疑，他早已置生死于度外，大义凛然，泰然处之。哪知当他被押进宫廷时，齐桓公快步走下座位，亲自为他松绑，当即拜他为宰相。齐桓公的这一举动使管仲深受感动，从此他尽心辅佐齐桓公，进行大刀阔斧的改革，结果齐国大治，国力大增。管仲又建议齐桓公打出"尊王攘夷"的旗号，存邢救卫，九合诸侯，最后终于称霸天下，成为春秋时期五霸之首。

君对臣有礼，臣报君以敬，才能相互圆满。君非圣贤，孰能无过，当君有过时，为臣者应直言劝谏。忠言逆耳，但是它可以让你逃离错误的迷圈。赞美、吹捧虽然听之受用，但是却会让人在安逸中麻木最终灭亡。

唐太宗和魏征的故事家喻户晓，唐太宗是一代明君，勇于听取和采纳臣子的进谏。而魏征也是忠臣，敢于直言不讳地向太宗进谏。当然，皇帝也是人，有时唐太宗回宫后发火，声言恨不得杀了这个乡下佬，但他又不愧为一代贤明君主，火气过后又为有这样忠谏之臣感到欣慰，就一次次原谅魏征的犯颜直谏。以致在魏征死后，唐太宗极为伤感地对众臣说："以铜为鉴，可以正衣冠；以古为鉴，可以知兴替；以人为鉴，可以明得失。今魏征逝，一鉴亡矣。"

**君纳臣谏**。当然，劝谏是要讲究方式方法。《弟子规》云："谏不入，悦复谏。号泣随，挞无怨。"劝谏的目的是为了让领导接受，所以要寻得一个恰当的方式，以恰当的语气，智慧圆融地阐述，才是上上之策。

然而，对于一个进德修业的君子，身是民，心是臣，性为君，亦称为小我为臣，大我为君。小我当家，犹如宦官当政，群臣散乱，朝廷没落，社会动荡。大我回归，自然身心和谐，万物一体。所以，人生要找到自己的明君，整顿超纲，号令群臣，造福苍生。

**孝的体现是顺**。所谓孝顺孝顺，不顺不足为孝。言语中顺从父母之言，不顶撞、不辩驳；态度上顺从父母之意，不板脸，不耍脾气；行为上顺从父母之习，多关心，多理解；心意上顺从父母之愿，多问候，多力行。但是也只是中孝而已。孝顺并非一味地妥协，父母所言为对，我们言听计从，但是父母智慧也不圆融，也有不对之处。那么就不能盲目顺从，也要有所劝谏。如果父母有杀生造业、喝酒伤身等恶习，作为儿女不能视而不见，而要智慧劝谏，和颜悦色，而不是嫌弃和埋怨。如果父母依旧不听，我们只好等父母心情好的时候再劝，甚至可以哭着哀求，就算父母打骂我们也无怨无悔。

下对众生恒顺，就是慈悲，是无我的展现。中对父母恒顺，就是孝顺，是积福之桥梁。上对大道母亲也要恒顺，顺母之意，了生脱死，早日归家，与道相和。大道母亲的教诲，寻得真心开启般若，追随明师认理实修，内圣外王终成佛子。

《大学》："自天子以至庶民，壹是皆以修身为本。"所以生命的真谛即是找到能够开启我们般若智慧的明师，明师一指觅得本心，不断听真理，度众生，内化自己脾气秉性，熏习菩提之心，外度一切苦难众生，慈悲心起，如此修习回家之路不远矣。

孝 经

········································

# 庶人章 第六

【原文】

用天之道①，分地之利②，谨身节用，以养父母。此庶人之孝也。故自天子至于庶人，孝无终始③，而患不及者，未之有也④。

【注释】

①天之道：指春温、夏热、秋凉、冬寒季节变化等自然规律。用天道，按时令变化安排农事，则春生、夏长、秋收、冬藏。

②分地之利：唐玄宗注："分别五土，视其高下，各尽所宜，此分地利也。"这是说，应当分别情况，因地制宜，种植适宜当地生长的农作物，以获取地利。

③孝无终始：指孝道的义理非常广大。从天子到庶人，不分尊卑，超乎时空，无终无始，永恒存在。不管什么人，在"行孝"这一点上都是一致的。

④未之有也：没有这样的事情。意思是孝行是人人都能做得到的，不会做不到。

【译文】

庶民根据天时的变化，春、夏、秋、冬四时自然规律的运转，节气的变迁，又按照地势高低、环境不同、地理的差别，利用天时地利的优点，使之各尽所宜，通过辛勤耕耘，努力工作，从而获得好收成，自可丰衣足食。与此同时还要行为举止，小心翼翼，适度花费，节约俭省，以此来诚心敬意地去赡养父母。这就是庶民大众的孝道啊！

所以，上自天子，下至庶民，孝道是不分尊卑，超越时空，永恒存在，无终无始的。孝道又是人人都能做得到的。如果有人担心自己力不从心，做不来，做不到，没有办法力行孝道，这是绝对不可能的。

## 【妙解】

此章讲述庶人是如何尽孝的。一是"用天之道，分地之利"；二是"谨身节用，以养父母"。

"用天之道，分地之利"，直白地说就是顺应自然，因地制宜。孔老夫子告诫我们一定要按照自然规律来生活，所谓"人法地，地法天，天法道，道法自然"。天有天道，地有地道，人有人道。其实今讲天时、地利、人和也都是遵循一个"道"字，所以天地人乃至万物无不按照自然的大道来运转，而且生生不息，正如《中庸》所言："万物并育而不相害，道并行而不相悖。"如果万物不能各安其道，那将会有什么样的后果呢？

星球有轨道——脱轨就会星球碰撞；

飞机有航道——离道就会飞机失事；

火车有铁道——出轨就会车毁人亡；

汽车有车道——逆道就会车祸横生；

轮船有海道——偏道就会触礁船沉；

吃饭有食道——不通就会食道患病；

小便有尿道——堵塞就会泌尿病变；

心中有大道——背道就会灾难降临；

宇宙有天道——背道就会毁灭一切。

所以子曰："道也者不可须臾离也"。任何人不得违背自然大道，何为自然？这里讲一个故事：

员外大人有两个女儿，大女儿的丈夫是个有学问的秀才，二女儿的丈夫却是个目不识丁的老实人，岳父一向认为大女婿聪明，二女婿呆傻。

一天，岳父大人带着这二人到郊外散步。来到河边的小桥上，岳父大人灵机一动想要考考这两个女婿，于是指着岸边的柳树说道："你们看着柳树，它的枝条为什么是弯曲的呢？"秀才女婿答："乃是因为人在过桥之时，小心翼翼，生怕坠入河中，所以用手拉这枝条，久而久之使得柳条弯曲了。"岳父满意地点点头，又转向傻女婿道："你也说说看吧！"傻女婿说："自然的啊！"岳父听后很不高兴，但又不好发作，于是又继续前行。

岳父看到湖中的鸭鹅成群，又问道："你们再说说看，这鸭子为何会游泳呢？"大女婿马上说道："这道题简单，因为鸭子的羽毛轻，所以可以浮在水面上。"二女婿又说："也是自然的啊！"岳父大人摇头叹气，又继续向前走去。

见路旁有一果树，岳父大人又发问："你们知道这苹果为什么是一半红一半绿呢？"秀才女婿说："这其中还是有些学问的。太阳可以照见的地方属阳，故呈红色；太阳照不到的地方属阴，故泛青色。"岳父大人心中赞许道："还是我大女婿有学问啊！"又瞟了一眼傻女婿："你知道这其中的道理吗？"傻女婿委屈地说："这本来就是自然的嘛！"

又走了一段，岳父大人停下来，指着远处的山问："山为何会有裂缝呢？"大女婿得意地说："这其中有一段动人的故事，据说沉香的母亲被压在山下，沉香得到仙人真传，携锋利无比的宝剑下山救母，沉香想试探这宝剑的灵性，便用其劈山试试，谁知这宝剑光芒一出，山由上裂开，沉香赶紧将宝剑收回，所以就有了这裂缝。"岳父大人拍手叫绝："大女婿讲得真是太精彩了！"然后，看也不看傻女婿说："你是不是又要说这是自然的啊？"傻女婿道："这当然是自然的了！"

　　傻女婿有点被逼急了，也顾不上上下尊卑，鼓足了勇气反问岳父大人道："柳枝弯曲是被人拉所致，那老人驼背又是谁拉的呢?!"岳父大人道："那是自然的啊!"

　　傻女婿这下更直截了当地说："鸭子的羽毛轻，所以会游泳。那企鹅没有羽毛，怎么也会游泳呢?"岳父大人尴尬地说："这也是自然的啊!"

　　傻女婿紧追不舍，没有给岳父留有余地："苹果被照的地方是红的，没有被照的地方就是绿的。那么，为什么西瓜被照到的瓜皮是绿的，没有被照到的瓜瓤却是红的呢?"岳父大人不好意思地说："这也是自然的!"

　　傻女婿理直气壮地说道："这山是沉香用剑劈开的，那么人的屁股，又是谁劈开的呢?"岳父大人低下了头，小声地说："这还是自然的!"

　　傻女婿毫不客气又充满着自信："是啊!我刚才也说是自然的。宇宙这一切都是自然而然的，哪有那么多为什么?"

　　所以所谓自然就是该吃饭吃饭，该睡觉睡觉，圣人和凡夫的一天都是一样的，但是不同在心念上，圣人制心一处，心无杂染，二六时中，纯一觉念;而凡夫妄念纷飞，活在过去心、现在心、未来心三心当中，被烦恼痛苦所折磨，一刻不得清净，一刻不能解脱。

　　"谨身节用，以养父母。"这一章中所提到的孝是针对普通百姓的。能够日出而耕，日落而息，每日承欢于父母膝下，身心健康，勤俭持家，尽心孝养。但是在当今工商社会，儿女大多在外求学，毕业后又到外地就业，即使在一个城市也时常见不到面。现实的确如此，所以想要尽孝就很难了。很难并不代表就可以不尽孝了。

　　孝顺父母与身份、地位、文凭、财力都无任何关系。无论富贵如天子诸侯、王侯将相，还是普通如平民百姓，都要对父母尽孝，并且这是天经地义的事，是一生至诚而为之事，直到最终为父母养老送终。无论是古代还是现代每个人都有孝养父母的义务，每个人都有孝养父母的方式，即使不能常在身边也要心系父母，时常打电话问候，抽时间探望。

徐飞是母亲一手带大的，和母亲感情很深，是出了名的孝子。上大学后离开了家，不能常侍母亲左右。但是即便如此，他依然每日打电话问候下母亲的身体，给母亲讲讲身边的趣事。

这一天像往常一样接通了电话，但是电话那头的母亲却声音沙哑，略显虚弱，原来母亲发烧生病独自在家没人照顾，母亲怕儿子担心，连说没事，睡一觉就好了。挂了电话，母亲躺在床上，连起身烧壶热水的力气都没有，忍着病痛渐渐昏睡了过去。

恍惚间母亲仿佛听到有开门的声音，睁眼一看原来是儿子最要好的朋友，拿着一兜药，走到母亲床边说："阿姨，您怎么样了？徐飞走的时候把您家的钥匙给了我一把，让我有事过来照顾您，今天他一听说您病了给我打了电话，我赶紧就把药给您送来了，一会儿我给您做点粥吃，您再把药吃了，然后睡一觉，明天不好，我再来看您。"母亲此时早已泪流满面，连连称谢……

这个真实的感人故事让人感悟到，但凡有这份孝心，空间、时间都不是问题，任何困难也阻碍不住一颗炽热的孝心。保护好身体是孝，不惹是生非是孝，努力工作是孝，和谐家庭是孝……所以摸摸父母的心，了解他们最需要的，以最适合的方式尽自己的一份孝心。

古代有个叫匡章的人，因曾对父母善意地责劝伤了感情，全国的人都说他不孝，孟子却仍然和他结交来往，礼貌相待。当有人问孟子为什么还要和匡章这样的不孝之人交往时，孟子说："一般人所说的不孝行为有五种：一是四肢懒惰，不顾奉养父母；二是好赌酗酒，不顾奉养父母；三是贪图钱财，偏爱自己的妻子儿女，不顾奉养父母；四是放纵自己的欲望使父母因之蒙受耻辱；五是逞能耐，好打架斗殴，以致危及父母。匡章并没有这样。"可见在孟子眼里，匡章能奉养父母，没危及父母，就没有背离孝道。

古代是农耕社会，用现代话来说，就是以养父母，通过自己的劳动，不仅养父母之身，进而养父母之心，最后养父母之灵，使父母身心灵和谐。

**小孝养身**。让父母不缺吃不缺穿，这只做到了小孝，也是孝道的基本。一个人连父母都不能赡养，反而还要拖累长辈，这是不孝的。现在社会出现了一个新的名词——啃老族。之所以出现了这样一个名词，和这群人的出现有着直接或间接的关系。所以孝道的基础是赡养。

然而养，也是分不同种类的。有养就是平均主义，父母又没有生我一个，大家都有份；能养就是个人主义，自己不差钱，你们不管我管，一人都大包大揽了；而能真正做到赡养就太不容易了，子夏说："事父母，竭其力。"意思就是儿女们各行其职，配合默契，兄弟姐妹友爱互助，有钱的出钱，有力的出力，让父母无忧无虑，开心快乐，安心晚年，这才是真养啊！

有这样两兄弟，父亲死后，因哥哥在外工作不能照顾母亲，于是由弟弟独自赡养老母亲，但是弟弟却对母亲不恭不敬，毫无孝顺可言。哥哥见状，苦求弟弟："哪怕哥多出些钱，你好好照顾妈。"弟弟满口答应，收了哥哥的钱却依旧对母亲不孝顺。哥哥得知后，一气之下将母亲接到了身边，买了别墅给母亲住，给母亲请了保姆司机，吃好的，穿好的，用心奉养着，但却从此与弟弟断绝了来往，再也没有联系过。

过年这一天，家里准备了一桌子菜却发现母亲不在席，哥哥去房间叫母亲吃饭，却看到这样的一幕：母亲在已故父亲的照片前摆上了供品，上了香，独自对着父亲说道："老头子，你走得早，你嘱咐我让他们哥俩好好相处，我没有做到啊！如今他们两个哥俩都一直不来往，结怨太深了，我该怎么办啊……"说完泪流不止。哥哥听到了母亲的话，心里不是滋味，立刻给弟弟打电话："弟，今年咱们一起过年吧，我给你订机票，咱们和妈一起团圆……"当弟弟风尘仆仆赶来，出现在母亲面前，母子团聚的那一刻，一家人泪流满面……

**中孝养心**。养父母之心，让父母开心，是儿女的本分。孝道做到极致，也可成就圣贤。

**大孝养德**。以父母的名义做各种公益慈善事业，来彰显父母的德行，这是大孝。

**至孝养性**。我们把真理传给父母，让父母也能明理实修，让父母无量世生命得以发光发亮，这是至孝。所谓"孝悌之至，通于神明，光于四海，无所不通。"

那么对已故的父母，我们要像地藏王菩萨那样，真修实炼，用真功实善，请有道明师超度父母回天，脱离地狱苦海。这就是至高无上的孝道境界。

另外至孝还有一层含义，孝顺法性，那就是孝顺生天生地生我们灵性的母亲，一个人时时刻刻抱道奉行，不做违背天理良心的事情。世人常说"凭良心做事，凭良心做人"，孔子称之为天人合一；佛叫之心性合一；老子称之为归根复命，就到了至孝境界。所以至孝境界不仅仅人做不到，就连菩萨也只到了大孝，没有达到至孝，继续与佛学习破一品生相无明，法执尽了，才成佛或圣了。

《弟子规》最后一句话说得好："圣与贤，可驯致。"故作为人子的我们，通过自身不断努力修行，成就圣贤，才可称为至孝。比如历代的古圣先贤，六祖大师虽然只给老母亲留下了十两银子就撒手而去学道，看似置母亲于不顾，但是最后成就一代禅宗祖师，彰显了父母德行；还有至圣先师孔老夫子周游列国，讲仁义说道德，庇佑百代子孙，父母也跟着沾光托福，这都是在平常人眼里看来的"不孝子"，没有陪伴在父母身边，但是德行却照耀父母无量，这是高境界的孝道啊！

# 孝　经

............................................

## 三才章　第七

**【原文】**

曾子曰："甚哉，孝之大也！"子曰："夫孝，天之经①也，地之义②也，民之行③也。天地之经，而民是则④之。则天之明⑤，因地之利⑥，以顺天下⑦。是以其教不肃⑧而成，其政不严而治。先王见教之可以化民⑨也，是故先之以博爱，而民莫遗其亲；陈之以德义，而民兴行。先之以敬让，而民不争⑩；导之以礼乐⑪，而民和睦；示之以好恶⑫，而民知禁。《诗》云：'赫赫师尹，民具尔瞻。'⑬"

**【注释】**

①天之经：是说孝道是天之道。天空中日月、星辰，永远有规律地照临人世。孝道也是如此，乃是永恒的道理，不可变易的规律。经，常，指永恒不变的道理和规律。

②地之义：是说孝道又如地之道。

③民之行：是说孝道是人之百行中最根本、最重要的品行。

④则：效法，作为准则。

⑤天之明：指天空中的日月、星辰。日月、星辰的运行更迭是有规律的，永恒的，这可以成为人民效法的典范。

⑥地之利：指大地孳生万物，供给丰饶的物产。

⑦以顺天下：这里是说圣王把天道、地道、人道"三才"融会贯通，用以治理天下，天下自然人心顺从。顺，理顺，治理好。

⑧肃：指严厉的统治手段。

⑨教：这里指合乎天地之道，合乎人性人情的教育。化民：指用教育的办法感化人民，使人民服从领导。

⑩不争：指不为获得利益、好处而争斗、争抢。孔传："上为敬则下不慢，上好让则下不争，上之化下，犹风之靡草，故每辄以己率先之也。"

⑪礼：礼仪，指处理人际关系的准则及对社会行为的各种规范。乐：音乐。

⑫好：善。恶：不良行为，罪恶。邢昺疏云："故示有好必赏之令，以引喻之，使其慕而归善也；示有恶必罚之禁，以惩止之，使其惧而不为也。"

⑬"赫赫"二句：语出《诗经·小雅·节南山》。

## 【译文】

曾子听完孔子讲五种孝道以后，欢喜赞叹："孝道真是包罗万象，实在是太宝贵，太伟大了！"孔子说："古圣先贤曾经说过，论起孝道，乃是天地不变的真理，是天经地义的事，天有好生之德是永远不变的，地有长养万物之功是恒久不衰的，人有孝慈仁爱之心是亘古永存的。所以孝道也是人民应该实行的永远不变的德行。

效法天之光明正大、大公无私的德行，依照地势地理之不同而取其利，来利益天下众生。因此先王利用孝道来教化百姓，人人欢喜。在教育方面，无须严肃的管训就能成功；政治方面也不要严刑峻法，就能管理得很完善了。

先王看到以孝道来教化百姓、感化百姓是最有效的，所以圣王先以身作则，先施博爱之心，百姓受到感动，就不会遗忘了双亲，人人无不爱其亲。这是先王的德教。又提倡道德仁义，百姓听了便欢喜地去实行孝道了。这是先王的德育。

做国君的率先恭敬礼让，民众见了，自然本着敬让而不相争了。用礼乐来指导百姓，人人皆能相亲相爱，合乐一家，这就是先王在以身示道。

再示范哪些是人人应当去做的正道，哪些事人人都厌恶的邪道，千万莫做、莫信，人人明白了善恶终须有报，就不会违犯禁令，而知为善去恶，日臻至善了。

《诗经》的《小雅·节南山》说：'周朝的尹太师，真是一位德孝双全的人，无骄、无私、德高望重、威名赫赫、百姓信服，是人人瞻仰的。何况一位有道明君，若能以孝教天下，就更加能够受到百姓的景仰了。'"

## 【妙解】

孝是人的天性，是为人之根本。

圣人惊叹，孝乃百善之始，万教之源。通过孝，可以唤醒人的良知，流露他的天性，从而能够素位而行，正本清源，和谐身心灵，最终达到世界大同。所以孝是根本教育，是最好的教育。我们的祖先非常的有智慧，文以载道，文字中都藏着玄机，后人看到可以一目了然，所以"教"是由"孝"和"反文"旁组成，就是告诉我们孝乃教之本也。

人与天、地并称三才，仅凭人所具备的灵明觉性。在佛家称为佛性，在儒家称为自性，禅宗六祖慧能大师曾说："何其自性本自清净，何其自性本不生灭，何其自性本自具足，何其自性本无动摇，何其自性能生万法。"所以，我们原本具足万德庄严，但如今却沉迷在红尘之中，迷失了本心。而唯有孝可以唤醒麻木世人之良知，从而能够找到自己之本心。

孝之教，不是依靠严厉的统治手段来执行，不是凭借法律法规来约束的，而是以身作则，则民自会效仿。《大学》云："上老老，而民兴孝；上长长，而民兴弟。"意思是说在上位的国君能够率身至诚地孝敬自己的双亲，进一步地孝敬别人的双亲，则人民一定会效法，使孝道振兴于天下。

居上位的人能够尊敬、谦让其长辈，兄友弟恭，则人民也一定会效法。正所谓，身教胜于言教，所以以身作则教之以孝，比起严厉的统治手段和苛责的法律法规不知道要高明多少倍呢！

周朝是历史上存在年代最久的朝代，有八百多年。离不开贤明君主的治理。其中武王就是个孝子，有一回父亲文王生病，武王昼夜不离，守在床边，连衣帽都不敢脱掉，每次送来的药都亲自先尝再给父亲，真可谓如《弟子规》中所言"亲有疾，药先尝，昼夜侍，不离床。"果然不出多久，父亲的病就痊愈了，武王才安心地离开。

孔子曰："其身正，不令则行；其身不正，虽令不从。"有道者，虽不令但是别人也会听从，无道者，虽命令却也无人听从。犹如夏桀、商纣这样的无道暴君，人民自不会响应，反而会揭竿而起，替天行道。所以在上的君主以身垂范，德教天下，仁民爱物，在下的人民无不为之感动，竞相效仿，民风淳朴，自然而正。

如今，我们的习总书记大力倡导和弘扬中华优秀传统文化，并且以身作则，孝亲敬老，清正廉洁，使得如今中华民族大地上，传统文化犹如星星之火颇有燎原之势，一股浩然之风吹遍神州大地。

争之危害后患无穷，危机四伏，不利和谐。

古圣先贤都提倡不争。老子说："天之道，利而不害。圣人之道，为而不争。"大自然的规律法则，是利生万物，而不伤害万物；人的思想道德准则，是为百姓谋利益，而不为个人争私利。

到了孔老夫子时代是礼让不争。两人射箭前都会拱手行礼以示友好，比赛结束后再一次相互作揖，并且赢了的人都会请输了的人喝酒。

如今到了我们这个时代，提倡人人平等，公平竞争。生活压力大，市场竞争激烈，竞争不到就暗地斗争，斗争不成甚至为了某种利益而又发动了战争。人们习惯思维总认为不争就没有；不争就得不到；不争就会吃亏；不争就会让人瞧不起；不争就会让人欺负。所以人们都喜欢争，认为争是应该的，争是自然的，争是理所当然的。最后争得头破血流，争得银铛入狱，争得家破人亡，争得命丧黄泉。

在家庭、事业、感情等方面的竞争中均不甘示弱，手段由明争暗斗到势不两立直至鱼死网破，性质越来越卑鄙、恶劣，不仅危害自己和家人，也严重影响了他人和社会的安定。

家庭危害：童心污染。现在家长教育孩子没有方向，人云亦云，生怕自己孩子落在别的孩子的后面，没有给孩子正确的引导，没有培养孩子的德行，树立正确的人生观，价值观，只是一味地要求孩子分数第一，学习第一，凡事都要争第一

同学不帮。争强好胜，心怀叵测，为人不善，怕别人超过自己。同学之间不相互帮助共同进步，甚至遇到别人问自己问题时，告诉别人错误的答案。

朋友不信。争名争利，曾经是老乡见老乡两眼泪汪汪，如今却变成了老乡见老乡背后放黑枪，人情淡薄，唯利是图。那些搞传销的人，坑的也都是自己的亲朋好友。

夫妻不爱，争财产。如今结婚之前就将财产公证，生怕离婚时发生财产纠纷。这样刚结婚就做好离婚准备的婚姻能幸福吗？能白头偕老吗？

父子不亲，争权争利，父子反目，骨肉相残，当利不让。安徽芜湖"傻子瓜子"公司发展规模逐渐壮大，公司日益走上正轨，然而，却因董事长年广久与两个儿子因为一些事情心有隔膜，最终产生嫌隙，导致年广久退出江湖，告老还乡，他的这一举动影响了"傻子集团"的统一与扩大规模。

兄弟反目，争财、争位、争宠、争房子、争遗产，等等。历史上因为争皇位而手足相残的帝王举不胜举，汉帝国末年曹操的两个儿子曹丕、曹植之间有因为继承权导致战争；隋帝国时期，隋文帝的次子杨广，为夺皇权，弑父杀兄；唐太宗李世民，发动玄武门事变，杀死自己的兄弟，逼迫

父亲退位。而如今更是有许多因为争家产而把兄弟告上法庭的事情。

如果做人唯利是图，做事自私自利，朋友见利忘义，获利不择手段，人心急功近利，在利与欲的驱使下，人生失去生命的重心，丧尽天良，必然会走向深渊。家庭不会和睦，事业不会顺利，社会也不会和谐。

社会危害：同行相倾。俗话讲"同行是冤家"，"不是冤家不聚头"，商业竞争尤其如此，同行之间水火不容，斗得你死我活。有些企业为了牟取暴利，利用种种不法手段——设圈套、挖陷阱、制造丑闻、背后陷害，导致竞争对手落败，涉足商业犯罪。它使市场竞争变成贿赂、人情及关系网的恶性博弈，很多假冒伪劣商品流入市场，让赚昧良心钱的人有机可乘，使消费者深受其害，给社会带来不良的影响，造成巨大的经济损失，甚至危害人民的生命。例如三鹿奶粉、上海福喜公司案例，就是因为恶性竞争，最终导致关门大吉。

国家危害：上下不和。孟子云："上下交征利而国危矣。"官民争利，人人争利，争利到一定时候就是斗争。最后战争，社会不安定，国家就危险了。同样企业上下不和，也会导致权力斗争，后果惨重。

权力之争也会导致邻国不睦。春秋争霸，战国争雄。为了争霸天下，问鼎中原，国与国之间竞争激烈，小国想推翻大国，成为强者；大国要吞并小国，成为霸主。在政治、经济、文化、能源等领域上的介入与侵略，最后不惜发动战争。可争的结果又怎样呢？弑君三十六，亡国五十二。生灵涂炭，民不聊生。不可避免地给社会带来了种种灾祸和痛苦。

争之根源，贪得无厌。在这个纷繁复杂的社会中，人们每时每刻都在争，争吃、争喝、争爱、争宠、争名、争利、争权、争天下……为了一己私欲，不惜任何手段，无所不用其极，为其所苦却又不愿从中解脱，究竟人们为什么而争呢？有诗云："汉武为帝欲做仙，石崇巨富愁无钱。嫦娥照镜嫌面丑，彭祖焚香祝寿高。"道出了一个道理，人心之不知足争来争去，不过就是一个"贪"字。

民之好争，皆因"可欲"；民之为盗，亦因"可欲"；民心之乱，还是由于"可欲"。"可欲"即是贪欲。所以贪欲是一切罪恶的根源。为贪欲而争是要付出很大代价的。俗话说，贪心不足蛇吞象。人的欲望是永无止境的。老子曰："罪莫大于可欲，祸莫大于不知足，咎莫憯于欲得。"天下的罪恶没有比放纵欲望更大的了，天下的祸害，再也没有比不知足更大的了，天下的灾难，再也没有比贪得无厌更令人心痛的了。

一个大连地产商的孩子到一家高端的品牌店去看车，在他看车的过程中，他想咨询一辆价值180万跑车的具体性能，销售人员对他的态度很冷淡，这名大男孩生气地掏出一张一百万的银行卡不屑一顾地说："我先交下预订金，明天补齐。"销售人员怔住了。

第二天男孩父母便与销售经理进行协商，看看是否可以退掉这辆车，原来，这个名叫刚刚的大男孩从小就酷爱改装车，家里面已经有两辆法拉利和一辆保时捷了。经理了解情况后，同意了退车。

刚刚今年虽然已经18岁，但是父母依旧当他是个孩子，任由他的性子来，为了他这个爱好家里已经花费了巨资，拥有了两辆法拉利和一辆保时捷后他依旧不满足，又要买豪车进行改装。他自己却不以为然，淡淡地说道："我就喜欢玩改装车。"真是有钱就是任性啊！

所以说"欲是猛虎，欲是深渊"。就拿刚刚来说，他买车的欲望永无止境，那么有一天父母没有钱给他买车了，欲望已经如脱缰的野马无法控制，为了满足自己的欲望，他会采取什么手段呢？不堪设想。

而欲望升华就是嫉妒心、攀比心，只要自己没有的看到别人有就想要得到，得不到就去争，争不到就去抢，抢到了这个又再想要那个，越陷越深。

《论语》曰："君子喻于义，小人喻于利。"周公是周武王的同母弟弟，他协助武王，取得了讨伐无道纣王的胜利。当时，战乱刚过，如何对待殷纣的奴隶主和上层贵族，是关系政局能否稳定的敏感问题。

周武王求教于姜尚。姜尚说:"爱屋及乌。如果相反,人不值一爱,那么,村落的篱笆、围墙也不必保留。"周公不同意。他说:"让他们在原来的地方安居乐业,争取他们中有仁德的人。"

周武王采取了周公这一怀柔的安邦之策,很快,达到了战乱后的和平之治。在周武王去世后,周公拒绝接受王位,继续辅佐成王。当时因成王不过十余岁,所以,他毅然担任了周王朝的执政。他平定"三监"叛乱,然后东征各诸侯国,使周的版图扩大到江淮、东海一带;又制礼作乐,从事教化,奠定了后来宗法制度。

周公在危难时,不避艰辛而出征;顺利发展时,他则推出执政之位,把全部王权交给了成王。周公可谓是治国有方的第一位丞相。他安定、巩固了周王朝的统治。他的功绩之高,以至于成王在他死后,坚持把他葬于文王的墓地。成王说:"这表示我不敢以周公为臣。"周公放下皇权,看淡名利,集忠爱于一身。

《清静经》云:"人神好清而心扰之,人心好静而欲牵之。"人的心本是清静,因有欲而干扰、牵缠,使得心不能够恢复清静。

以上便是争之危害啊,不但最终会一无所有,而且还会使得自己宁静的内心被惊扰,祸害之大,不得不慎。

# 孝　经

## 孝治章　第八

【原文】

子曰："昔者明王之以孝治天下也，不敢遗小国之臣①，而况于公、侯、伯、子、男②乎？故得万国③之欢心，以事其先王④。治国者⑤，不敢侮于鳏寡⑥，而况于士民乎？故得百姓之欢心，以事其先君⑦。治家者⑧，不敢失于臣妾⑨，而况于妻子乎？故得人之欢心，以事其亲⑩。夫然，故生则亲安之⑪，祭则鬼享之⑫，是以天下和平，灾害不生，祸乱不作。故明王之以孝治天下也如此⑬。《诗》云：'有觉德行，四国顺之。'⑭"

【注释】

①小国之臣：指小国派来的使臣。小国之臣容易被疏忽怠慢，明王对他们都礼遇和关注，各国诸侯来朝见天子受到款待就毋庸赘言了。

②公、侯、伯、子、男：周朝分封诸侯的五等爵位。

③万国：指天下所有的诸侯国。万，是极言其多，并非实际数目。

④先王：指"明王"，已去世的父祖。这是说各国诸侯都来参加祭祀先王的

典礼，贡献祭品。

⑤治国者：指诸侯。

⑥鳏寡：《孟子·梁惠王下》："老而无妻曰鳏，老而无夫曰寡。"后代通常称丧妻者为鳏夫，丧夫者为寡妇。

⑦先君：指诸侯已故的父祖。这是说百姓们都来参加对先君的祭奠典礼。

⑧治家者：指卿、大夫。家，指卿、大夫受封的采邑。

⑨臣妾：指家内的奴隶，男性奴隶曰臣，女性奴隶曰妾。也泛指卑贱者。

⑩以事其亲：这是说卿、大夫因为能得到妻子、儿女，乃至奴仆、妾婢的欢心，所以全家上下都协助他奉养双亲。

⑪生则亲安之：生，活着的时候。安，安乐，安宁，安心。之，指双亲。

⑫鬼：指去世的父母的灵魂。《论衡·讥日》："鬼者死人之精也。"《礼记·礼运》郑玄注："鬼者精魂所归。"

⑬如此：指"天下和平"等福应。孔传："行善则休征（吉祥的征兆）报之，行恶则咎征随之，皆行之致也。"这是说由于明王用孝道治理天下，有美德善行，因此才有这种种福应。

⑭"有觉"二句：语出《诗经·大雅·抑》。意思是，天子有伟大的德行，四方各国都顺从他的教化，服从他的统治。觉，大。四国，四方之国。

## 【译文】

孔子说："从前，圣明的帝王以孝道治理天下，就连小国的使臣都待之以礼，不敢遗忘与疏忽，更何况对公、侯、伯、子、男这样一些诸侯呢！因此才能得到各国诸侯的爱戴和拥护，他们都帮助天子筹备祭典，参加祭祀先王的典礼。

治理封国的诸侯受到天子恭敬而感动不已，他们也恭恭敬敬待人，就连鳏夫和寡妇都待之以礼，不敢轻慢和欺侮，更何况对士人和平民呢！所以，就得到了百姓们心悦诚服的爱戴和拥护，他们都帮助诸侯筹备祭典，参加祭祀先君的典礼。

治理采邑的公卿、大夫，见了天子、诸侯这样恭敬待人，他们受了感动，也恭敬地对待他们的男仆女婢和他们的妻室，不敢有一点过失，使他们失望，更何况对自己的妻子！就因为公卿、大夫待人如此好，所以，就得到大家真心真意的爱戴和拥护，大家都齐心协力地帮助主人，奉养他们的双亲。

天子、诸侯、卿大夫们，果然能用这孝道治理国家，就能得国人之欢心，为人父母在世的时候，能够得到很好的照顾，过着安乐宁静的生活；父母去世以后，灵魂能够欢欢喜喜地安享祭奠，毫无怨尤。

人人皆能力行孝道，所以天下和和平平，感动上天，自然没有风、火、水、旱之类的天灾，也没有反叛、暴乱之类的人祸。圣明的帝王以孝道治理天下，就会出现这样的太平盛世。

《诗经》里说：'天子有如此光明正大的德行，四方之国无不仰慕归顺。这就是天子用至德要道顺天下四方的人心，恩惠普及四海，万民皆敬服。'"

## 【妙解】

《论语》曰："君子之德风，小人之德草，草上之风必偃。"意思是说：上层的道德好比风，平民百姓的言行表现像草，风吹在草上，草一定顺着风的方向倒。俗话说得好，"火车跑得快，全靠车头带"。天子行孝致敬，下面的诸侯效仿，诸侯如此士也会效仿，如此人民也都会跟风效仿。所以在上的人如果可以身体力行，为人民树立一个正面的榜样，则人民也会跟风效仿，社会风气也会改善。但如果在上的人为所欲为，违背道义，那么人民竞相模仿，国家就遭殃了。

比如利比亚前任领导人卡扎菲，他的政治生涯也有为人民谋取福利的政绩，比如全民享有免费医疗和教育、改善人民的住房条件、沙漠取水，等等，但是更多的留给人民的印象却是他不堪回首的、短暂的、奢靡淫乱的一生，有这样一个领导人影响，人民奢侈成风，情绪暴躁，放纵欲望，所以导致了利比亚的内忧外患，国家动荡不安。卡扎菲最后也落得身败名裂、身首异处、国破家亡的下场。

《论语》云："子帅以正，孰敢不正。"可见榜样的力量是无穷的。中央电视台感动千万人的"洗脚"广告就是在向我们揭示上述道理。所以说，在上位者定要谨言慎行、如履薄冰、战战兢兢、依道而行、仁民爱物，因为一举一动人民都会效仿的。

"不敢遗小国之臣，而况于公侯伯子男乎？"据历史资料记载，当时小国地位很卑贱，但是昔者明王没有瞧不起他们，更没有轻视他们，对待各国一视同仁，没有半点私心，皆是自己子民，这样就不会产生地位的攀比，这就是圣王之道。

如此一颗无私待民的心，臣民自然能够感受到，用一颗感恩的心，以报恩的行来回馈君主。同样的对于其祖先，都能够生出一分恭敬感恩之心，爱屋及乌地对待。上面的明王对下面臣民百姓谦卑有礼、一视同仁，毋不敬，下位的人就自然会馈赠以爱敬，心同此心，理同此理啊！

诸侯作为治国者时，一人之下，万人之上，官位显赫啊！但是就连这么大的官位的诸侯也不敢侮辱鳏寡。资料有记载，何为鳏寡？就是说男子失去太太叫作鳏，女子失去丈夫就叫寡，当时鳏寡之人在国家地位非常低贱，但是诸侯管理者对他们没有半点轻慢之心，非常谦卑有礼，甚至哪怕连恶劣的态度都不会有的，对他们就是一颗仁爱之心。

《易·谦》："谦谦君子，卑以自牧也。"能以上抚下，以上体谅下的德行才是真正的谦卑，而不是一个胸无大志的人，极诚恳地说："我这人没什么志向。"这不叫谦虚，只能叫坦率，这种坦率有时候让人觉得是在叹息；毫无才学的人，即使极认真地说："我这人没什么本事。"这不叫谦虚，这叫实在，这种实在有时候让人觉得是在自责；主席台上，正式发言之前来一句："我水平有限。"这不叫谦虚，只能叫客套，这种客套给人感觉是一种身份的炫耀；辩论场上，笑应对手一句："我的意见可能不太成熟。"这不叫谦虚，只能叫挑战，这种挑战是一种以退为进的宣誓；机遇面前犹豫不决，左右为难地说："我不知道该怎么办。"这不叫谦虚，只能叫哀鸣，这种哀鸣除了显示无能以外，便是在患得患失间不知所措；困境之中难做决断，跌倒后爬起乱了方寸："看来我是真的顶不住了。"这不叫谦虚，只能叫无奈，这种无奈表明了穷途末路的到来。

显然这些都不是真正的谦虚。那么酒店门口那些趋于形式化鞠躬的迎宾小姐是谦虚吗？封建社会，那些卑躬屈膝伺候别人的奴仆是谦虚吗？社会上为了某种目的所伪装出来的过度谦虚是真的谦虚吗？只恭敬自己看中的长辈、老师，而对于其他人不理不睬是谦虚吗？只在特定的场合为了炫耀自己的修养而表现的谦卑是谦虚吗？台上谦谦君子，那台下还会保持这样吗？是不是该骄傲的继续骄傲，所以这些也都不是真正的谦虚。圣人做到的至谦，至诚礼敬万事万物，无分无别，无我无他，人我一体，是从自性之中流露的真性情。所以圣人谦虚却有智慧，心中以大道为依归，做到了至谦，与天相和，与道相伴，与自然为伍。

谦道如此之妙如何力行？一者，先从有为之为做起，从身低做到心低，从有为做到无为，不断放下、不断熏习、不断觉悟。再者，从对敬重的长辈力行谦道做起，让心从小谦，到大谦，最终生发出至谦之心，从而扩及万事万物，使谦德之心自然流露，谦德之行为而无为，谦德之光无量放彩。

《诗》云："有觉德行，四国顺之。"真正觉悟的人，一定能够不断完善自己的德业，提高自己的德行。以这样的一分光定能够照耀到身边的人，乃至于圣人一般普照大地。人民受如此的温暖，便会争相膜拜效仿。

俗话说跟着苍蝇找厕所，跟着蜜蜂找花朵，跟着富翁挣百万，跟着乞丐会要饭，跟着圣贤成佛祖！现实生活中，你和谁在一起的确很重要，甚至能改变你的成长轨迹，决定你的人生成败。和什么样的人在一起，就会有什么样的人生。与勤奋的人在一起，你不会懒惰；和积极的人在一起，你不会消沉；与智者同行，你会不同凡响；与高人为伍，你能登峰造极。有个小笑话可以佐证这一点，狗对熊说："和我一起吧，你会幸福的。"熊

说:"和你一起变狗熊,我要和猫在一起,变熊猫才尊贵。"

科学家研究认为:"人是唯一能接受暗示的动物。"积极的暗示,会对人的情绪和生理状态产生良好的影响,激发人的内在潜能,发挥人的超常水平,使人进取,催人奋进。远离消极的人吧!否则,他们会在不知不觉中偷走你的梦想,使你渐渐颓废,变得平庸。所以朋友真的很重要,尤其是良师益友!

那么说到良师益友就不得不提五伦之一——交友之道。我们从小就开始交朋友,小时候有小朋友,长大了有大朋友,老了有老朋友,那么我们朋友有交往过 5 年以上并且还一直是好朋友多么?10 年?20 年?30年?……为什么我们随着时间的推移、年龄的增长,朋友却越来越少呢?我们有想过这个问题吗?

朋友,是可以反映一个人内在价值取向的。有什么样的朋友,其实从侧面也可以反映他是怎样的为人,这个叫作物以类聚,人以群分。《论语》曾告诉我们其实朋友大可以分为三大类:

第一,友直——这个朋友为人正直,坦坦荡荡、刚正不阿,一个人不能有谄媚之色,要有一种朗朗人格,在这个世界上顶天立地,有一种孟子所谓的浩然正气,这是一种好朋友。因为他的人格可以映衬你的人格,他可以在你怯懦的时候给你勇气,他可以在你犹豫不前的时候给你一种果决,在你犯错的时候,给你醍醐灌顶,拉你回头上岸。

第二,友谅——也就是能够宽容,心胸宽广的朋友。其实宽容是一种美德,是这个世界上最深沉的美德之一。我们会发现当我们不小心犯了过错,或者对他人造成伤害的时候,有时候过分的苛责或者批评,都不如宽容的力量来得恒久。其实有时候最让我们内心受不了的是一个人在忏悔的时候,没有感受他人的怨气反而得到一种淡淡的包容。所以有一个宽容好朋友会给我们内心增加一种自省的力量,让我们的胸襟也随之变得开阔。这是第二种好朋友。

第三，友多闻——子曰："独学而无友，则孤陋而寡闻。"朋友之间的谈话可以增广我们的视听及智慧。当在这个社会上，感到犹豫彷徨踟蹰的时候，到朋友那里以他的广见博识，来为我们做一个参考，帮助自己做出正确的选择。有句话说得好：其实人的价值是在被诱惑的瞬间抉择来体现的。那么这个时候朋友就体现出了其相当的一种作用在里面。所以结交一个多闻的朋友，就像翻开了一本辞典一样，我们总能从他人的经验里面得到自己的一个借鉴。这是第三种好朋友。

一旦交朋友不谨慎就容易交到坏朋友，有这样一对真实的故事：有一对交往 9 年将近 10 年的朋友，可是两年间抢了人家两个女朋友，我们不禁感叹：以前朋友妻不可欺，现在是朋友妻不客气！所以这就是交友不谨慎，得到的下场。因此，《论语》也告诉我们损友分三种——

第一，友便辟——惯于装饰外表而内心不正直的朋友。表现在行为上就是一味地谄媚逢迎，虽然我们也知道忠言逆耳利于行，但很多时候我们还是喜欢听恭维奉承的话，这就是为什么乾隆帝明知道和珅贪污腐败但是就不忍心杀他的原因所在吧！这样的朋友只会让我们在错误上越陷越深，最终一败涂地。其实很多时候爱听的话未必是真话，难听的话才能让自己更加清醒。

第二，友善柔——内外不一，表里不一，即两面派的朋友。当一个人外表与内心达不成一致的时候，也就不是孔夫子所说的至诚，身心灵不是一体的。可能从这样的朋友口中再也听不到真心话，更有甚者背后还踹一脚，捅一刀，自己被陷入万劫不复之后还不清楚是怎么回事儿，还得谢谢人家，这样的朋友实在可怕。

第三，友便佞——我们都知道佞臣之说，佞，其实就是那种心怀鬼胎，有心计，不择手段谋取个人利益的这种小人。由于他内心有所企图，所以他对人的人情比那些没有企图的人，可能要高好几十倍，这样的朋友会一味地赞美怂恿，其结果只能是无限放纵自己，放纵欲望，最后无法自

拔。如果不付出一些惨痛的代价，是无法回头的。

其实我们说一本可以启发心灵的好书、一首可以使心清静的音乐、一份好的事业乃至产品，还有可爱的小动物都可以是人类的好朋友，孟子曾说："君子见其生，不忍食其肉。"所以动物的生存不是为了满足人类的口腹之欲，它们有觉知，有疼痛。比如我就从小吃素，可是我身体非常好，几十年来没有吃过药、打过针。

如果再深入分得话，也可以分为以下几种——

普通朋友就是我们的同学同事或者邻居，没有深交，嘘寒问暖。

知音朋友就像我们所说的，是可以使心灵安顿的知己。历史上的管鲍之交就说明了一个道理：重贤荐贤贤让贤，知恩感恩恩报恩。所以管仲感叹：生我者父母也，知我者鲍叔牙也。

道德朋友就是互相提升道德，敬德修业，修心养性的道友。心灵朋友就是心中的善念就是好朋友，比如：忠孝仁义；恶念就是坏朋友比如：贪嗔痴、吃喝嫖赌。

自性朋友就是永远纯善无恶回归本性自然的好朋友，永远不离不弃。而这个朋友才是《论语》中："有朋自远方来，不亦乐乎。"

那么我们继续来深层次地剖析——"朋友"二字。"朋"字由两个"月"字组成，第一个"月"代表如来本尊本体的大道；第二个"月"代表一本散万殊的我们每个人的那点良知德性，故要一同回归大道，同抱母亲，同登彼岸。所以朋友要相互提携，都是一母同胞的兄弟姐妹，故将来要一起回去，如水泡归于大海。"友"字由一个十字架和一个"又"字组成，代表不断地背起自己的十字架跟随我者，必得永生，这里，"我"指的是道。

如此深刻地解读完朋友，那么下面我们来谈交友的原则。所谓原则，其实就是一种立场，一种无论身处何种环境，在何种情况下都要坚守的行为准则。什么样的原则就会感召来什么样的朋友，这就是所谓的吸引力法则。千百年前牛顿发现了万有引力定律，揭示出了世界上任何两个物体之间都会吸引的科学原理。

千百年后的今天，科学家们再次证实了人的心念对于周遭的人、事、物也存在着吸引感召力。这个是真实不虚的，有科学依据的，有兴趣的大家可以看一下江本胜博士所做的"水知道答案"的实验就更加明了了。

那么在交朋友方面，其实有一句俗语也论证了这样的理论，那就是物以类聚，人以群分。所以秉持什么样的原则就会感召什么样的朋友，比如我们对着山谷喊："我爱你，我恨你……"山谷会回应什么？所以我们会明白：爱人者人恒爱之，敬人者人恒敬之。既然交友如此重要，那么我们接下来就来看交友的几点原则。

第一个原则就是交人，也就是我们常说的人品。首先一点对父母是否孝顺，正所谓，不爱其亲而爱他人者，谓之悖德；再一点呢，是否友爱兄弟姐妹，林则徐曾说："兄弟不和，交友无益；再然后是否有信，人无信则不立。"

第二个原则是更深一层，交心。朋友相交要真正的心灵相交，是从心沟通，心底里的那扇门永远为朋友敞开，达到心心相印。与这样的朋友在一起，彼此一个眼神，一个动作，就能明白对方的心意。这样的心灵上的沟通的朋友，就是我们所说的知己。

那么怎么样交到这个真朋友呢？就要懂得与道相交。那么首先我们要先了解何为道？《道德经》中开篇就告诉了我们："道可道，非常道。"

"道，先天地万物而生"，从无到有，蕴化万物，无始无终，不生不灭，是万事万物运行的法则。"顺道则兴，逆道则亡。"所以我们身心灵不和谐是因为离道了，家庭不和睦是因为离道了，世界上灾难频发也同样是因为离道了。那么道，说它空，它能生天生地生万物，说它有，它又是看不到摸不着甚至讲不清，所以它的特质是空，不空，能生万法。有，不有，万法皆空。

所以与道相交能够让我们认识到宇宙人生的真实相，同时也让我们明白我们每个人的生命本源为道，道在自身名为自性，彰显自性，用其光复归其明，回归大道，这，才是人生的真实义。道虽然无形无相，但是可以通过言行来表达出来，就是以身试道。同时在心性上说，与道相交就是要心时时刻刻不离道，《中庸》云："道也者不可须臾离也，可离非道也。"自盘古开天辟地起，几千万年的沧桑变幻，几千万年的花开花落，几千万年的生死轮回，唯有道，才是亘古不变长长久久。

对于如今的年轻人来说，交友的途径越来越广泛，通过交友网站、通过手机微信、通过电视交友，等等，但是这样的朋友，真心真意的少，上当受骗的多；积极、乐观、道德品质优秀的少，消极、愤世、爱慕虚荣的多。那么对于中年人，有一个词非常流行，叫作人脉。人们大多数交友的目的就是为了给自己成功的路上多铺几个垫脚石而已。那么对于老年人，与其说是朋友，不如说是麻友、牌友更贴切，退休在家大多数的老人与朋友相聚都是靠打麻将、打牌来消磨时间，更有一些老人子女长年不在身边，只能与小狗、小猫为伴为友。这就是如今交友的现状。

以金钱、利益、权势、情爱相交都不能长久，唯有以道相交，天长而地久。所以，海内存知己天涯若比邻，我们都是从道中生，也将回归道中去。朋友之间能够共达究竟圆满之自然，这才是好朋友、真朋友。

那么，俗话说得好，相见容易相处难，所以要如何与朋友相处才能让友谊天长地久呢？

首先，和大家分享一个豪猪的故事，一个寒冷的冬天，一群豪猪冻得受不了了，就挤在一起取暖，但是它们身上的刺开始互相扎痛，于是不得不分开。可是寒冷又驱使它们挤在了一起，同样的伤害又发生了。最后，经过几番聚散，它们终于找到了最合适的距离，既可以满足彼此取暖的需要，又不至于互相刺伤。

所以，人与人相处也是如此，彼此如果走得太近，互相之间的锋芒就会刺伤对方，而如果离得太远，就又会无法温暖彼此孤独的灵魂。所以要想友谊长久，懂得相处之道很重要。

　　首先我们看第一条：曾子每日三省吾身，暮鼓晨钟。其中一条就是反省自己是否与朋友相交而不守信用。所以与朋友相处，要想友谊天长地久，首先第一条就是真诚待人。诚于中，自然形于外。也就是说一个人的内心是真诚或虚伪，自然会流露在眉宇之间，流露在哪怕一个举手投足之间。纵使掩饰得再好，终究不能长久。所以既然选择前方便要有风雨同舟的勇气，既然选择了这个朋友，便要不离不弃，真诚待人。爱情需要经营，那么友谊需要什么呢？友谊需要真诚相待！所以诚信是朋友相处的第一大法则，跟朋友交往要说一不二，一言九鼎。

　　曾经"季扎挂剑"的典故家喻户晓，江苏常州"南季北孔"之称的季扎，对朋友就十分诚信，我们看到季扎在心中对死去的老友徐君曾有过承诺，并能守信到底，想想我们有的时候却违背自己许下的诺言，相比季扎内心的守诚与坚守，实在值得我们学习。我们总结出所有的成功人士，他们有一个共同的素质就是坚毅，有着比他人更为持久的毅力和内在的坚持与坚守，除了需要自我克制外，就需要明理，明理之后自然不敢言而无信，信口开河。所以不要在开心的时候轻言许下任何承诺，也不要在伤心的时候做下任何决定。

　　第二条就是平等互敬。心理不能平等平衡是因为嫉妒。人生最可怜的是嫉妒。嫉妒通常发生在周边的熟人身上。李斯因嫉妒同学韩非的才能，向秦王进谗言而致韩非死在狱中；庞涓因嫉妒孙膑的学识超过了自己，用毒计陷害孙膑，使孙膑致残。李斯、庞涓都是极其可怜的人，他们纵然阴谋得逞于一时，但最后都不得善终。嫉妒是一种病，患嫉妒病的人，一生都不得安宁。他们今天害怕某人超过自己，明天又担心某人走在他前头，他终日生活在一种可怜的病态之中。

　　相反，历史上真正功成名就的人，都以嫉妒为耻，欧阳修是北宋文坛

领袖，当他提拔后生苏东坡时，便有人对欧阳修说："苏东坡才情极富，若公识拔此人，只怕十年之后，天下人只知苏东坡而不知欧阳修。"但欧阳修一笑了之，依旧是提拔苏东坡，令后人更加崇敬欧阳修。苏东坡遇到伯乐脱颖而出，更是感恩在心，他为欧阳修写的悼文，流传世间。

朋友之间更是如此，也许曾经有些摩擦，也许因为一句话，也许因为一个玩笑，也许因为一个眼神，也许因为一个举动……所以保持友谊很难，彼此要珍惜这份缘，生活中，无论亲情、友情还是爱情，自然而然留在身边的，才是最真、最长久的。真正的耳聪是能听到心声，真正的目明是能透视心灵。看到，不等于看见；看见，不等于看清；看清，不等于看懂；看懂，不等于看透；看透，不等于看开。只有看开了人生，体悟到人生，才能让我们更加学会尊重生命，而尊重能够让人心生振奋，能够让人互相鼓励，所以只有互相的尊重才能维持长久的关系。

第三，同甘共苦。孔子的弟子子路，就可以做到将自己的马匹衣服与朋友共享，如若被损坏了也没有关系。这就是我们常说的这个朋友很仗义、很大方、很义气。朋友之间最忌讳的就是小气，斤斤计较。虽说亲兄弟明算账，但是这是不同的概念，前者是指对待朋友方面不能一毛不拔，只进不出。后者是针对金钱上，朋友之间要明细，尤其是借钱还钱这个事情。否则会产生不必要的误会影响到友谊。

古时，有个叫作荀巨伯的人，他的好朋友李兄病重，巨伯不为强难，甚至面对生死与好友同进退共患难，十分感人。我看完这个故事之后非常感慨，我们问问自己：如果当有一天我们的生命遇到这样危机的时刻，有多少人能够不畏生死，真正用生命与好友同进退、共患难呢？

同甘共苦的第二点就是——重义轻利。人生都渴望幸福。人生，福分两种，一是洪福，即实现了俗世理想，成为达官显贵，享受人间繁华；二是清福，即安于平凡，超然物外，享受心之清闲和欢乐。没有人能同时既享洪福又享清福。追求物质和名利，必以劳心为代价；追求精神的愉悦和超脱，须以淡泊为基础。无论是洪福还是清福，身在福中要知福。洪福虽好，但终究水中花镜中月，短暂不可得！清福虽物质匮乏，但是清心寡欲无欲无求，乐得其中！而民国时期的邵飘萍就被他的旧友张翰举所陷害，仅仅以两万块大洋和一个职位，便出卖了好友。这就是"利"字当前，什么友谊万岁？

对比古代桃园三结义，异姓兄弟义字当前，此乃大忠大义，义薄云天，正如那句话所说：你赢我陪你君临天下，你输我陪你东山再起。平生如若能结交这样的同生死的朋友，也不枉此生。刘关张在历史上成就了一代伟业，不是没有原因的，正是源于他们三人义字当头，重道义轻利益。

第四条相处之道就是懂得自我反省。我们常常习惯于看别人的不好，习惯推卸责任，指责别人。就像我们能够轻而易举地看得到别人的睫毛，却看不到自己的眼睛一样。其实我们最缺乏的就是一种自省的力量。如果朋友之间能够首先推功揽过，那么我想友谊一定会长久。有了错误不要怕改正。其实人非圣贤孰能无过，有过并不可怕，可怕的就是你害怕改过！朋友之间怎么能没有一点过错和摩擦呢？最重要的是能够真心改过并永不再犯。就像咖啡的苦与甜不在于怎么搅拌而是在于是否放糖，一段过往的错误，不在于怎么释怀，而在于是否有勇气重新开始。要求别人不如要求自己，因为要求别人是痛苦的，而要求自己是幸福的。用不好的心想别人就是心邪；记别人的不好就是心脏；常想不如意就是心里不阳光；看人不顺眼就是自己心量小；说人不好就是自己不好；恨别人就是没良心；找别人的不是就是辟地狱门；找自己的不是就是开天堂路。心窄必遭殃，心宽福自来。因此人际关系和谐的秘诀与朋友长久相处的法则就是——永远看别人的优点。

正面找不到就从反面找。圣人记 1 个好，决不记 99 个不好；凡夫记 1 个不好，却经常忘记 99 个好。所以，要为诅咒你的人祝福，为伤害你的人祷

告，要爱你的仇敌。因为，感恩没有冤家，慈悲没有敌人，智慧没有烦恼。

有一位老和尚在上山途中历经大雨，正好路过一家大户人家想上前避雨，可是这位庄园老爷怎么也不让。无奈之下，请求在屋檐下避避风雨，可是依然拒绝。于是老和尚问了庄园主人的名号，冒着大雨回到寺院，回去之后就供奉了一个长生牌位。不久庄园老爷纳了一个小妾，小妾信佛，于是带着老爷上山拜佛，老爷发现自己的名字被供奉在长生牌位之上，心中纳闷。后来从寺庙里的小和尚那里听说了此事，心中非常惭愧不安，于是庄园老爷最后成了此寺庙最虔诚供养的功德主。就像这位老和尚和庄园老爷的故事一样，正是和尚当年反省自己，承认自己的错误——没有与庄园老爷结怨，所以才有了三年后的这位大功德主出现。所以凡是当我们反求诸己的时候，自然也就和别人结下了善缘，因此天下都是我的朋友，都是我的兄弟姐妹，何愁没有朋友，何愁孤独寂寞。

第五条，宽恕包容。我们常常宽恕自己比较容易，借口也很多，也很会为自己开脱，然而却一味地苛责他人。为什么？因为爱自己，人最爱的是自己。每天说得最多的一个字就是"我"。"我"字，左边"手"右边"戈"，保障自我的利益不被伤害，一旦有损就生气不能包容。一滴墨汁落在一杯清水里，这杯水立即变色，不能喝了；一滴墨汁融在大海里，大海依然是蔚蓝色的大海。为什么？因为两者的肚量不一样。不熟的麦穗直刺刺地向上挺着，成熟的麦穗低垂着头。为什么？因为两者的分量不一样。宽容别人，就是肚量；谦卑自己，就是分量；合起来，就是一个人的质量。

曾经有位将军请教禅师："有人在背地里捅刀子，该怎么办？"禅师拿起一把斧子，扔向天空，斧子"咣"的一声掉到地上，禅师问："你听到天空喊疼的声音了吗？"

将军大悟。是啊，天空那么高远辽阔，斧子扔得再高，也触不到天空的皮毛。如果一个人有天空般宽阔的心胸，别人再向他放暗箭、捅刀子，也伤不到他的心灵。我不禁想起伟大的耶稣，当罗马教皇把他钉在十字架上折磨他的时候，他依然祈求上帝天父原谅他们，原谅他的兄弟姐妹，这是多么宽大的胸怀和包容啊！

假设人体所能承受的疼痛有10分，0分表示没有疼痛，10分则代表难以忍受的最剧烈的疼痛。然而超过3分已经是相当有感觉了，那么耶稣遭受的疼痛可能就是超过10分以外的好几十倍，这是常人难以忍受的。可是耶稣在这样艰难的情况下依然选择宽容，选择为伤害自己的人祝祷，所以才成就了如此大的成就。

第六条，互相劝谏。《弟子规》也说，对于他人要往好的方面、善的方面劝勉，这样的话就能共同建立良好的品德修养；而对于他人的过错要进行规劝，如果不规劝的话，双方的道义都会有所欠缺，有所损害。朋友之间更要如此，劝导向善的一方，谏言过错的一面，才是真朋友。

因为秉持的目的是希望对方好，不希望他沉沦下去。所谓当局者迷旁观者清。因此这个时候就需要朋友之间相互劝勉，以免误入歧途。朋友之间的规劝很多时候是比家人、父母都管用的。会批评你的朋友，时刻提醒你，监督你，不希望你的人生路走得磕磕绊绊。有这样的朋友，你的人生充满阳光。漫漫人生路，交到这种朋友，会改变你的生活态度甚至命运前途。

神通第一的目犍连还没出家时，家中富有又有地位，结交很多朋友。其中有一位名叫陀然，与他成为莫逆之交，感情有如兄弟。目犍连出家以后虽然没有再联络，但是心中依然挂记老友。有一次，目犍连回到家乡，立刻有很多人来告诉他，说他的好友陀然，用不正当手段骗取钱财。

目犍连听了，心中非常难过，想不到几年不见，他的朋友就变了一个人。后来他见到陀然，心中很是气愤，斥责他不该有那样的行为。陀然赶紧解释："我是为了照顾父母和儿女啊！不得已才这么做。""就算是这样也不可以欺骗人民，非法敛财。"目犍连知道他在说谎，进一步追问："真

的是因为这样吗?"陀然被目犍连一问,哑口无言,脸色由白转红,心中感到很惭愧。他觉得不能再隐瞒这位有神通的老友了,就老实说:"很对不起!我刚才说的都是谎话。事实上是我娶了一位妻子,她衣食住行样样讲究,这样也要,那样也要,天天乱花钱。如果我没有给她钱,她就会连吵带闹,把家里弄得鸡飞狗跳,不得安宁,我胡乱取钱都是为了满足她。"目犍连听了不以为然地说:"男子汉大丈夫,还怕一个老婆?你作恶多端,难道不怕将来的恶报吗?你应该劝她、教导她,大家一起重新做人,这才是一个好丈夫应尽的责任。"

陀然听了目犍连的话,恍然大悟,发誓要改过。从此不再任老婆摆布,反而劝老婆一同修习佛法,积福修善。陀然对大家说:"我的朋友都不敢指正我的错误,只有目犍连敢对我说真话,他才是我真正的好朋友啊!"

第七条,彼此感恩。人之所以觉得痛苦,是因为我们一直在要求执著当中,一旦不合我意,不顺我心,就痛苦万分。倘若我们能够生出一颗感恩的心,感恩他人,感恩朋友,所谓三人行必有吾师,朋友之间不管是好与不好,都是我们的一面镜子,好的朋友见贤思齐,不好的朋友更需要我们来拽他一把,不断影响他,让他回归正途,可以生出感恩之心,迈向幸福的大门了。

南非总统曼德拉反对种族隔离为了人类的自由平等与解放事业,曾被关押27年,受尽虐待。他就任总统时,邀请了三名曾虐待过他的看守到场。当曼德拉起身恭敬地向看守致敬时,在场所有人乃至整个世界都静了下来。

他说:"当我走出囚室、迈过通往自由的监狱大门时,我已经清楚,自己若不能把悲痛与怨恨留在身后,那么我仍在狱中。"所以心存感恩,哪里都是天堂。所以感恩是离苦的第一因,也是开启幸福大门的钥匙。所谓受恩容易知恩难,知恩容易感恩难,感恩容易报恩难。有的时候得到一些恩惠是很容易接受的，然而能够做到滴水之恩涌泉相报的程度就很难了；帮助过我们的人回馈他很容易，但是伤害过我们的人感恩他就很难了，尤其在朋友之间。因此《三国志》说："让大家都感激所受的恩义，而怀有报答的意愿。"甚至是没有恩义的伤害，也要怀有感恩的心情。

第八条，双方提升。孔子说："朋友之间要相互督促勉励，进而双方提升。"有人认为：人生在世，吃喝二字。其实物欲就像海水喝得越多越渴，欲壑难平的人生终究以空虚来结束，只有双方在德行智慧上的不断提升，才是人生真实的意义。世界著名企业家稻盛和夫曾说："人生可以说是专门为心的修行而设立的道场。"只有我们明白人生的真谛，才能活出有意义有价值的人生，人生也因为这种境界的提升和改变而更加美好和幸福，所以这样的友谊一定会天色常蓝。

苏东坡与佛印禅师就是这样一对好朋友，经常彼此鼓励，互相提升心灵境界。所以真朋友是会相互影响提升彼此的修为智慧与境界的，这样的朋友对于整个人生来说是有助于上升，不断进步的。

第九条相处之道就是共同成就。关爱朋友最为深沉的方式不是与朋友一起沉沦，而是共同成就，这是最伟大的友谊。四海之内皆兄弟，其实世界上最深沉的爱就是爱到对方成就圣贤，彰显良知良能之至善，这是爱的最高境界。

《论语》云："君子爱人以德，小人爱人以姑息。"所以一个君子爱人的方式是成就对方的德行，小人爱人的方式是姑息养奸，是一种纵容和放纵而导致的堕落。

在佛家有这么一个故事：说有一对师兄师弟，师弟修行圆满独自回天，师兄迷恋红尘留在人间。于是佛祖问他："怎么你自己回来交旨，你师兄人呢？"答曰："唉，师兄迷恋红尘找了四个老婆怕是回不来了！"于是佛祖说："那你也不能自己回来，去吧，下去找你的师兄吧！"这个时候师兄已年近八旬，投胎来不及了，于是化作了人头鸟身——鸟巢禅师。

一次因缘成熟，师兄正好碰到了他，便好奇地问："你生在何处？化何因缘？夜间住哪里？"鸟巢禅师答："我生在无相天，十字街头度化有缘人，夜间虚空里住。"师兄略有所悟。这时，师兄又问："那你住得那么高，就不怕掉下来摔死？"鸟巢禅师回答："你迷恋红尘，就不怕地狱万丈深渊掉下去淹死？"这时他的师兄顿时开悟，后拜鸟巢禅师为师，也把家中的四位夫人度化，全家成道。这就是成就朋友的生命，是大爱。

所以帮助朋友有三个层次：

1. 救友身，使其生活无忧。第一个境界就是在朋友物质上困难的时候或者身体上生病了需要帮助的时候，给予援助。

2. 救友心，使其心灵喜悦。第二个境界就是在朋友心里难过的时候，给予安慰让朋友开心起来。

3. 救友性，使其生命成功。第三个境界也是最高的境界就是拯救朋友的灵性和自我的灵性，让其回归大道，成就永恒的境界和生命的圆满。

故当一个人道高德厚，会感召来很多拥护的人。明王以孝治理天下，天下的人就会为之感化，自然就会效仿学习，最重要的是从自身做起，方能感化，先修身，再齐家然后治国，自然最后就能天下平。

古则云："取人以身，修身以道，修道以仁。人者，仁也。"每个人都能用仁爱恻隐之心待人，人与人之间自然团结，家与家自然和谐，国与国之间自然太平。

子曰："一日克己复礼，天下归仁焉。"真正能在心性上不断地下工夫，在起心动念中不断提升境界，才可谓"克己复礼"。孟子曰："舜何人也，予何人也，有为者亦若是。"

古代圣君尧舜同样是人，我们也一样，有何差别？若能同其力于仁，日日不懈怠，便能做到孔老夫子所说的"仁远乎哉？吾欲仁，斯仁至矣。"道在自身，身外无道。若方法不适当，修行道路偏离了，所能达到的境界层次也不同。《金刚经》云："一切圣贤皆以无为法而有差别。"正是此理。

　　《大学》云："格物、致知、诚意、正心、修身、齐家、治国，平天下。"真正的"平天下"并不是让你摆平这个世界，而是让你平定内心的世界。相较于一个人而言，自性便是其明王，人心便是其大臣，身体便是其百姓。自性明王能在国家中做主，自然大臣会忠心耿耿，百姓会拥护爱戴，深信和平，灾害不生，祸乱不做。如今自性明王已经迷失了，大臣篡权蛊惑百姓，百姓也纷纷效仿大臣，自然身心憔悴，灾害连连，祸乱四起。当今世界的不和平，家庭伦理道德的丧失，皆是因为人人迷失了自性良心，导致人心作祟，身体造业，灵魂买单，万般带不走，唯有业随身。大我彰显不出来，小我做主。那又何来身安清宁，何来天下太平？故而我们需要找回自性，收复人心，自然性心身合一。

## 孝 经

· · · · · · · · · · · · · · · · · · · · · · · · · · · · · · · · · · · ·

## 圣治章　第九

**【原文】**

曾子曰："敢①问圣人之德，无以加于孝乎？"子曰："天地之性②，人为贵。人之行，莫大于孝。孝莫大于严父，严父莫大于配天③，则周公其人也④。昔者，周公郊祀后稷⑤以配天，宗祀文王⑥于明堂。以配上帝。是以四海之内，各以其职⑦来祭。夫圣人之德，又何以加于孝乎？故亲生之膝下⑧，以养父母日严⑨。圣人因严以教敬⑩，因亲以教爱。圣人之教，不肃而成，其政不严而治，其所因者本也。父子之道，天性也，君臣之义也。父母生之，续莫大焉。君亲临之，厚莫重焉。故不爱其亲而爱他人者，谓之悖德⑪；不敬其亲而敬他人者，谓之悖礼。以顺则逆，民无则焉。⑫不在于善，而皆在于凶德，虽得之，君子不贵⑬也。君子则不然，言思可道，行思可乐，德义可尊，作事可法，容止可观，进退可度，以临其民。是以其民畏而爱之，则而象之。⑭故能成其德教，而行其政令。《诗》云：'淑人君子，其仪不忒。'⑮"

# 【注释】

①敢：谦辞，有冒昧的意思。

②性：指性命，生灵，生物。敦煌遗书伯此句作"天地之性，人最为贵"。孔传："言天地之间，含气之类，人最其贵者也。"

③配天：根据周代礼制，每年冬至要在国都郊外祭天，并附带祭祀父祖先辈，这就叫作以父配天之礼。配，祭祀时在主要祭祀对象之外，附带祭祀其他对象，称为"配祀"或"配享"。

④则周公其人也：以父配天之礼，由周公始定。周公，姓姬，名旦，文王之子，武王之弟，成王之叔。

⑤郊祀：古代帝王每年冬至时在国都郊外建圜丘作为祭坛，祭祀天帝。后稷：名弃，为周人始祖。

⑥宗祀：即聚宗族而祭。宗，宗族。文王：姓姬名昌，商时为西伯，据说能行仁义，礼贤者，敬老慈少，从而使国家逐渐强大，为日后武王灭商奠定了基础。

⑦职：职位。这是说海内诸侯，各安职位，进贡财物特产，趋走服务，帮助完成祭祀典礼。

⑧故亲生之膝下：这是说子女对父母的亲爱之心在幼年时期即自然天成。

⑨日严：日益尊敬。

⑩因严以教敬：孔传："言其不失于人情也。其因有尊严父母之心，而教以爱敬；所以爱敬之道成，因本有自然之心也。"这是说圣人以人的自然天性中的尊父之心为凭依，加以教育培养，使之升华为理性的"敬"。续：指继先传后。这是说父母生下儿子了，使儿子得以继承父母，如此连续不绝，这是人伦关系中最为重要的。君亲临之，厚莫重焉：是说父亲对儿子，具有国君与父亲的双重意义的身份，既有君王的尊严，又为父的亲情；既有君臣之义，又有天性之恩。在人伦关系中，厚重莫过于此。

⑪悖德：违背常识的道理、道德。悖，违背，违反。刘炫《孝经述议》残

卷："世人之道，必先亲后疏，重近轻远，不能爱敬其亲而能爱敬他人，自古以来恐无此。"

⑫以顺则逆：是"以之顺天下则逆"的省略，是说，如果用"悖德"和"悖礼"来教化人民，治理人民，就会把一切都弄颠倒。民无则焉：人民无所适从，没有可以效仿的。

⑬不贵：即鄙视，厌恶。贵，重视，赞赏。

⑭"是以"二句：敬畏君王的威严，爱戴君王的美德，以君王为楷模，仿效他。

⑮"淑人"二句：语出《诗经·曹风·鸤鸠》。淑，美好，善良。仪，仪表，仪容。忒，差错。

## 【译文】

曾子听了孔子说用孝道治理天下的效验，关系这样的重大，因而又问道："圣人教人的德行再也没有比孝道更好的吗？"

孔子说："天地间的万物，人最宝贵，所谓天地人三才以人为贵。然而乌鸦有反哺之意，羊有跪乳之恩，何况人为万物之灵，不行孝道，岂不惭愧万分吗？所以人的德行，没有比孝更重大、更重要的了。人人行孝道的事情虽不一样，但是最重要的是尊敬父亲，能敬待父亲像尊敬天地神明那样的，就是周公这个人了。

从前周公在郊外设圆丘坛祭祀他的始祖后稷，尊敬后稷的功绩，立志继承后稷的功德，求天下和平，这是周公的仁慈。又在宗庙的明堂祭祀父亲文王，以配享上帝，周公的德行、孝心，感动天下的诸侯、卿大夫、士庶，人人皆钦仰，诚心来参加祭典，所以圣人的德行，哪有比孝再好的呢？

为人子亲爱父母的心是从小就有的，以后慢慢长大了，有能力奉养父母时，就一天比一天知道尊敬父母的道理。圣人就顺着人们对父母的尊敬的心理来教导人们恭敬的道理，也因着对父母的亲爱的心理来教导人们爱亲的道理。圣人的教育，原是顺着人的天性去做的，所以不用严肃、严厉就能成功；政治也不用严格厉害，自然就能治理得很好。怎么会这样容易呢？这又是什么道理呢？原因由敬爱之心，启发还本，依据人性根本的道理——孝道呀！

天下为父母的必爱他的儿子，为儿子的必敬爱父母，这是天生下来的本性，也是天经地义的。父子不但含有如此爱敬之情，而且还含有君臣的义理，这也是天赋自然的，父母生子，上可传宗接代，下可子孙绵远接续宗支，血脉得以继续不断，君亲之恩义加临在我身上，恩义如此的厚重。人身上背了如此重大的恩义，为人子者当知行孝道以报恩，何况爱亲、敬亲是顺天的事，不敬、不爱是逆天的事，倘若不爱自己的双亲，反而去爱别人，这是违背道德的。自己的双亲不敬，反而敬别人，这是违背人伦的行为，不去做爱亲、敬亲顺天理的事，反而去学逆天理的事，如此教百姓如何取法呢？若是不行善事、不行孝道，反而在不敬、不爱上去下工夫，做悖德、悖礼的事，虽得福禄而侥幸为人民之上，也不能长久的，也不被君子所重视。

君子不行悖礼、悖德的事，君子真诚无虚，说话时要想到能受人称赞的、合乎道理的话语，才能说出来，人人喜欢的、欢迎的才去做；可受人尊敬的道德、义行才去做，所做的事足以令人效法的才去做，容貌举止端庄、态度诚恳，可教人效法，应对进退，待人接物合度，可教百姓效法，如此治理百姓，君临而治理之，那么百姓就能敬畏而又慈爱他，同时以你为模范而效法着去做，所以道德教化就能成功，而政令也可推行无阻了。

《诗经·曹风》中《鸤鸠篇》上说：'善良的君子，他的行为永远是光明正大的，威仪正直无私，一点都没有差错，就是以爱亲敬亲为本的，正己而后化人。'"

## 【妙解】

天地之性、人为贵。为何？道生天生地生人生万物，人为万物之灵首，最为宝贵。天有日月星辰，四时寒暑，运行不断，是万物生长的能源；大地顺应天时，承载万物，不分贵贱，接受种种污秽，处众人之所恶，而又为民带来丰厚资源物质；而人具有上天赋予那灵明的德性，用此

良心本性效天法地，依道行天地仁爱恭顺之德，而后立功立德立言行以身教。《书经》说："天地不能自理，所以造人辅助上天所不能及，替天地行道，代天理物，惜生爱命，弘扬道德仁慈与天下。"

"父子之道，天性也。"圣人导人以孝，顺应人的天性自然而成，而非创造的一种后天行为强加于人。子曰："为人父止于慈，为人子止于孝"。故父慈子孝，属于天性使然，比如当孩子在父母面前跪下的时候，无论孩子犯了多大的错误，父母都能原谅。又比如小的时候父母打骂我们，越打抱得越紧。《孟子》讲："孩提之童无不爱其亲者，及其长也，无不知敬其兄也。"这是人类生而具有，不需思虑不需学习的一种良知良能。

所以，教育要抓根本，《大学》云："自天子以至于庶人壹是皆以修身为本，其本乱而末治者，否矣。"道乃天地之根本，人之所源。在天为道，在人称自性，无论天子还是庶人都要寻根开悟，修道行德。而如何唤醒人的良知，开启先天之大智慧，万德彰显呢？孝乃德之本也，教之所由生也。

因为人无伦外之人，学无伦外之学，所以圣人之道，在"五伦十义"中磨炼至圆满。"五伦十义"之五伦：父子有亲，君臣有义，夫妇有别，长幼有序，朋友有信。十义：父慈，子孝，兄友，弟恭，夫义，妇听，长惠，幼顺，君仁，臣忠。大家看这五伦关系可以看出，人类的各个组织都是从家庭开始衍生的，所以父子之道重中之重。父为天，代表道之本体，导以孝而用之四方皆准。

中国最久的朝代周朝统治八百余年，那是什么原因才保持国运经久不衰呢？答案是家庭教育。太姜、太妊、太姒这三位女圣人培养了文王、武王、周公这样的圣君，以他们的圣德庇佑子孙永享太平。家里出了三个男圣人，三位女圣人。周公辅佐成王，不仅力行了孝悌之道，也圆满了君臣之道，奠定了成康之治。

周家是一个孝悌圆满的家族，这样的家族，必定庇佑子孙，传宗接代。积善之家、必有余庆。这就是《了凡四训》中说的："有百世之德者，定有百世子孙保之的道理。"我也常说："人道成，天道立。"《孟子》讲："圣人，人伦之至也。"同出一理，可谓英雄所见略同。

寻得根中根，大道也。传统文化寻根，这个根到底在哪里？难道我们从小没有学习四书五经就是断根吗？

有位母亲"股骨头囊内骨折"，到医院医治，没有接好，回家后再次断裂，造成股骨头周围的血管受损，部分失去血液营养，从而导致股骨头坏死，五年不能下地，疼痛难忍，彻夜难眠。

大家想想，这骨头断了没有接好，就受如此病痛折磨，那么，我们的心与大道分裂，内心深处更痛苦？难道不是吗？否则就不会有人寻短自尽了？

其实我们中华优秀传统文化从孟子算已经断层了三千年之久。孟子云："天之溺，援之以道。"感谢天恩师德，今天终于有机会重新把"人心与天道"的根相连了。与此同时，我们也有一个成就圣贤的机会。

《西游记》里有个片段，是说一棵神奇果树，孙悟空把镇元大仙的人参果树连根拔起，而这棵神奇无比的果树，乃天地生成的灵根，在万寿山五庄观内，为镇元大仙所有。后唐僧师徒路过五庄观，孙悟空推倒人参果树，镇元大仙施展神通将唐僧四师徒擒住，孙悟空无奈多方求助，请出观音菩萨救活了人参果树，观音菩萨用"净瓶柳枝"把孙悟空连根拔起的人参果树给接住了。当柳枝从净瓶撒出甘露之时，人参果树的根便神奇般地接上了，并且埋在地下的人参果，又重新回到树上，为此镇元大仙也和孙悟空结为兄弟，皆大欢喜。

这"柳枝净瓶"暗藏玄机，暗示着我们要"千里访明师，万里求口诀"。当找明师明明德的当下，我们自性的天根就接住了；当从内心深处流出般若智慧之时，我们马上就可以离苦得乐，当下便能成佛了道，回到大道母亲身旁。

所以骨头断了不接，总抹红药水是不管用的，依然会痛的。人心里开大道，天根断了不连，只做表面工夫是毫无用处的，依旧会痛的。

今天弘扬孝道最易唤醒人的本性良心，百善孝为先，孝为八德之首，常言道：做事先做人，做人先立德，立德先行孝，尽孝先明道。所谓"一画开天，开天明道。"然后再把孝母敬父之道心，扩展到兄弟、老师、领导、朋友及万事万物，这样我们的敬爱之心完全生发出来，当下即是良心彰显，佛心现前，身心灵和谐，社会安定，世界大同。

一次，我受邀为某大学团体做《孝道》的专题讲座。来到现场，看见清华大学、复旦大学、北京大学等各大知名院校的学生都有参加，见状不禁感叹，如今的这些知名大学的高才生未来都会是在中国各个领域的尖端人员，可是如果他们的孝道有亏，如果他们不懂得寻根觅祖，依道行德，那么中国的未来甚为堪忧。因为感恩是离苦的第一因，有了感恩自己就不会苦，才能将爱奉献出来。

所以说，人如果把这个根本丢了，那么不爱其亲而爱他人者谓之悖德。有的人爱领导超过爱自己的父母，这是违背人伦的。一个真正的君子言思可道，德义可尊，做事可法，容止可观，进退可度，以临其民。此言君子非君子也，非圣即贤呀！要知道君子有九思，一言一行无不爱敬天地人事物法，正己才能化人。

圣人治国的道理——以德治国。在上位者做得圆满了，人民不用号召，自然而然就会争相模仿。所谓，孩子不用管，全靠德行感，治理国家也是此理。因为见贤思齐是人之天性。《弟子规》云："见人善，即思齐，纵去远，以渐跻。"

所谓的孝不是空谈，不是泛泛而谈，而是以真真切切的一颗至诚之心去关心体贴，无微不至地照顾父母，落实到生活中的点点滴滴。试问一下自己是否只是买点东西送到了，打个电话草草问候就挂断了，有没有留意到这样的细节呢？

生活中，我们把握父母每一个细节，因为细节决定成功。每次离开父母家中，有没有关心过门窗是否完好不漏风？屋里的空气是干燥还是潮湿？厨房有没有蟑螂？水龙头有没有滴水？父亲的血糖有没有升高？母亲的血压还正常吗？药有没有按时吃？父母每日大小便是否有异常？……

一位母亲因为患有哮喘病，常年卧病在床，生活的重担都压在了仅有六岁的女儿身上。小小年龄，女孩每晚都会起来为母亲盖好被子，为了给母亲攒医药费，到贵族学校去吃学生们的剩饭，帮忙写作业等而得到学生们给的一点钱，送报纸、送牛奶，只要可以做到的，为了照顾母亲，她吃了不少的苦。但是她却从不觉苦，只要母亲健康她就笑得很开心。

心灵上，我们应呵护父母每一个心念，因为心态决定状态。父母之间有没有发生小矛盾？母亲每天是否心情愉悦？父亲有没有担心挂碍的事？父亲有没有又发脾气？母亲有没有又生气？父母是否还有什么心愿没有完成？还有什么后顾之忧……

道业上，我们成就父母每一个当下，因为刹那即是永恒。让父母早日开悟修行，踏上菩提路。督促父母勇猛精进；提醒长辈改毛病去脾气；鼓励双亲度化苦难苍生；提升父母智慧境界；突破一切修道的障碍……

这些一个个微小的细节，我们是否都注意到了呢？所以，孝顺不是口号，而是实干，用我们最真最诚的心，关怀体贴为我们付出操劳一辈子的父母，让他们的生命有个美好归属。

孝　经
.........................

# 纪孝行章　第十

【原文】

　　子曰："孝子之事亲也，居则致①其敬，养则致其乐②，病则致其忧③，丧④则致其哀，祭则致其严⑤，五者备矣，然后能事亲。事亲者，居上不骄，为下不乱，在丑⑥不争。居上而骄则亡，为下而乱则刑，在丑而争则兵。三者不除，虽日用三牲⑦之养，犹为不孝也⑧。"

【注释】

　　①居：平日家居。致：尽。孔传：谓虔恭朝夕，尽其欢爱。

　　②养：奉养，赡养。乐：欢乐。孔传："和颜说（悦）色，致养父母。"郑注："若进饮食之时，怡颜悦色。"

　　③致其忧：充分地表现出忧伤、焦虑的心情。孔传："父母有疾，忧心惨悴，卜祷尝药，食从病者，衣冠不解，行不正履，所谓致其忧也。"郑注："若亲之有疾，则冠者不栉，怒不至詈，尽其忧谨之心。"

　　④丧：指父母去世，办理丧事的时候。孔传："亲既终没，思慕号眺，斩衰

（穿着丧服）歠粥，卜兆祖葬，所谓致其哀也。"

⑤祭则致其严：《礼记·祭义》说，祭祀时事死如生，"入室，僾然（微微）必有见乎其位；周还出户，肃然必有闻乎其容声；出户而听，忾然必有闻乎其叹息之声"。

⑥在丑：指处于低贱地位的人。丑，众，卑贱之人。

⑦三牲：牛、羊、豕。旧俗一牛、一羊、一豕称为"太牢"，是最高等级的宴会或祭祀的标准。说每天杀牛、羊、豕三牲来奉养父母，这是极而言之的说法。

⑧犹为不孝也：如果不能去除前面所说的三种行为："居上而骄"、"为下而乱"、"在丑而争"，那么都将造成生命危险，使父母忧虑担心，因此，这样的人就不能算作孝子。

## 【译文】

孔子说："孝子侍奉双亲的行为：第一，平时应当尽到恭敬的心，饮食起居丝毫不敢疏忽；第二，养亲必须尽到和乐的心，和颜悦色的，必使父母欢喜愉悦；第三父母有病日夜侍候，请医调治，时时刻刻要尽到忧虑的心；第四，倘若不幸父母去世，必要尽到哀戚的心，尽力办理丧事；第五，祭神如神在，至诚祭祀时是表示追思、威仪、严肃，行为端正。以上五项都能做得到，然后才算是尽到事亲的道理。

尽心奉行孝道的人，如居上位的人不敢骄傲，要戒除骄狂的心（修身）；身为属下的不敢有悖乱之心，要戒除作乱的心（立身）；在人群里要和平处世，与人不争，要戒除竞争的心（行化）。

若居上位的骄傲狂大，人人便不服，难免有生命的危险；为人属下的有悖乱之心，难免要受刑戮；在人群中，要是不能和平相处，反而处处与人争竞，难免有兵刃之害。

这三件事都是很危险的，若不能戒除净尽，父母自然跟着时时刻刻忧心忡忡，虽天天用牛、羊、猪三牲的肉去奉养，亲心还是难安，那也不能算是行孝

啊！因此孝亲之道，不在于吃喝上，最要紧的还是在于身体发肤受之父母不敢毁伤，孝之始也，以免父母之忧也。"

## 【妙解】

这一章从居、养、病、丧、祭这五点来详细教导我们该如何尽孝。这五句话非常重要，下面详细解读一下其中的深刻含意。

"居则致其敬"，我们同父母住在一起时必须对长辈恭恭敬敬，不敢有半点怠慢。一个不懂得尊敬对自己恩重如山的双亲的人，又怎能忠君爱国，爱天下人民呢？

有一个男孩，从小叛逆不听话，忤逆父母，不服管教，父母对此充满无奈，束手无策。一个偶然的机会父亲知道了一个地方要开办传统文化夏令营，用了各种善巧方法把儿子送进去学习。

几天的传统文化学习结束了，这一天父亲向平时接他放学一样早早地等在了校门外。儿子从学校走了出来，这一次却没有着急上车，而是走到了父亲面前恭恭敬敬地鞠了一个躬，然后给父亲递上去一个热毛巾，说："爸，您辛苦了，擦擦脸吧！"

父亲被儿子这样的举动吓了一跳，怔怔地接过毛巾，似乎不太相信这是自己的儿子了。擦过脸后，儿子赶忙又递过水杯，双手奉上给父亲，真诚地说："爸，天挺热的，您喝杯水吧！"

这一次，父亲被感动了，这一刻他等了不知道多少年了，接过水杯时老泪纵横，儿子又说了一句话，这一次让父亲听后瞠目结舌，哭笑不得，他说："爸，这两天的学习，让我搞明白了一件事，就是我终于知道咱俩谁是爹了！"

从孩子的言谈之中，我们不难听出弦外之音，敢情这孩子以前在家是个少爷，衣来伸手，饭来张口，你别指望他恭恭敬敬给父母打上一条毛巾，更不要说毕恭毕敬给长辈端一杯茶，都是父母伺候着他。所以当孩子听了《孝道》，明白了父母是天，他是地；父母是长辈，他是晚辈，哪有让长辈伺候晚辈的道理？

可见当今这个社会孝道颠倒的现象多么的严重，最为突出的表现就是子女对于父母太过随便而缺乏恭敬之心。所以《曾子·立孝篇》总提到："君子之孝也，尽力而有礼，庄敬而安之。"

所以同样是端茶给父母，有无恭敬之心从行礼之中就可看出，是单手随便放在桌子上，还是事先试好了水温，然后双手恭恭敬敬地端给父母，看着父母喝过后，才放心离去？点滴之间即见真诚，现真心。

"养则致其乐"，说到孝养父母，除了要和顺父母心意，爱惜好自己的身体，守护住自己的良知本性外，也要团结兄弟姐妹，一家人其乐融融让父母安心快乐。做到圆满要讲究方法，同时更要有智慧。

如果父亲爱喝酒，母亲爱吃肉，那么我们如果还顺应父母的心意，让父亲多喝酒，给母亲多买肉吃，又是否是真孝了呢？不是的。所以我们要有明辨是非的能力，要分清父母的爱好习惯中，哪些是有益于父母身心灵健康的，而哪些是对父母身心灵百害而无一利的。有益父母身体健康，心灵安详宁静的，我们要鼓励支持，甚至帮助父母完成心愿。可如果父母的心愿是有损身体健康，使内心烦躁浊染的习气，那我们就要善巧方便地劝谏。所以，顺心意要有智慧分辨，有方法去劝谏，才能最终让父母的生命成就圆满，而真正达到极乐不退转，而非短暂的快乐。

那么其实除了我们的生身父母外，我们每个人都还有一个共同的母亲，那就是大道之母。大道母亲苦苦期盼着她流浪在外的儿女们都能够早日归家，只可惜我们只听到了生母之呼，却不闻道母之音，因为我们都迷失在了红尘物欲之中，蒙蔽了自己的灵性，与道母失去联系太久太久了。

所以我们要想真正解脱回到道母之怀抱，就必须找回我们的良知本性，去其本无还其本有，用其光复归其明，自性常皓，性德彰显，二六时中，止于至善，大放光彩。

"病则致其忧"：平日里就要对父母悉心照顾，多关注父母的饮食起居是否正常，多问候父母是否有哪里不舒服，而不是只到父母生病卧床之时才献孝心啊！所以，即便不能经常侍奉在父母身边，但是一有空回家，就要悉心观察下父母的饮食起居是否正常，肠胃好不好，排便顺畅吗，大便是否成形，血压正常吗，血糖高不高，天凉的时候，腿是否舒服……一旦觉察不妥，早日通过食疗、保健等方式，使病痛消失在萌芽中。平日里越是悉心体贴父母，越可免去父母生病遭罪之苦，方体孝心。

除体察亲身是否有恙外，也要关注父母的心情是否愉悦，是否存有心病？因为身病心先病，心病不除定会导致身病，所以要常常摸摸父母的心，了父母之愿。同时更要关注父母是否有沾染不好的习性，蒙蔽本性良知的彰显。所以关怀父母要从身、心、灵的各个角度、各个方面来体贴入微。

"丧则致其哀"，父母生我、养我、教育我，等长大了有能力孝养双亲时，却不幸离我们远去了，这是何等痛心呀！当然，难过也要有度，不能太过悲伤，这样父母也很难走得安心，从而影响父母往生的境界。我们试想：肉体上的父母离开都如此难过，当我们心离开大道母亲，背井离乡，堕落红尘，踏上生死轮回之途，大道母亲是何等哀戚啊！因此抓紧时间孝养道母，心不可离开大道母亲身旁，勇猛精进，修养心性，直养浩然正气，最终达到天人合一。

"祭则治其严"，《中庸》曰："事死者如事生，事亡者如事存，孝之至也。"这两句话告诉我们虽然祖先离我们远去，但要怀着一颗诚敬之心去扫墓，去缅怀先人。常言道：举头三尺有神明。故要敬天地礼神明，祭鬼神知礼节。

其实人的心离开自性就已经死了。老子有云："人如果不顺应大道而生，则等同于死亡。"多少人现在处在死亡线上而不自知，多少人正在轮回而不明白，又有多少人正在造业遭罪而不清楚，岂不哀哉！虽然我们离道很远，没有达到心性合一，但我们必须时时提醒自己我要回家，我要回到大道母体当中，即恒住常寂光。

以上这五句话告诉我们，居致敬、养致乐、病致忧、丧致哀、祭致严。这就是立身之命，修身之要，五者备矣然后能事亲，不仅仅能孝顺生身之父母，同时也能事奉道母了。

而这一章再一次提到了在上不骄，也就是上位者要谦虚谨慎，卑以自牧，才会得到下面的人的敬重、效仿。可见谦卑的德行有多么的重要。

所谓"为下不乱"除了事相上我们所理解的在下位者，应该忠于职守，恪守君臣之道外，引申到内心则是一个人内心世界失去了和谐宁静，内心纠结不安，有了冲突、对立、矛盾，导致了身心灵的不和谐，大我蒙蔽，小我称王，圆满之性德无法流露，久而久之成了心病，抑郁、易怒、悲观、厌世等心理上的疾病，最终由心病诱发成了身病，从而影响了自己的健康、家庭安定及社会关系的不和谐。

楚汉相争之际，项羽与刘邦在荥阳汉水间，形成拉锯战。刘邦为突破僵局，任命韩信为左丞相，由北方经陕西、山西，绕至项羽背后，采取钳形攻势，使得项羽腹背受敌，而疲于奔命，韩信因此居功厥伟。

但韩信攻下齐国后，派人报告刘邦说："齐国素来善于做假欺骗，生性善变，反复无常，它的南方有濒临项羽范围，如今齐王已逃，若不立个齐王来镇压，局势一定不安定，我韩信愿意当个现成的假齐王。"此时，由于项羽正围攻刘邦于荥阳，刘邦处境岌岌可危，韩信使者恰好送信到达，刘邦问后勃然大怒，骂道："我被困于此，一心寄望你来帮助我，没想到你却想自立为齐王！"张良、陈平一听，急忙制止，并附耳刘邦说："我们正处不利时刻，怎可阻止韩信称王呢？何不顺着他的要求，让他好好守住齐国，否则恐有变故！"

刘邦觉察到事情的严重性后，骂道："男子汉大丈夫平定诸侯，就是真的王了，何必要当假王？"于是派遣张良前去封韩信为王，借此微调他

的兵力攻击项羽。《史论·淮阴侯列传》记载，韩信在刘邦得天下之后，被贬为淮阴侯，最后被诱杀，并夷诛三族。

韩信与刘邦争夺王位，让刘邦感到了威胁，所以最后才落得如此悲惨的下场。那么，在第七章中我们谈到了争的种种危害，而这一章中又一次强调了"在丑不争"，所以在这里我们再来谈一谈为何不争以及如何不争。

为何不争？俗话说："命里有时终须有，命里无时莫强求。"

有一次，天上接连下了几十天的雨，子舆知道子桑贫穷，大雨绵绵，他一定没地方去谋食，于是带了饭包去看子桑。刚到子桑门口，就听见子桑像在唱歌，又像在哭泣。只听他唱说："父亲吗？母亲吗？天啊！人啊！"子舆听他的声音都变了。声音微弱而急促。子舆走了进去，问道："今天怎么啦！"子桑道："我病了。这几天，我一直在想：究竟是谁使我这般穷困？是父母吗？是天地吗？我想不出来。父母对我没有私心，天地对我更没有私心，那么我的贫困，必然是命吧！"

人所无法选择的遭遇，叫作命。譬如：你生下来是个王子还是乞丐？你生下来是一只脚还是两只脚？这是人力无法决定的。所谓富贵贫贱、穷夭寿通，都是命运的安排。每个人的命运的好坏都是自己的因缘果报的示现，古哲云："富贵在天，生死由命。"所以要不断知命、认命、改命，才会有好命。所以孔老夫子曰："不知命者，无以为君子。"

人的一生犹如一场戏，合眼朦胧一场空。忙忙碌碌追逐一辈子，得到的享受只是刹那，最终内心空空如也，而心灵也并未得到升华。仔细想来，一生都在捞水中的月，痴心妄想得到镜中的花，佛曰："功名利禄原是梦，虚荣到老一场空。"《金刚经》云："凡所有相，皆是虚妄。"《清净经》云："内观其心，心无其心；外观其形，形无其形；远观其物，物无其物。三者既无，唯见于空。"

《道德经·贵生章》云："百姓之不治也，以其上之有以为也，是以不治。民之轻死也，以其求生之厚也，是以轻死。夫唯无以生为者，是贤贵生。"人民因为看重权势、利益，而轻视永恒的道德生命，为了争到富贵、荣华，竟以牺牲自己永恒的道德生命为代价来换取短暂的肉体享乐。世人迷惑，不分真假，认假当真，得不偿失。《大学》云："仁者借身发财，不仁者借财发身。"此是拨乱反正，将本末倒置之局面挽回，以假来修真，借假来成就永恒的生命。

"夫唯不争，故无尤。"不争的心是平静的，是祥和的，是自在的。常言道："和气生财"，"家和万事兴"。

如何不争？孔子说："君子无所争，必也射乎！揖让而升，下而饮，其争也君子。"

有德行的君子，心平气和，与人相处恭敬谦逊，与世无争。如果一定要比赛决定胜负，一定是先行礼，后上场，礼仪上绝无纰漏，比如射箭，射完之后，必与共同射箭的人一起下场，胜者敬酒，说道：承让。负者也举杯，说道：领教。射箭的礼仪就是这样。虽然有胜负之分，但自始至终，仪态自然大方，行为彬彬有礼，礼让谦逊，这样的竞争就是君子之争，并非小人那样只凭一股血气，必胜对方而后快地相互争斗。有射箭，就会有竞争，而君子之争即是这样的风范，由此可见君子与世无争的真正含义。

《道德经》云："是以圣人之治也，虚其心，实其腹，弱其志，强其骨。恒使民无知无欲也。"这就是老子提出去除名、利、欲的五个方法。一是"虚其心"，让百姓破除一切妄想和私欲，不为名利外物所动，达至清静寡欲之圣境。二是"实其腹"，让百姓在物质上得以安饱，在精神上充实内德，返璞归真，不断提升生命之意义。三是"弱其志"，不是让百姓没有任何志向，而是让百姓去看淡对名利欲的追求，君子有所争，不是为名，不是为利，而是战胜自己内心的恶习和贪欲，进而去除烦恼，回归清静。四是"强其骨"，就是让人们对道笃定不疑，坚心定性。道心日渐

坚定，人心日渐衰退，养成道之坚强体魄，可以不惧千锤百炼。五是"恒
使民无知无欲"，"无知"不是让人愚蠢迷昧，不去学习知识，而是要超越
知识，妙用知识，不受知识的捆绑。"无欲"并非断欲，而是大欲不欲，
能驾驭宇宙万事万物，妙用一切而不执著。无欲无求就是自然之道。

《道德经》第五十二章云："塞其兑，闭其门，终身不勤。启其兑，济
其事，终身不救。"堵住情欲的孔窍（六欲），止住贪欲的心念，关闭情
欲的门户，放下执著的心灵，终生都不会有烦恼忧愁了。开启情欲的闸
门，放纵自己的贪心，滋蔓情欲的产生，使心执著不停，终身都不可
救药。

南海的帝王叫作儵，北海的帝王叫忽，中央的帝王叫作浑沌。儵和忽
经常跑到浑沌那里玩，浑沌对他们很和善。于是忽和儵为了报答浑沌的恩
惠，有一天他们便商量说："人都有七窍，用来看、听、呼吸、饮食，浑
沌一个窍也没有，实在是太可怜了。让我们替他开七个窍吧！"于是儵和
忽每天给浑沌开一个窍，七天以后，浑沌就死了。心的七窍一旦开启，就
会迷失自我，追逐感官的享受而不能自拔，最终走向死亡。因此，老子
云："我无欲，而民自朴。我无为，而民自化。"

"是以圣人后其身而身先，外其身而身有。非以其无私焉，而能成其
私。"圣人之心性合于大道，将天德流露无遗，从未有争之念，也不起争
之心，犹如道一样自然而然，造化万物而不以有功自居，但却因其将自身
之利置之度外，却成就了最大的利益，将一己之私抛之脑后，反而却成就
了最大的私。故"天之道，利而不害；人之道，为而不争。"

# 孝　经

## 五刑章　第十一

**【原文】**

　　子曰："五刑之属三千①，而罪莫大于不孝②。要君者无上③，非圣者无法④，非孝者无亲⑤。此大乱之道也⑥。"

**【注释】**

　　①五刑之属三千：指应当处以五种刑法的罪有三千条。

　　②罪莫大于不孝：在应当处以五种刑法的三千条罪行之中，最严重的罪行是不孝。

　　③要：以暴力要挟、威胁。无上：藐视君长，目无君长，即反对或侵凌君长。

　　④非：责难反对，不以为然。无法：藐视法纪，目无法纪，即反对或破坏法纪。

　　⑤无亲：藐视父母，目无父母，即对父母没有亲爱之心而为非作歹。

　　⑥此大乱之道也：孔传："此，'无上'、'无法'、'无亲'也，言其不耻、不仁、不畏、不谊（义），为大乱之本，不可不绝也。"

## 【译文】

孔子说："应当处以墨、剕、刖、宫、大辟五种刑法的罪有三千种，最严重的罪是不孝。

以暴力威胁君王的，是不义之举，君者功在国，德在家，为人臣民者理应敬服，因此威胁君王的人，叫作目无君王。

圣人是万人之师表，万世所敬仰，如用言语诽谤圣人，这是无法无理的事情。所以非难、反对圣人的人，叫作目无法纪。

人皆受父母生育、养育、培育之大恩，恩重如山，理应报答，如今自己不仅没有报答亲恩，不去孝顺父母，反而妨害他人行孝，诋毁孝道，他眼里哪还有父母，所以非难、反对孝行的人，叫作目无父母。

无上、无法、无亲这三种人，都是大逆不道的，也是造成天下伦理大乱的罪恶根源。"

## 【妙解】

在古时，如若触犯法律，刑罚很重，而惩罚最重的就是不孝。可时至今日，时过境迁，物是人非，不孝之人层出不穷，比比皆是，受到的却是微弱的惩罚，好似人生也没有因此受到任何影响，依然大摇大摆地苟活于世。究其原因，无非如下几点：

一、舆论界弱势

社会舆论在造成或转移社会风气方面具有不可估量的影响。公众的好恶可以使一种良好的社会风气得以发扬，也可以使一种坏风气受到抑制，因此有人称舆论为"道德法庭"。然而如今，因为人们的道德观念差，这样的社会监督力也相对薄弱。

主要表现在，其一，关注度不高。如今社会的大风向就是儿女在外工作，常年忽略父母，而新闻媒体也较少宣传和报道孝亲题材，充斥在网络、电视、报纸等各种媒体渠道的也大多是一些花边新闻，即使有报道不孝之事，引起的关注也较小。试问连自己亲生父母都疏于孝顺的人，又怎么会关注别人是否孝顺父母呢？

其二，价值观扭曲。市桥达也在日本制造了震惊全国的强奸并杀害英国女教师的案件。他是日本历史上悬赏数额最高的通缉犯。市桥达也逃亡了两年多，为了躲避抓捕，他多次整容。2009 年他被日本警方抓捕归案，但令人更为震惊的事情发生了，在日本国内出现了大批喜欢这个杀人犯的女孩子们！这些女粉丝们纷纷表示爱慕他，原因就是这个杀人犯被捕的时候看上去很沮丧，这些女孩子说那是一种颓废的美感。而且那种落寞的气质，很像日本的一个演员。于是大批的女子们纷纷替这个强奸杀人犯求情，甚至还有女子公开求爱，表示想嫁给他。在网上还成立了粉丝俱乐部，这个冷血杀手被尊称为"市桥大师"、"逃亡王子"，很多人对他大加赞美。

这听起来荒唐可笑，可却是真真切切地发生在了我们身边。孔子曾说："饱衣暖食，逸居无教，则近禽兽。"如今圣贤教育的严重缺失，使得人们的道德意识感降低，做事情以自己的欲望为主，完全不知何为人伦道德。即便做了极恶之事，只要有张讨巧的脸庞和个性的气质，似乎都可以得到原谅。人们的价值观发生了严重扭曲，对于不孝之忤逆行为也见怪不怪，"大度"包容。即便有些正义之士声讨，但声音也略显微弱。

二、家丑不外扬

父母年轻时呼风唤雨，在社会上、在亲朋之间也有头有脸，颇有威望，然而如若让别人知道自己有个不孝的儿女，半生辛苦的好名声都毁于一旦，颜面何存。俗话说，任何成功都抵不过教育孩子的失败啊！《弟子规》中云："身有伤，贻亲忧；德有伤，贻亲羞。"

所以父母只能含泪隐忍，不敢张扬，捂着、掩着生怕别人知道自己家里的丑事，笑话自己，给家族蒙羞。

三、担心对子女不好

还有些人不孝父母之事被曝光后，不孝子受到了亲戚邻居的谴责，甚至受到了法律的惩罚，然而并没有因此而知悔改，儿女反而变本加厉，更对长辈不好。

林某是仙游县龙华镇林内村的村民，33 岁，离异，育有一女 10 岁。2010 年 7 月 10 日 23 时许，林某酒后拉女儿起来念书，林母闻讯后出来规劝说天太晚了让孩子去休息等话，林某就在自家大埕上用拳头殴打林母脸部，致林母摔倒在地，牙齿脱落三颗（轻伤）。2010 年 11 月 6 日，仙游县人民检察院将林某诉诸法庭。都说儿乃母之心头肉，在法庭审理过程中，林母对林某的行为表示谅解，请求法庭从宽处理。因本案涉及家庭纠纷，2010 年 11 月 25 日，法院判处林某有期徒刑 10 个月，缓刑一年半。

原本以为林某能珍惜从宽处理的机会，好好做人，善待父母，抚育女儿。谁料林某竟再度出手。2011 年 1 月 29 日 13 时许，林某酒后向林母要钱再买酒，被拒绝后，就用手殴打林母头部，将林母按倒在自家大埕上，用脚踢林母背部，邻居林丽（化名）看见后就过去拉劝，林母趁机逃跑，林某就挥手要打林丽，被林丽躲过。之后，林某就去追打林母，将林母推倒在地，致林母手掌撞到地上石块受伤，造成左手掌骨折（轻伤）。看见林母摔倒在地，林某就捡起一块石头欲砸林母，林母就拼命往邻居家跑，才躲过林某砸来的石头。经周围的邻居劝阻，林某才停止追打林母。当晚 19 时许，林某酒后归家，抓住正在睡觉的女儿胸部，不让女儿睡觉，林父看见了就劝阻，林某二话没说便殴打林父脸部、胸部。幸好，附近邻居闻讯赶来劝阻，制止了林某的殴打行为，事态才得以平息。

四、法律保障差

2001 年 10 月廖志国私造土手枪炸伤手，他怨其母拿药慢了，便打了王显珍一记耳光；2001 年 12 月 31 日廖志国吃早饭时，发现碗里没肉，因此大骂王显珍，并用烧火的火钳打伤王的右腿；2002 年 2 月 11 日深夜，廖志国强烈要求其母上街去买豆腐，王显珍生气不去。廖志国拿起一把斧头将父母从床上抓起，声称要杀死王显珍，吓得其父母下跪求饶。2002年5月19日，廖志国见菜里的油放少了，往锅里倒了三两菜油，经火烧热后，用铁瓢泼在其父廖运安右脸上，致其右耳周围烧伤，留下疤痕。

法院审理认为，被告人廖志国经常辱骂、殴打自诉人廖运安、王显珍夫妇，造成廖运安夫妇不敢回家，致使自诉人精神上和肉体上受到摧残。鉴于被告人被捕后能真诚认罪悔过，愿意痛改前非，并求得自诉人的宽容，给其一次悔过自新的机会。依法判处被告人廖志国有期徒刑两年，缓刑两年。

如此虐待父母之忤逆之子，仅仅判处有期两年，且缓刑两年，可见我国法律对于不孝子的惩罚力度之轻，致使人们在此方面不会畏惧法律制裁，从而没有起到法律的警示和约束作用。

五、怕儿女受制

即便儿女做得再过分，但是为人父母却依旧那般的慈爱他们，可是殊不知此时的慈爱如同杀害啊，俗话说，惯子如杀子，正是父母的一味纵容，才使得逆子最终走上了不归路啊。

2013年2月15日晚，河南开封通许县中医院发生一起恶性案件，一青年男子周某某持刀将其母亲捅成重伤，更用刀子将母亲的头皮整个一块剥掉，而这已经是他第二次拿刀挥向自己的父母了。第一次时母亲受伤入院，父亲在旁照顾，因爱子之心一念仁慈，担心报警之后影响孩子的前程。所以没有控告儿子，夫妻俩选择了包容原谅。不成想这一次不但母亲生命垂危，父亲也住进了医院，头上几刀、嘴上几刀，手肌腱割断，脚筋割断。而发生这一幕惨案的缘由，只因儿子向父母要钱不成，发生了几句口角，儿子一怒之下拿起了刀子挥向了躺在床上的父亲，父亲招架无力被儿子扎上，邻居闻讯而来才救了父亲一命。如今母亲躺在重症病房中，父亲面临从此手脚失去活动能力的命运，而等待这个不孝子的将是

法律的审判。

六、无知者无畏

"非圣人者无法。"对圣人进行诽谤，圣人抱着一颗毫不利己之心，然而我们去批判他，这就是心中无法，无法就是心中没有道，偏离大道那就是没有本性，这样的人因果可逃吗？人有三畏：畏天命、畏圣人言、畏大人。

古时候秦始皇焚书坑儒，这就是非圣人者，他心中无法自然就会做那些违背道义的事。"文革"时期，批孔砸庙，也是相同道理，最后我国遭受了多少苦难！此之谓不孝也！

毁谤圣贤，无法可依。所谓见佛如佛在，很多人都相信，信仰和爱对一个人来说是非常重要的，特别是对人的身心健康，对一个家庭的和睦。

按照两代家族200年间的发展变化研究，两个同时代的家族，一家是信基督教的爱德华兹，另一家是著名无神论者马克·尤克斯。并且，无神论的马克·尤克斯对爱德华兹曾说过："你信的那位耶稣，我永远不会信！"两个家族200年后的情况，详细统计结果如下：

（一）爱德华兹家族

人口数：1394人，其中有：100位大学教授、14位大学校长、70位律师、30位法官、60位医生、60位作家、300位牧师和神学家、3位议员、1位副总统。

（二）马克·尤克斯家族

人口总数：903人，其中有：310名流氓、130名坐牢13年以上、7名杀人犯、100名酒徒、60名小偷、190名妓女、20名商人，其中有10名是在监狱学会经商的。

美国学者A. E. Winship在1900年做了一项研究，比较两个家族，写成 *Jukes-Edwards* 一书。他追踪他们近两百年以来的繁衍发展。时间的伟大，在于它可以见证一切真实与浮华！

　　这个世界没有偶然。很多人都难以理解，历经百年，为什么在结果上有那么大的差别。而其中真正的关键，是因为爱德华兹家族获得了信仰的力量。信仰的背后，他们种下了两颗重要的种子。种下的第一颗是向真善和博爱的种子，所以他们家出了那么多的医生、教授和大学校长。种下的第二颗是敬畏的种子。这种家庭里出来的孩子，永远都会记得，头顶三尺有神明。

　　不知道你有没有注意到，为什么马克·尤克斯家族有那么多的流氓、小偷和妓女？就是因为这种家族的教育里面，缺少了敬畏。没有敬畏之心的教育，当然会出像李天一这样的纨绔子弟。在他们的内心独白是：老天爷算什么，我才是最大的，没有我不敢做的……这历经百年的两个家族，让我们感受了信仰和爱的巨大能量。所以，在金钱关系里面才有了一条定律：信仰，是连接能量的通路！

　　所以人要敬畏天命，所谓："人法地，地法天，天法道，道法自然。"那么有天命的老师更是要敬畏，而有天命的老师就是代天宣讲真理，让人能够破迷开悟的老师，犹如一盏为众生照亮前路的明灯。他是真理的化身，他是大道的代言者，他是灵魂的工程师，所以他的警世之言，不可不听，不可不畏。而若视为耳边风，则稍有疏忽，随欲而流，就有可能万劫不复，永失真道。

　　"非孝者无亲。"父母是我们的根，连根都忘了、断了，那这人还能在世间存活多久？人根断，天根裂，岂有不受苦之理？！

孝 经

广要道章　第十二

【原文】

子曰："教民亲爱，莫善于孝①。教民礼顺，莫善于悌②。移风易俗③，莫善于乐④。安上治民，莫善于礼⑤。礼者，敬而已矣。故敬其父，则子悦；敬其兄，则弟悦；敬其君，则臣悦；敬一人⑥，而千万人⑦悦。所敬者寡，而悦者众。此之谓要道矣。"

【注释】

①"教民亲爱"二句：孔子认为，孝道就是热爱自己双亲，由此进而推及热爱别人的双亲，人民之间就能亲爱和睦。

②"教民礼顺"二句：悌，就是敬重并服从自己的兄长，由此进而推及敬重并服从所有的长上，人民之间就能有礼、讲理。

③移风易俗：改变旧的、不良的风俗习惯，树立新的、合乎礼教的风俗习惯。

④莫善于乐：儒家学者认为，音乐生于人情人性，通于伦理道德，因此，君王可以利用音乐，转移风气，引导人民接受新的风俗习惯。

⑤莫善于礼：儒家学者认为，礼的作用是"正君臣父子之别，明男女长幼之序"，即维护社会固有的秩序和等级制度。

⑥一人：指父、兄、君，即受敬之人。

⑦千万人：指子、弟、臣。千万，只是举其大数而已。

## 【译文】

孔子说："教育人民和睦相处，彼此相亲相爱，再没有比孝道更好的了；教育人民讲礼貌，知顺从，互相尊重，再没有比悌道更好的了；要想改变民情风俗，树立新风，再没有比音乐更好的了；想要治理好国家，让社会安定，百姓佩服，再没有比礼教更好的了。

所谓礼教，归根结底就是一个"敬"字而已。因此，有人尊敬他的父亲，儿子就会高兴；有人尊敬他的哥哥，弟弟就会高兴；有人尊敬他的君王，臣子就会高兴。

我们尊敬一个人，而千千万万的人感到喜悦。我们用诚心去尊敬少数的人，却能使许许多多的人感到高兴。这就是悦民治国最要紧、最重要的道理。"

## 【妙解】

用孝道这个至德要道，广泛来教化大众，使大众能够良善。朱子曰：人无伦理以外之伦，学无伦理以外之学。人伦常理，亲爱礼顺。

五伦是维系人与人之间和平相处，亲近友爱的枢纽。它能表现出人类固有的先天性德，称之为五常。父子有亲，是孝道的体现，在家庭中父为天，母为地，故儿女要敬天爱地，从而便有了礼的存在。孝顺自己父母的人，必有一颗仁慈之心，他对于其他人的父母必会去仁爱慈悲地对待，而这正是孝道的体现，在家庭中便会有上下长幼前后之分，礼便由此而来。因有了礼，在人事物的交往中自然有节有度，和顺不失。

故与人相处之法，尽在人伦之中；世间学问之道，尽在常理之内。人

如果只求好高骛远，不着边际地追求所谓的理想主义，只会换得人去楼空、烟消云散，终究只是竹篮打水一场空而已。所以首先要把基石打好，有了稳固的基石，才能走向更远的目标，故应重本轻末。

《弟子规》云："兄弟睦，孝在中。"可见，悌道是维系家庭和谐的重要纽带，是孝道的延续，是孝道的体现，是孝道的圆满。

人类平辈之间，论至亲者非兄弟姐妹莫属。兄弟本是同根生，姐妹原是连理枝，故要彼此和睦，相互爱悦，相互扶持。兄弟姐妹虽是单独之个体，但却是同胞骨肉，血浓于水。兄友弟恭，长幼有序，手足情深，骨肉相亲，故不可分离。

然而，纵观古今，手足相残之事屡屡发生。兄弟为了争权夺利，反目成仇；为了继承遗产，断绝往来。大有违背人伦之悌道。今日特大声疾呼，重整纲常伦理，促进家庭和谐与幸福，维系社会安宁与繁荣，其意义非常深远。

《孝经》曰："不敬其亲而敬他人者谓之背礼"，《弟子规》云："兄道友，弟道恭。"林则徐说："兄弟不和，交友无益。"一个人如果在家难以和兄弟姐妹相处，到社会上也难以和周围人及单位同事相处。难以建立和谐的人际关系，人生路上也很难有贵人相助，那事业也很难成就。我们的老祖宗很有智慧，创立文字时赋予了很深的含义，文以载道。

"悌"这个字左边是一个"心"字，人用天心来做人，才能行好悌道，才能充分体现情义、道义、恩义；"弟"，又有次第的意思，也就是长幼有序。即弟对哥要有恭敬之心，哥哥要对弟弟有体恤之情。

兄弟如同手足，手足之情深似海。当享受荣誉感受温暖的时候，让给了弟弟；当抵御寒冷迎接挑战的时候，有哥哥的保护。兄弟有福可能不必同享，但有难必定同当，兄弟简单两个字却承载了太多的感情！兄弟之间莫轻言放弃，毋以小嫌疏至亲，毋以新怨忘旧恩。

孔子有一个学生叫司马牛，他的哥哥是个作乱犯上的罪臣，所以他感伤地说："别人都有兄弟，唯独我没有。"他的同学子夏劝他："一个至诚无欺的君子是丝毫不敢有半点闪失的，对他人恭敬有礼，那么天下的人都会把他当作兄弟来看待，所以一个有德行的君子，又何愁没有兄弟呢？"

由此可见我们都是一家人，尽管肤色不同、种族不同、国度不同、生养父母不同，但是我们这颗善良的心都是相同的。我们都是上帝的子民、大自然的儿女，所谓一母之子啊！所以，我们是同命运、共呼吸、并存亡的。

羊祜，晋朝南城人，祖先世代为官，到羊祜为第九世，历代都以清廉德行闻称于世。

晋要攻灭孙吴，命羊祜都督荆州，镇守南厦襄阳。羊祜以德怀柔远近，深得江汉民心。部署将帅有人提议用欺诈计策取胜吴国，羊祜便以醇酒灌他饮醉，使他不能在会议时陈说。羊祜在军中常穿便服，身不披甲胄。与吴将陆抗两军对峙，更加勤修德政，对吴人开诚布信，广招吴人归附，来降者想要离去，昔皆听便。

有一次行军吴国境地，割稻谷充军粮，命计算价值，送绢布偿还所欠。

吴将陆抗曾经害病，羊祜赠他医药，陆抗毫无疑心，把药服下，左右劝谏不可服，陆抗说："世间哪会有毒人的羊叔子呢？"陆抗常对部下说："羊祜专修仁德，我乃专行暴力，这样下去，不用兵战，人性自然都会归附对方了。"

羊祜五十八岁去世，南州人听说羊祜去世，莫不哀号痛哭，停止营业，街头巷尾哭声相接，孙吴守边将士也为之哭泣，羊祜一生仁德感召人心，竟有如此深厚。襄阳百姓在襄阳县南岘山，竖立石碑，逢年过节祭祀不断，来往人士，望见石碑，莫不思念流泪，因此名叫"堕泪碑"。

《诗经》云："骨肉绿枝叶，结交亦相因。四海皆兄弟，谁为行路人？况吾连枝树，与子同一身。"

修女特蕾莎，这是一个在印度甚至在世界都让人尊敬的名字。1979年获诺贝尔和平奖，被称为是最没有争议的得奖者。

颁奖时，她没有什么豪言壮语，只是淡淡地说道："这项殊荣，我个人不配领受，但我来了，是代替世上所有的穷人、病人及苦难的人来领奖的。"

她曾是一位生活在高墙中的修女。一次偶然接触到高墙外的悲惨世界：有些孩子终身没有住过房子，没有喝过自来水；有的人因为交不起药费，而眼睁睁地看着家人病死；有的人因付不起八卢比的房租，而被赶出家门，死在大雨之中。特蕾莎从那一刻起就下决心"为穷人中的穷人服务"。

她单枪匹马走入贫民窟，勇敢地将世人的悲惨命运背在自己身上。她为那些等待死亡的老人、孩子寻医问药，并为他们找到栖身之所。曾经在一天之内，就安顿了三十多个最贫困痛苦的人。其中有个老人，在搬来的当天傍晚即断了气，临终前，他拉着德蕾莎的手，用孟加拉语低声地说："我一生活得像条狗，而我现在死得像个人，谢谢了。"

南斯拉夫爆发科索沃内战，特蕾莎修女决心营救那些被困在战区当中无法逃出的妇女和儿童，当时伟大的特蕾莎在战区有很高的威信。在特蕾莎修女的大爱感召之下，双方竟然无条件地接受停火。当这位仁爱的天使把一些可怜的女人跟小孩带出以后，两边又打了起来。

联合国秘书长安南听到这则消息叹了口气说："这件事连我也做不到。"1997年9月5日，特蕾莎修女在印度加尔各答去世，享年87岁。她把一生奉献给基督，她的博爱精神永远留了下来。她留下了4000个修会的修女，超过10万以上的义工，还有在123个国家中的610个慈善工作。

特蕾莎出殡那天，她的遗体被12个印度人抬起来，身上盖的是印度的国旗，印度为她举行国葬。就在特蕾莎的遗体被抬起来时，在场的印度人全部跪了下来，包括印度总理在内。特蕾莎将世人都当作自己的亲人，真正做到了"四海之内皆兄弟"。这位穷人中的圣人，将激励着人们奉献出心中的爱。

可以说兄弟相处和睦，父母最开心，因为手心手背都是自己的心头肉。做到"事诸兄，如事兄"，大道母亲最欣慰，因为你做到了"同体大悲，无缘大慈"。

圣人都是如此，孔子周游列国，把真理传遍天下，从根本上解决人类的愚昧，拯救苦难的灵魂，使人人觉悟、解脱。他的仁爱洒满了世界，他的德行能够与天地同参，日月同光，用圣德感召世人，万古流芳。

所以，无论是生母，还是道母，只要孝悌做圆满了，都会让长辈开心快乐的，这才是大孝子的所作所为。

移风易俗，莫善于乐，陶冶情操，净化心灵。

然而遗憾的是《乐经》如今已经失传，音乐的发展在某种程度上反映出了当时社会的现状以及人民的心态品质。最初的韶乐，自然之音，使听者感到身心愉悦，陶冶情操，所以那个年代社会和乐融融，人民安居乐业，民心淳朴善良。而后出现了武乐，清馨雅乐淡去取而代之的是激昂振奋之雄音，激发了人们的斗志，热血沸腾，而社会也是动荡不安，战争四起。如今的音乐，有很多是靡靡之音，乱人心智，使人沉沦，这样的音乐诱导人民情绪黯然、忧郁抑或是狂躁不安，从而使得社会伦理颠倒，歪风邪气盛行。可见，乐可以催人向上，积极进取；也可以拉人向下，萎靡不振。故择乐不可不慎。

一则真实报道，德国有一对小孩，小女孩8岁，小男孩7岁，要一起私奔到非洲结婚，还请了他们6岁的妹妹当证婚人。他们趁着父母熟睡的时候跑出来，来到火车站被工作人员发现，这么小的孩子没有家长陪同，觉有蹊跷，一问之下，才知是要私奔。事后，工作人员还曾这样描述：他们两个还挺恩爱的！

听起来像个笑话，可仔细感悟却不禁感叹，如今，大街小巷都在放着

情歌，一个幼儿园的孩子每天唱《爱上一个不回家的人》，有的歌中写道："10个男人，7个傻，8个呆，9个坏……"听了这样歌的孩子还能对父亲有恭敬之心吗？可见，音乐对于孩子的影响是潜移默化的，不得不引起重视。

日本的江本胜博士所著《水知道答案》一书一经问世，震惊世界。水知道什么答案呢？水知道生命的答案。江本胜博士通过千百万次的实验，将相同的两杯水，进行不同的处理后（贴不同的标签，说不同的话，听不同的音乐，等等），再在相同的环境下观察它们的结晶。

博士做了很多的实验，他出的书里面有很多这样的对比图片。对着水说讨厌之类的话，水呈现杂乱无章的形状。在同样的温度，同样的环境，同样的地方的水，对水说爱和感恩，水呈现出漂亮的等边六角形形状。

当他给水听不同的音乐，水呈现出来的形状也不同，水听重金属摇滚乐，会呈现出非常丑陋不成形的图案。那么给水听明快清爽的曲子，水呈现的结晶非常漂亮、规则。我们成人人体水的含量高达百分之七十以上，小朋友身体里含的水分达到百分之七十八左右。

所以优美的音乐会使得我们身体里的水也能结出优美的结晶，也就是保持饱满、健康的状态，这样我们的心情会愉悦，身体也会健康，同时潜移默化间就会被这样优美的曲子所感化，从而变得温和、和善，心顺自然一切皆顺。

传统文化论坛老师靳雅佳老师就是通过这样的善音雅乐唤醒了无数人的良知，所闻者，无不受其感染，被其教化，可见音乐对于陶冶人的情操、舒缓人的心情、唤醒人的良知有着奇特的功效。

科学家证实音乐具有很多让人意想不到的功能，其中音乐可以胎教；音乐可以使植物生长得更加的茂盛；音乐可以使牛产奶量增加；音乐可以使母鸡下更多的蛋，等等，音乐的功能可谓包罗万象。音乐为何有如此令人惊奇的功能呢？原来世上万物都有见闻觉知。

所谓音起乐生，人心使然。《礼记·乐记》云："凡音之起，由人心生也；乐者，音之所由生也。"社会的风尚与人民的习气，皆在人心之中。对于外在的人事物，每个人有其不同的感受。比如下雨，开心的人认为雨露滋润大地，起的音是感恩；伤心的人会认为屋漏偏遭连夜雨，心里生出的是抱怨，而这都是人心的妄动而已。

《礼记·乐记》中提到，音乐一种是"治世之音"，"治世之音安以乐，其政和。"这样的音乐可以让人心安定、祥和，社会也会和谐。"乱世之音怨以怒，其政乖。"带有怨气、怒气使人听过之后憎恨心起，这样的音乐就会导致政治混乱。"亡国之音哀以思，其民困。"音乐中带有哀愁、痛苦，勾起人们累世的情欲，这样的歌曲使人民意志消亡，国家显灭亡之相也。

音乐对人的影响潜移默化，不知不觉中就影响了人们的价值观、世界观、人生观，靡靡之音听得多了，负能量积攒得多了，本性迷失得更深，业障也会越来越重，想要出离苦海，解脱生死就越难了。

所以通过孝道唤醒良知，常听善乐清净身心，每个人的良知本性恢复了，自然不会做天下之大不韪之事，则民顺而国昌。

子谓《韶》："尽美矣，又尽善也。"谓《武》："尽美矣，未尽善也。"一个国家的民风民俗是人民的品德与习气所致，而这是人心所向。如果人人和睦亲爱，则世界大同之风必会盛起。《礼记·乐记》云："凡音者，生于人心者；乐者，通伦理者。"礼乐一体，各形其色。

礼崩乐坏，斯文扫地。斯时也，正值末法之年，人心不古，世风颓坏，又兼欧风美雨东来，崇尚科学，先王之纲常扫地，圣人之礼教废弛。从而导致戾气弥漫，阴阳乖舛，变乱相寻，灾劫丛生，遂致酿成空前未有之浩劫。所谓"人心正，天心顺；人心邪，遭孽报。"岂是虚言，怎不慎乎?!

孟子说，鹦鹉虽能说话终究还是鸟，猩猩虽能说话终究还是走兽，人

如果无礼，虽能说话，不也和禽兽差不多吗？

盖闻先王之道，以正心修身为本，圣人之教，以礼门义路为先。礼义以为纪，以正君臣以笃父子，以睦兄弟，以和夫妇，以议制度。故述圣有云："明乎郊社之礼，禘尝之义，治国其如示诸掌乎！"

迪拜有一位年轻女子不慎落水，当时有救生员要下去营救，没想到被父亲严厉拒绝了。并且说："我的女儿是天使，是玉女，宁可死也不让男人碰一下。"最后虽然这位女子保全了所谓的"名节"，遗憾的是，父亲把心爱的女儿送上了天堂。这一事件引起了全世界哗然与谴责，尽管后来父亲被警察带走，但已经于事无补。

可惜他没有学习中国传统文化，孟子曾说："小叔子抓住嫂嫂的手，禽兽不如。"但又补充说明："如果嫂嫂掉进水里，小叔不去抓嫂嫂手，也等于禽兽不如。"假如这位固执的父亲，学了这段圣人的教诲，对"礼"有了深刻认识，试问这样的悲剧还会上演吗？！不妨我们再来看看孔老夫子如何把礼拿捏得非常到位。

子入大庙，每事问。或曰："孰谓鄹人之子知礼乎？入大庙每事问。"子闻之曰："是礼也！"

周公死后，鲁室自然必须四时祭享。传至地十八君鲁文公十三年（公元前六一四年）时，更称周公庙为大庙。大概是鲁昭公二十六七年间吧，鲁国即将照常举行大庙的祭典，但由于对礼有研究的人越来越少，而且更坦白地说，历年的主祭官又因病不能主持祭典，必须临时请一位精通礼乐的人来代理。

大庙的祭典，是鲁国最盛大的祭典，因而它的仪式也繁杂无比。主祭官的人选非常不易，若是不精通礼乐的人，连助祭的工作都无法胜任。在经过多方面的商议后，才选中了孔子。孔子这时虽然只有三十六七岁，但门下已有许多弟子。他儿时嬉戏，就经常陈设俎豆之类的乐器，学着大人行礼；十五岁立定经世济民的志向以后，始终锲而不舍地追求能够超越时代，汇通古今学问；到了三十岁就卓然有成，目前他的学术和德业，早已远近闻名。

尤其在礼这方面的造诣，据推荐他的人说："孔子是举世无匹的礼学权威。"如此一来，各方面对他的期望都很高，可说已成为大家瞩目的人物。但因为他年纪还轻，有一部分人在心理上对他的声望难免抱有几分怀疑，特别是长久在大庙任职的祭官。由于嫉妒心理的驱使，早已传出许多不信任孔子的闲话。不久，祭典的筹备工作开始了。

这是孔子有生以来第一次进大庙。在到职这一天，不论是对他抱着好感，或怀有嫉妒心的祭官，每一个人时时刻刻都在注意这位新上任的主祭一举一动。然而，出人意料的是，孔子一进大庙，却立即向各部门的祭官们，请教每一种祭器的名称和用途，并且向他们询问每一种祭器的用法，和行礼时各种坐立进退揖让等细节，整天的时间，孔子完全花费在"打破砂锅问到底"上了。大庙里上上下下每一个人，无不感惊讶。

"多么差劲啊！像他这般样样都要问才知道，岂不等于叫来一个不懂事的小孩吗？可见社会上的传言，是靠不住的。"

"哼！我早就料想他无非是个骗子。连做官的本事都还没有，就敢招收弟子，摆起学者的样子来，我早知道这种人没什么了不起。"

"对！你说得很对。就拿我们这些常年任职大庙的祭官来说，也未必能记住那么繁杂的仪式。那个年轻的土包子，怎能轻易学得来呢？"

"这种事情，上方早应看出来才对……"

"上方竟然会有这么糊涂，真叫人失望。"

"到时候，总有糊涂的苦头好受。不过，这次绝不会有我们的责任。因为任何差错失误都不关我们的事啊！"

"那当然的。可是他的大胆真让人吃惊。他是否正经地做这件事呢？那只有他自己清楚。不过，他的确是厚脸皮的人，不然为什么连那些再简单不过的事物，也都敢问东问西的，一点都不觉得羞耻。岂止没有羞耻

心？从他的表情看，简直认为这样是很对的呢！他那么认真地来请教我们，我们就不好意思讥笑他了。不但不好意思笑他，而且还把所知道的全部教给他。"

"真是糟糕！就是嘛！大家都倒霉，教他的人，反而都做他的下属，受他的指挥。对了！这就是老了没有用啊！"

"不知是谁把那小子老远地从鄹县那乡下带出来呢？竟敢到处造谣说他是礼乐的权威！真是开玩笑！"

"反正事情已经到了这种地步，多说也没有用。还是赶快向这位礼乐权威请教新花样，找个机会好升官吧。"

"嗯，对！有理！这样不是更聪明吗？哈哈……"

在孔子背后，到处都可以听到这些失望、嘲笑或愤慨、刻薄之类的批评。不知孔子是否已有发觉？不过，很明显的，这天孔子把所有的事物都询问清楚以后，就恭敬地一一向这些祭官致谢，然后退出大庙，倒一点也看不出孔子有何不愉快之处。

这时候，孔子的推荐人首先坐立不安了。他所以推荐孔子，完全是相信孔子在社会上的声望以及孔子弟子的话。他一听到大庙里传出来的这些话，信心一下子就动摇，但又不好意思直接告知孔子该怎么办。于是，他马上去找子路。因为孔子门下能够坦白商量的，想来想去只有子路最适当了。

子路一听他说完，便放声大笑说："请放心好了，绝对不会给你带来什么麻烦。……可是，老师也未免太过分了，怎么可以这样儿戏般地做作，使大家都疑惑不解啊！……那么我陪你一块去老师家，我也有点儿不满，我要坦白地报告老师，听听他的意见！这样您也可以放心了。"

说好，他俩马上去拜访孔子。

一见孔子，子路几乎忘记了揖让，他匆忙地道出来意后，诘问似地大声说："我真不了解老师那一套，老师不是应该趁这个机会，堂堂地表现一番您的才识吗？相反地，您为什么要故意做出被嘲笑为乡下人或小子的那些举动呢？为什么老师故意要让他们抓到借口来打击您呢？"

"表现我的才华？"听完，孔子毫不动容，反而倒过来问子路。

"是啊！就是老师那高深的学问。"子路说。

"当然那也是礼。但若有不合于坐立进退的规矩存在，礼就不能完全确立。你可知道礼的精神是什么吗？"孔子问。

"老师教我们是……是敬。"

"对呀。先要存敬，才能中节。那么你是说我今天忘了敬，是不是？"

子路的舌根，好像突然打了结似地，讷讷不能成语。

孔子立刻接下说："一旦受命主持大庙的祭典，事事本来就应该恭恭敬敬。我因为不愿意对前辈缺少敬意，并且希望了解前人所有的方法，所以非向他们请教一番不可。连你也不能了解这一点，我这是做梦都想不到。但是……"

孔子不愿说得太明白，以免一旁推荐他的人难堪。其实除了上述原因外，主要是他一向不满贵族阶级奢侈违礼，败坏了天下的正道。如今他既然有这个机会主持大庙的祭典，自然不能有辱平时的主张，任由那些不合于礼的规矩存在。他所以花了整天时间来请教那些祭官们，是希望有关方面能在他着手改正之前，心里先有所检讨。然而，子路却这样鲁莽。他只好先闭目片刻，然后才继续说："我平常讲的学问，是什么学问呢？"

"就是今天的礼吧？"

"是吗？我从来没像今天这样全神贯注到礼给大家看吧。"

"那么，老师在大庙里，每一件事物都要请教周围的人，这是谣言吗？"

"不！不是谣言！我确实每一件事物都向他们请教。"

"我不知道老师是什么用意？"

"子路，你认为礼是什么呢？"

"就是……就是老师平常向我们讲过的……坐立进退揖让的规矩。难道不是吗?"

"当然没错,但礼必须先确立它的精神,过于和不及都是不合于礼的,都会使人失去做人做事的准绳。其实,我也有应该反省的地方。照说,礼是使人始于敬,终于和的。但是,我今天请教过各位祭官后,竟反而伤了他们的感情,使他们产生不悦。这一定是我言行当中,还是有什么不合于礼的地方吧。我是应该在这一方面好好反省才对。"

子路不禁越来越感不安。孔子的推荐人,原来一进门就一直不很自在地听他们师生两人对话,到了这时,他终于慌慌张张地站起来,满脸羞愧地告辞了。从以上故事情节中,发现孔子真不愧是礼之大家,至少有五种美德表现出来:

1. 见鲁礼不合古制,以问代谏,是其智之德。

2. 每事问,以敬老尊贤,是敬之德。

3. 以能问于不能,以贤问之愚,不以问人耻。谦德。

4. 有人疑其不知礼,亦不愠怒,是忍之德。

5. 能以大德自隐,不欲夸示于人,是让之德。

礼之妙用,以和为贵。上位者,安心;下位者,忠心。上下一心,此为和。中位,人人皆有上下。上位者放心把重担交给他,下位者愿意虔诚追随他。《易经·谦卦》:"劳谦君子,万民服也。"人民拥护爱戴他,则人心齐,王道正,故上下相亲也,因有礼者,故尊重贵贱礼仪有序。《礼记·乐记》云:"乐者为同,礼者为异;同则相亲,异则相敬。"

"所敬者寡,而悦者众",受人尊敬的人虽然少,但是却能使千千万万的人高兴。父亲受到尊敬,子女心中会感到欣喜;领导受到尊重,部下也会因此喜悦;老师受到尊敬,作为徒弟也会心中欢喜。当我们内心的小我变成大我时,则会自然流露出敬天之心,而所谓的敬天也非表相上的天空,也不是所说的老天爷,而是自己内心的良心本性。敬重之心升起时,则内心充满了法喜与禅悦。

主敬存诚，明理治理。

礼主敬，敬主。诚者，不欺己，不欺人，不欺天。他能对待一切的人事物都会用一颗诚心，这样自然会起一颗恭敬之心。因为你对他坦诚相待，一颗真心毫无保留地奉献，对他不敢有丝毫的虚妄之心，知道我佛众生三无差别。这无上的敬就体现出来了。

世俗诚者，非至诚也，只是人心妄动而已，与人相交时，遇到利害冲突，这个诚是守不住的；明理之至诚者则不然，天心本性流露，无二无别之心，虽然礼节有度，可真心一样。真正的明理有礼之人，才可做到无不敬，才能使"安民哉"。

礼者，理也，履也。做人第一步要开悟明理，终极目标要恢复良知良能。故曾子曰："慎终追远，民德归厚矣。"

内圣复礼，外王要道。圣人教民，从其本性而有事，故以孝悌教之，孝悌也者，是由内心回归本圣之功，而非外在做作。是由人的良心中体现的。民之亲爱与礼顺，在孝悌之中，也在本性之中，此之为内圣复礼。

子曰："一日克己复礼，天下归仁焉。"礼乐之根本，是其心，其心变，则礼崩乐坏，想要真正地使世界大同，就要让人人都恢复本来古朴之心。而这至要之道，就是使天下人都明明德，最终止于至善。

仁义为本，慎终若始。

《礼记·人》云："仁以爱之，义以正之"。仁为体，义以用，依仁而显义。《大学》云："物有本末，事有终始，知所先后，则近道矣。"

孟子曰："离娄之明，公输子之巧，不以规矩，不能成方圆。"礼节虽是束缚，却也是雕塑，虽是约束自己，但也是维护自己，也是造就每一个人的生命成就，所以一定要遵守。

# 孝 经

## 广至德章　第十三

【原文】

子曰："君子之教以孝也，非家至而日见之<sup>①</sup>也。教以孝，所以敬天下之为人父者也<sup>②</sup>。教以悌，所以敬天下之为人兄者也。教以臣，所以敬天下之为人君者也<sup>③</sup>。《诗》云：'恺悌君子，民之父母<sup>④</sup>。'非至德，其孰<sup>⑤</sup>能顺民，如此其大者乎<sup>⑥</sup>！"

【注释】

①家至：到家，即挨家挨户地走到。日见之：天天见面，指当面教人行孝。郑注："非门到户至而见之。"

②"教以孝"二句：君子以身作则行孝悌之道，为天下做人子的做了表率，使他们都知道敬重父兄。

③"教以臣"二句：孔传说是天子在祭祀时，对"皇尸"行臣子之礼。皇，即先王。尸，是祭祀时由活人扮饰的受祭的对象。天子通过祭祀行礼，做出尊敬君长、当好人臣的榜样。

④"恺悌"二句：语出《诗经·大雅·洞酌》。据说原诗是西周召康公为劝

勉成王而作。恺悌，和乐安详，平易近人。

⑤孰：谁。

⑥如此其大者乎：本章在引《诗》句后，又有一句概括性的结语，刘炫《孝经述议》说："余章引《诗》，《诗》居章末，此于《诗》下复有此经者，《诗》美民之父母，以证君之能教耳，不得证至德之大。故进《诗》于上，别起叹辞，所以异于余章也。"

## 【译文】

孔子认为君子之教民行孝，乃以启发人的本性为王，无须挨家挨户地去教。所以孔子说："有道德的君子，要去教化百姓，是以孝为立教基础，是用自己行孝道的表现来感化百姓（以身作则），并非天天到人家的家里去阐释、蛰伏教的，此乃顺天心、应民心，顺应自然的教化，不是用勉强的。

君子教民行孝道，是为了要尊敬天下为人父母者。君子自己先行孝道，以身作则，作为百姓的标杆模范，来感化百姓，教天下为人子女的，人人都能知道行孝道，都能尊敬他们的父亲，这是尊敬天下所有为人父母的。

君子用自己的悌道，教天下为人弟弟的，都能知道恭敬他的哥哥，这就是尊敬天下所有的兄长。

君子教民行君臣之道，是用自己能尊敬君王的道理来教天下为人臣的，都能知道尽忠侍奉他的君王，这就是教天下人都能尊敬君王的道理。

这些道理都是推己及人，君子本身能尽孝、尽悌、尽忠，以此来感动天下的人，大家起而效仿之，使天下的人都能尽孝、尽悌、尽忠。因为发自内心的恭敬是人的天性，一经感动便发现出来，故若能顺天心以教民，便能达到恭敬的目的。

《诗经·大雅·洞酌》说：'和乐慈祥的君子，报以孝、悌、忠，真不愧为人民的父母。'要不是有至高的道和德行，哪能顺心化民而有这么大的效能呢？"

## 【妙解】

本章中提到一词"君子"，何为君子呢？君子乃有学问有修养之人，

147

然究其实质，却有细微之别。

一、名相的君子。一种是徒有虚名，执著在名相上，只做表面功夫，但是却没有将其内化成德。可以在众人面前夸夸其谈，但是到了自己身上却无法超越。比如孝顺父母上只懂理论而力行欠缺，所以智慧不够，境界不高，所讲述的理论也很难打动人心。而另一种独善其身，所谓行有不得反求诸己，独修独行，寻求自我解脱而无慈悲度众之心，自觉圆满者。

二、进德的君子：道不可说，道无形无相，依道而行德。天子以身示道，臣民才有所效仿，所以有道有德的君子要去教化百姓，是以孝做立教的基础，并非天天到别人家去阐释，所以君子之教民行孝，乃以启发人的本性良心为主，此乃顺天心说民意自然的教化，所以君子要以身作则，顺性而启发，身教胜于言教。如此一来进德修业的君子如小德之川流，影响一方，觉醒生命。

三、成德的君子：德从何而来？是道生发的。道德一如，道是体，德是用，依道行德，依德显道。"至德"者，德行圆满也。"与日月合其明，与四时合其序，与鬼神合其吉凶。"

诗云："'恺悌君子，民之父母。'非至德，其孰能顺民，如此其大者乎？"和乐慈祥的君子，报以孝悌忠信，真不愧为人民的父母，要不是有至高的道和至高的德，怎能顺亲化民有如此之大的效果呢？所以，这里的顺亲化民已经达到了化性的境界，此乃成道的君子，功不可没。大德敦化，心性圆满。正所谓"苟无至德至道不凝焉"，所以至高的道和至大的德是成道的君子顺心化民的结果。用至德来体现至道，彰显至道的究竟圆满。

所以成道的君子内心有道，外行有德，因而人民尊其有道，敬其有德。即使是质朴的语言和简朴的着装，一样可以深入人心，令人民争相学习和效仿。如此一来，以道行德，以顺天下，民用和睦，上下无怨，世界大同，天下一家，万众一心。

　　后汉人薛包，为人敦厚，事亲至孝。不幸母亲早年去世，父亲再娶后妻，后母心怀偏私，不愿与薛包同住，要他迁出，薛包伤心痛哭，不忍离去，以至遭受父母杖打，薛包不得已于是只好顺从父母心意，在屋外搭茅屋独居，每天早晨照常入内洒扫。父亲愤怒未消，又驱逐他，于是薛包就到里门另搭茅屋居住，心中毫无嫌怨，每天早晨仍然回家请安，夜晚为父母安铺床席，倍加谨慎孝敬，委婉事奉，从不间断，希望能得父母欢心。

　　经过年余，父母惭愧，回心转意，于是让薛包回家居住，从此全家和乐相处，共享天伦之乐。

　　父母去世以后，其弟要求分割财产，各自生活，薛包劝止不了，便将家产平分，年老奴婢都归自己，他说："年老奴婢和我共事年久，你不能使唤。"田园庐舍荒凉顿废的，分给自己，说道："这是我少年时代所经营整理的，心中系念不舍。"衣服家具，自己挑拣破旧的，并说："这些是我平素穿着食用过的，比较适合我的身口。"兄弟分居以后，其弟不善经营，生活又奢侈浪费，数次将财产耗费破败。薛包关切开导，又屡次分自己所有，济助其弟。薛包如此孝亲爱弟的德行，早已传遍远近，后来被荐举任用为侍中，为人主亲信官职。

　　直到薛包年老因病不起，皇上下诏赐准告老辞归，更受尊礼，享年八十余岁，善终。

　　而孝悌的最终圆满就是人性回归大道。真正的孝，是自己不违背良心，依道行德，同时让父母也能明理实修，而度父母回天堂。以此之心，从小爱变大爱，从小家到大家，致使孝天下父母成圣贤。

孝　经

# 广扬名章　第十四

**【原文】**

　　子曰："君子之事亲孝，故忠可移于君①；事兄悌，故顺可移于长②；居家理，故治可移于官③。是以行成于内④，而名立于后世⑤矣。"

**【注释】**

　　①"君子"二句：这是儒家学者"移孝作忠"的理论。孔传："能孝于亲，则必能忠于君矣。求忠臣必于孝子之门也。"

　　②"事兄"二句：孔传："善事其兄，则必能顺于长也。忠出于孝，顺出于弟。"

　　③"居家"二句：指家务、家政管理得好，就能把管理家政的经验移于做官，管理好国政。孔传："君子之于人……内察其治家，所以知其治官。"

　　④行：指孝、悌、善于理家三种优良的品行。内：家内。

　　⑤名立于后世：由于在家内养成了美好的品德，在外必能成为忠臣，成为驯顺可靠的部下，成为善于治理一方的行政官员，因而，就能扬名于后世。立，树

立，这里指名声长远地流传。

## 【译文】

孔子说："这孝道本是家庭中的事，怎么能扬名于后世呢？因为有道德的君子侍奉父母能尽孝道，因此能够将对父母的孝心，移作侍奉君王的忠心；奉事兄长知道服从，因此能够将对兄长的服从，移作奉事官长的顺从；管理家政有条有理，因此能够把理家的经验移于做官，用于办理公务。所以，事亲孝，事兄悌，在家中养成了孝悌忠信美好的品行道德，在外自然也能移忠于君，移顺于长，移治于官，如此明德、亲民，而后达于至善，人道尽，天道成，必然会有美好的名声流传百世，永远享受世人之崇敬。"

## 【妙解】

在家孝顺父母，出外就能忠君爱国；在家友爱兄弟，出外就能奉事师长；在家夫妻和睦，出外就能治企理国。

我们相信，一个人能与父母和睦相处，结婚后就能与公公婆婆和睦相处；我们相信，一个人能与兄弟姐妹和睦相处，到社会便能跟同学朋友和睦相处；我们相信，一个人能与另一半和睦相处，走出家门就能与大家和睦相处，创业兴邦，不在话下。

所谓家和万事兴。新加坡李光耀总理，从小就酷爱国学，尤其是对《大学》更是情有独钟。

一次，他在部长扩大会议中，明确提出：谁要是离婚，就撤谁的职。

私下里，部长不解地问总理："当部长和离婚，到底有什么关系？凭什么离婚就要撤职？"总理义正词严地回答："当然有关系了，你想想，一个三口之家，你都给我摆不平。我把上万人的部门交给你，又怎么可能搞定呢？"的确，齐家对每个人来说太重要了。他就是根据孔老夫子的"修身、齐家、治国、平天下"的理念来治国的。

由此可见，夫妇之道是多么的重要啊！

家庭的组成，首先是从男女两性的结合而衍生出来的。国家又是由每个家庭所构成的，所以家庭和谐关系到国家的安定团结。可见，夫妇乃是人伦礼义中极其重要的环节。夫妇是家庭关系的纽带与桥梁。《易经》曰：一阴一阳谓之道。只有夫妇关系和谐了，才能谈得上其他。

中国是由四亿多个家庭组成的，如果每个家庭都和谐了，国家自然就太平了。所以家庭的和谐与否，对社会的安定与国家的文明有着极其重要而又深远的意义！那么我想问大家一个问题：这五伦是怎样产生的？是人为？还是自然？其实《易经》早已有了答案。

《易经》云：有天地然后有万物，有万物然后有男女，有男女然后有夫妇，有夫妇然后有父子，有父子然后有君臣，有君臣然后有上下。可见，夫妇是人类文明的起源。夫代表乾，以象天，妇代表坤，以象地。

所以圣人云："夫妇有别。"这个"别"，是夫妇和睦相处的一个关键字眼，夫妇是有区别的，可我们都忘记了自己的本位，离开了各自应尽的本分。这个"别"，是指夫妇是要用大智慧来相处的，《中庸》曰："君子之道，造端乎夫妇。"只有夫妇关系和谐了，才谈得上其他。然而有人感叹，描述夫妇关系为"阴阳大裂变"。

有位先生带妻子到医院看病，大夫在病历上写下四个大字：精神分裂。丈夫走出医院大门，感觉有点不对，心想"太太病成这样，怎么用四个字就打发我了。不行，回去找他理论去。"

大夫说："这位先生，难道你认为精神分裂病不严重吗？你想想看，天上臭氧层破裂了，有害光线辐射人类；地裂了，就会出现地震，要死很多人的；君臣出现分裂，就会天下大乱；夫妻分裂，就会家庭不和。"

的确，家庭分裂是个不祥之兆。我们从大家的日常谈话中，也可以反映出来。上古时人与人见面后第一句话就问："你见到它了吗？"这个"它"指的是毒虫猛兽，说明那时人们的生命经常受到威胁；中古时，见面后的问候语变成了："你见到他了吗?"这个"他"指士兵，说明社会动荡，战争不断；六七十年代，人们见面说的第一句话是："你吃了吗?"反映人们食不果腹的生活困境；如今，人们衣食无忧，生活水平提高，见面后问的第一句话竟然是："你离了吗?"这与如今离婚率居高不下，夫妻关系离道悖德大有关联。这样，不仅使得人伦荒废，给很多单亲家庭的孩子心灵上留下了无法弥补的创伤，更是破坏和谐社会的一大隐患！可见夫妇关系不能轻视，今天重新提出，具有深远的意义。

目前中国离婚率持续上升，当然离婚原因很多，比如有的为了金钱而分手；有的由于精神空虚而寻寻觅觅；有的因为感情不和，而不愿意继续下去；有的因为经济独立，而不想再受约束；有的因为婆媳不和，导致婚姻破裂；有的变了心，而另有所爱；更主要的原因是彼此内心两个小我搞对立、搞冲突、搞斗争，最后分道扬镳。

我们可曾记得，在婚礼的庆典上，亲朋好友为我们送上的最美好祝福：白头偕老，百年好合。然而真正能有始有终，从开始牵手走到最后，是非常不容易的。很多人以为结了婚，入了洞房就万事大吉了，其实，这一切才刚刚开始。我们都知道，企业不用心经营就会倒闭，同理，婚姻不用心经营也会破裂。婚姻意味着责任。成功地经营一桩婚姻，是一辈子的事情，也是我们一辈子的责任。常言道，相见容易，相处难，夫妻相处的学问很大。那么用什么方法，才能经营好这个家庭呢？夫妻又当如何相处，才能天长地久呢？接下来我们讲，幸福婚姻九大法则：

1. 真诚以待：诚不是一时的，息也并非停止，应该是永永远远。的确，穿一件衣简单，一辈子穿可不简单；爱一个人容易，一辈子爱可不容易。

诚信是做人的根本。夫妻之间过日子，一旦失去诚信，是很难把家庭维系好的。在生活中，夫妻吵架，很多都是因为互相不信任造成的。太太说丈夫，说话不算话，说不喝酒又喝了，说不打麻将又打了，说早点回家

又回晚了，更主要的是，外面有了小三，回家还虚情假意，装模作样。其实，人都很聪明，根本骗不了对方。

2. 真心相处：心真一切真，心假一切假。

过去路窄，没有高速公路，可夫妻的心是特别宽，用不着猜心思过生活；过去，没有电灯，但人心是明亮的，夫妻摸着心过日子，丈夫咳嗽两声，太太就知道着凉了，马上熬好姜汤。太太一捂肚子，丈夫就把暖水袋拿来，知道太太的老胃病犯了。因为彼此是真心相爱，对方的一举一动都了如指掌。现在却摸钞票、摸钻石过日子，因为人与人之间没有了真心，对另一半漠不关心。

我们还记得结婚时喝的交杯酒吗？这其中的意义很深，交杯酒代表夫妻要相互交心，不离不弃，同甘苦，共患难，所谓夫妻一条心，黄土变成金。

3. 真情付出：《易》之序卦曰：男女之道，不能无感也，故受之以咸。泽山咸卦，是讲男女之间感情的一个卦，泽代表少女，山代表少男，女上男下，感无不通，真情实感，纯真无邪。所以婚姻应建立在感情的基础上，没有感情的婚姻是不道德的。而如今的婚姻却背负了诸多的附加条件。

有一则笑话说蚊子的妈妈给儿子找对象，开始给他介绍了蜜蜂姐姐，儿子说："她每天四处乱飞，连个影子也见不到，我不喜欢。"妈妈说："人家好歹也是个空姐呢，薪水也高啊！"又说："要不就再给你介绍个蜘蛛妹妹。"儿子说："长得太丑，我不要。"妈妈说："哎呀！好歹她是个搞网络的，是IT精英呢！要不然就把蚂蚁小姐介绍给你吧！"儿子说："一天忙忙碌碌的，也赚不了很多钱，再说就是个搬运工。"妈妈着急了，"你这也不要，那也不行，究竟要找个什么样的？"儿子想想说："我喜欢苍蝇靓妹。"妈妈摇摇头："我坚决反对，再靓也是个掏大粪的！"

可见，如果选择对象的时候带有许多的附加条件，这些附加条件往往会影响婚姻的质量，为婚姻埋下定时炸弹。

4. 相敬如宾：夫妻之间更不能太随便，越爱对方，你越要尊敬他（她）。首先在称呼上要尊敬对方：男士们平时都怎么称呼自己的另一半呢？媳妇、领导、老婆、董事长、对象、孩子他妈？中国人在称呼上都有讲究，太太一词，出自周朝，太王的夫人太姜生了三位男圣人：泰伯、仲雍、季历。季历的夫人太任生了周文王。文王的夫人太姒生了武王、周公，这两位男圣人。三位女圣人，生了六位男圣人，她们谨守妇道，相夫教子，厚德载物，成为坤德典范。所以至此，太太成为女圣人的另一个代称，象征着尊贵与伟大。

女士们应该如何称呼自己的另一半呢？那口子、老汉、老头子、老公？过去宫廷中，称呼太监为公公，那老公不就是老太监吗？所以老公这个称呼，是对男士的极度不尊重。有没有叫丈夫的呢？建议女士以后称自己的另一半为大丈夫，因为丈夫代表自强不息，战胜自我的谦谦君子，是男士的榜样。而大丈夫则是圣人的另一个代称。你叫他什么，他将来当什么，称呼中蕴含着对未来的美好期待。除此之外，在日常言语、行为、态度上也要尊重对方。

5. 配合默契：一个成功男人背后都有一个贤德的女人，一个成功女人背后也有一个可靠的男人。配合是在正义的前提下，夫义妇顺，夫邪妇劝，如果丈夫去做坏事或者贪污公款，就不能互相配合，那就会双双掉入深渊。所以，每个人都能各尽其职，各安其位，各顺其道，彼此和睦相助，互相依靠，配合默契，家庭才能圆满幸福。

6. 彼此包容：一个不懂包容的人，将失去别人的尊重；一个一味纵容的人，将失去自己的尊严。夫妻相处不易，不要常常讲理，讲理会气死你，夫妻要讲情，讲情就互相疼爱，要懂得多欣赏对方的优点，多看对方的付出。别忘了，找别人的不是是辟地狱门，找自己的不是是开天堂路。一个手指指对方，四个手指指自己。

有一位号称"母老虎"的太太，让先生实在受不了，想找一位智者寻求答案。他听说苏格拉底是高人，于是去家拜访讨教。

正当他走到苏格拉底先生门口时，他听到他的夫人大发脾气，不仅如此还砸锅碎碗的，顿时他心拔凉拔凉的，心想，这下可完了，没想到苏格拉底先生比我更惨，他都这样了，我找他还有用吗？

正当他犹豫之际，苏格拉底先生出来了，问明来意，说道："这位老兄，你以为我怕她吗？我打不过她吗？其实我是心疼她，才没有与之计较。感恩她这么多年相夫教子，感谢她这些年的辛苦付出，感激她为我洗衣做饭，料理这一切。只要她开开心心，即使拿我当出气筒，我也心甘情愿。"这位找化解家庭危机秘方的人，被苏格拉底的这番话深深震撼了。

于是，他随苏格拉底先生进了家。平时，苏格拉底先生要出去散散步，没有这么快就回家的。因为夫妇在吵架时，只要一个人能认错或暂时离开一下，对方就会慢慢消气，其实谁也不愿意伤害谁，毕竟夫妻一场，常言道，一日夫妻百日恩嘛。妻子没想到他这么快就回来了，并且还带回一个陌生人，心里的火又升起了。

当苏格拉底先生与这位不速之客交谈得正起劲的时候，他的妻子气冲冲地跑进来，把苏格拉底大骂了一顿之后，又出外提来一桶水，猛地泼到苏格拉底身上。

在场的这位仁兄以为苏格拉底会怒斥妻子一顿，哪知苏格拉底摸了摸浑身湿透的衣服，风趣地说："我知道，打雷以后，必定会大雨倾盆的。"据说苏格拉底就是为了在他妻子烦死人的唠叨申诉声中净化自己的精神才与她结婚的。

的确，一位擅长马术的人总要挑烈马骑，骑惯了烈马，驾驭其他的马就不在话下。如果我们能忍受得了这样女人的话，恐怕天下就再也没有难于相处的人了。

7. 互相感恩：丈夫感恩岳父岳母大人生了如此贤惠的太太，太太感恩公公婆婆生了如此孝顺的丈夫。家庭关系中，最难相处的还是婆媳。据统计调查结果表明，婆媳关系不和睦是造成家庭不和谐的几大隐患之一，在现实生活中想要听到媳妇赞美婆婆恐怕有些困难，同样要听到婆婆夸奖媳妇的也不多见。到底婆媳关系如何相处得和睦呢？其实也很简单，就是婆婆把媳妇当成女儿看，媳妇把婆婆当成自己的母亲对待，这个家庭才可能和谐。

参加论坛后，一位妇女向老师提问："老师，孩子不听话，学习又不好，我该怎么办？"

"问题出在你身上。"老师一针见血地说，"你是不是一直活在抱怨当中？"

"是的。话又说回来，老公没本事，父母没能力，孩子没出息，自己没运气。您说我能不抱怨吗？"

"你要学会感恩。"老师开示她："感激伤害你的人，因为他磨炼了你的心志；感激欺骗你的人，因为他增长了你的见识；感激鞭打你的人，因为他消除了你的障碍；感激遗弃你的人，因为他教导了你应自立；感激绊倒你的人，因为他强化了你的能力；感激斥责你的人，因为他开发了你的智慧。"

"我鲜花插在牛粪上，我倒霉透顶了，还感恩他？"女子依然埋怨。

"鲜花没有牛粪能长好吗？！再说，'行有不得反求诸己'，常言道'梧桐山才能招来金凤凰'，如果你是柳树，也只能招来麻雀。记住，你若精彩，上天安排，你若花开，彩蝶自来。"这位夫人好像有点开窍，微笑着说："看来我真的要好好感恩他们了。"没想到在休息室里面坐的正是她的公公婆婆，老师向长辈道歉："老人家，不好意思，刚才把你儿子比喻成牛粪了，请原谅！"婆婆说："没事老师，只要鲜花好，我们都愿意做她的牛粪。"真是开明的老人啊！夫妻是缘，感恩才会天长地久；珍惜才能彼此拥有。欧阳修的《生查子》就说明这样一个道理：

去年元夜时，花市灯如昼。

月上柳梢头，人约黄昏后。

今年元夜时，月与灯依旧。

不见去年人，泪湿春衫袖。

8. 提高修养：夫有：匹夫、勇夫、大丈夫。那什么是匹夫、勇夫、大丈夫呢？匹夫是胸无大志的人。勇夫虽鲁莽勇敢，但是缺少智慧。大丈夫是克己复礼，勇猛精进，成就智仁勇三达德。当然我们都希望找一个大丈夫，不想找块"大豆腐"。作为大丈夫一定注重德性修养，不断提升智慧境界，而不看重外表的浮华与虚荣。所以老子说："大丈夫，处其厚不居其薄。"否则太太则会说："好德者不如好色者多。"妇有：弱妇、悍妇、贤妇。那什么是弱妇、悍妇、贤妇？弱妇：唯唯诺诺的，不独立自主，什么也做不了，到医院挂个号也不会挂，依赖性大；悍妇：非常厉害，伶牙俐齿，这种女人太强了，起初强的是不依不靠，到头来就是无依无靠。原本男人是天，女人为地，而如今，阴阳颠倒，男人做地，家庭不和；另外一种是贤妇，相夫教子，贤德淑良，厚德载物。当然我们希望找一个贤妻良母，没人想找一个母老虎。所以女子不修德性，丈夫则会说"唯小人与女子难养也"。

9. 齐家之道：《易经》之风火家人卦，是讲夫妇齐家之道的。风借火势，火借风势，风吹火旺，木火通天，显现出家和万事兴的发达之象。但前提是：利女贞。即女人要守妇道。象曰：家人，女正位乎内，男正位乎外。男女正，天地之大义也。天地定位。男主外，女主内。坤柔乾刚，刚柔并济；每个家庭都正了，国家自然就正了。每个国家都正了，天下自然就太平了。女人是人类生命之源，故要正本清源。闺阃乃圣贤所出之地，母教为天下太平之源。

第一种齐家是普通的齐家。儿女孝顺，夫妻恩爱，相互理解，彼此包容，和乐融融，享受天伦之乐。别小看普通的齐家，也需要有智慧。一位媳妇对公婆特别刻薄，往往是吃了上顿没下顿，公婆为此特别烦恼。公公请秀才朋友帮助解决烦恼，秀才说："清官难断家务事，不过，我试试看，先帮你们写副对联。"

上联——二、三、四、五
下联——六、七、八、九
横批——缺一少十（缺衣少食）

明眼人一看就是缺衣少食。果然媳妇看了此对联，很不好意思，于是改变了过去的做法。不过儿子依然故我，疼小的，常常忽略父母。父亲又恳请秀才出手帮忙，于是秀才说："上疼下容易，下疼上难啊！不过我再写一首诗，看看灵不灵。"于是就写了一首《玄关训》：

隔窗望儿喂孙儿，
想起当年我喂儿，
我喂我儿儿饿我，
别叫孙儿饿我儿。

儿子看到后，脸红了，想到当年父母辛苦的抚养，无谓的牺牲，非常的不容易，于是痛改前非，成为一个名副其实的孝子。

第二种是修道齐家，是儿女做伴，夫妻同修。所谓同修，不是互相修理，你修理我，我修理你。而是一起学习传统文化，共同提升道德修养，效法圣贤，传播大爱与智慧，为世界大同尽一份心力。我的一个学生，学习传统文化之前，夫妻俩经常吵架，太太是有名的母老虎、母夜叉，丈夫都惧怕她三分。自从学习传统文化之后，太太便开始力行。

丈夫回家，她便给丈夫鞠躬，端茶倒水，恭恭敬敬。刚开始，丈夫受

到这种礼遇，自己非常害怕，以为自己做错什么了。一周后，看到太太还是这样对他，他倒来劲了："别给我玩虚的，少来这套！"有一次，太太给丈夫端洗脚水的时候，丈夫挖苦道："有没有棉袄啊？好冷啊！"虽然丈夫还是不理解，但是太太始终没有放弃。连续三个月过去了，太太始终如一。

"你玩真的啊？"丈夫终于沉不住气了。"那当然，学习传统文化，就是玩真的！""好，既然如此，我也和你玩真的。"从此以后，夫妻俩一起学习传统文化。每当丈夫做错事的时候，太太便给丈夫鞠躬，说："对不起，我错了，感恩你！"后来丈夫再犯错误的时候，便主动跪下来给太太赔礼道歉："对不起，都是我的错，感恩你！"太太见状，急忙也给丈夫下跪。从此以后，夫妻俩的感情与日俱增，变成了对拜夫妻，成为一段佳话。

第三种是世界大同的齐家。不仅自己家齐了，还要让天下的每个家庭都齐了。《大学》云："一家仁，一国兴仁；一家让，一国兴让。"所以榜样的力量是无穷的。

周文王的爷爷太王与王妃特别的恩爱，戎狄獯育部落要打他们的时候，他不愿意刀枪相见，生灵涂炭，便将臣民迁往岐山。由于他们夫妻恩爱，周围的大臣也争先效仿，以至于感染得老百姓也夫妻恩爱、家庭和谐。他所管辖之地，没有孤男寡女，家家生活安定祥和。在太王和王妃德行的庇佑下，才使得周朝享有八百多年的江山，被称为历史上最长的太平盛世。

《大学》云："上老老而民兴孝，上长长而民兴悌。"说的就是这个道理。社会和谐那该多好。一个家庭和谐，不仅仅会影响到后代子孙及周遭亲友，甚至还会影响到整个国家，乃至整个天下，世界大同的最终目的便是万国一家。所以齐家的意义非常深远。

总而言之，家庭需要以德来感化，以真理来引导，以爱心来付出，以真诚来相对，以生命来唤醒生命，而不是靠金钱来捆绑，也不是用私欲来占有，更不是靠暴力来维持。要互相尊重，互相包容，要知道用感恩之心来互相理解，用相依之心来互相关爱，互相牵引，共住美好家园。

但是夫妇之间的关系，由原来的举案齐眉，演变为今天的同床异梦，甚至分道扬镳，这些微妙的变化，反映出一个严重的问题，那就是忽视了孝道，忘记了双方父母家人的感受。所以孝又何尝不是夫妇之道的根源，齐家之道尽在孝道之中。家庭是制造矛盾最大的机器，只有家和才能万事兴。

在湖北有一对准备离婚的夫妇，据说离婚协议都写好了，就差签字了。婆婆是个传统文化爱好者，正好赶上武汉开"做有道德的中国人"公益论坛，婆婆对儿媳说："闺女，能不能给妈一个面子，今天去听听传统文化，如果听了还想离，就随你们便吧。妈也再不阻拦你们了。你看好不好？"

听了一天孝道课之后，就在课程结束时，有个感恩互动环节，万万没有想到，儿子与媳妇主动搀扶着这位母亲上台叩头忏悔，当着上千人的面，当场把离婚协议书撕掉，重归于好。是孝道彻底改变了他们的家庭，那颗沉睡已久的良心被唤醒了。

国是最大的家，家是最小的国。小家不和，大家不安。因为家庭是国家的细胞，个人是家庭的成员。家庭不和是由于个人没有修好，个人没有修好是因为离道败德了。

夫妻和孝在中。彼此能够孝顺父母，自然和睦家庭，长辈会心安理得，自然会融洽夫妻关系。因此五伦皆由孝字得。可见，孝道之心生发，则万德自然而流露。怪不得古往今来，无数文人墨客、得道大德之人如此赞美、弘扬孝道，正所谓，读尽天下书，莫非一"孝"字。

1962 年，陈毅元帅出国访问回来，路过家乡，抽空去探望身患重病的老母亲。陈毅的母亲瘫痪在床，大小便不能自理。陈毅进家门时，母亲非常高兴，刚要向儿子打招呼，忽然想起了换下来的尿湿的裤子还在床边，就示意身边的人把它藏到床下。陈毅见久别的母亲，心里很激动，上前握住母亲的手，关切地问这问那。过了一会儿，他对母亲说："娘，我进来的时候，你们把什么东西藏到床底下了？"母亲看瞒不过去，只好说出实情。陈毅听了，忙说："娘，您久病卧床，我不能在您身边伺候，心里非常难过，这裤子应当由我去洗，何必藏着呢。"母亲听了很为难，旁边的人连忙把尿裤拿出，抢着去洗。陈毅急忙挡住并动情地说："娘，我小时候，您不知为我洗过多少次尿裤，今天我就是洗上 10 条尿裤，也报答不了您的养育之恩！"说完，陈毅把尿裤和其他脏衣服都拿去洗得干干净净，母亲欣慰地笑了。

可见，万丈高楼平地起，万德庄严孝道始。

按常理来说，我们只知道能够使双亲身心灵和谐愉悦则是孝，进而延伸到可以和睦兄长、夫妻相亲、朋友融洽、君臣尽分就是孝。如果以上都能游刃有余处理得当则是孝，反之则为不孝。在佛经中也曾提到过"孝名为戒"。不守好五戒"杀、盗、淫、妄、酒"就不是孝。

杀：餐桌上，残害其他生灵的生命以满足自己的口腹之欲就是不孝。动物尚且存有孝根，羊羔跪乳，乌鸦反哺，试想自己都不愿与父母分离，自己都无法容忍别人残害父母身体，又怎能忍心让动物妻离子散，刀割油炸呢？莲池大师说："你们伤害的这些众生，它力量敌不过你们，又身体微小低劣不能作声，才任由你们宰杀。如果它的力量能敌过你们，定当如虎豹生吞了你们！如果它能出声的话，它鸣冤号叫的酸楚之声，当震动大千世界！它要是有能力报仇的话，绝不会放过你们！！！"

人类一辈子可以换无数的衣服，而动物从出生到死亡仅有一身皮毛为衣，可欲壑难填的人类仍然残忍地剥下动物的皮毛穿在自己身上，以此为美。看到那些血肉模糊、奄奄一息被剥了皮的动物，你真的觉得美吗？生意场上，在利益的驱动下，人们不择手段地残害动物，活熊取胆、捕杀珍贵稀有野生动物、用动物做活体试验……只要能够获取暴利，人类可谓无恶不作。生活中，虐猫虐狗的也大有人在。如今这个社会，每天都有无数的杀业，每天都有难以计数的动物被人类残忍地终结生命，"欲知世上刀兵劫，但听屠门夜半声。"所以，世界才会如此的动荡不安，战乱四起。

盗：不问便取皆是盗，这样的行为使父母蒙羞，视为不孝。盗财、盗物、盗资料、盗机密、盗法……无论有形无形之物，偷盗的行为源自于内心的贪欲。想不劳而获地将他人之物据为己有，使得自己坐享其成。贪心不足蛇吞象，对个人而言，如此行为会为自己带来信任危机，甚至是牢狱之灾。对社会而言，则歪风邪气盛行，诚信动摇。贪心过重，百年之后亦会沦为恶鬼。

淫：如今社会的大方向，媒体上过度宣扬爱情，一者，过分夸大其美好度，使得无法在现实中得到满足的人为之死去活来。新闻中时常报道，某某青年人为情自残、自杀之案例。再者，过分宣扬情欲，误导人们将爱情作为宣泄情欲之美好借口，导致了如今没有真心真情就结婚，激情过后就离婚的普遍社会现象，同时更加严重的后果是堕胎率的增加。放纵欲望、伤身伤德，孝字何谈？

妄：两舌，道尽挑拨离间之话，破坏家庭的和谐、团队的团结，人与人之间有了隔阂而相互疏远，人情淡薄。恶口，良言一句三冬暖，恶语伤人六月寒。伤人于无形，一样等同于造杀业。绮语，为达自己某种目的而说一些花言巧语、欺骗他人的话语。所谓："信为道源功德母，长养一切诸善法。"可见诚信之重要性。所以，不懂善护口业，伤人造业皆为不孝。

酒：酒为迷药，乱人心智，所谓酒后乱性，酒会使得人失去对自己的控制与约束而犯下过错。所以酗酒伤身，把持不住自己做下错事亦伤德，所以谓之不孝也。

曾经震惊全国的特大贪污案件，原重庆市司法局局长文强，对待他的父母，可谓无微不至，只要是父母喜爱吃的，花多少钱走去多远的地方都

要买回来给父母吃，给父母买了大别墅，请了保姆照顾父母的饮食起居……听起来是个孝子，然而他在职期间贪污受贿千万余元，买官卖官，为黑社会充当保护伞，强奸女大学生等等罪行造成了社会严重的不良影响，最终锒铛入狱，执行死刑。那么这样的人，难道可以被称为是孝子吗？

《道德经》云："众人熙熙，若飨于太牢，而春登台。我泊焉未兆，若婴儿未孩。累呵！似无所归。众人皆有余，我独匮。我愚人之心也，沌沌呵！俗人昭昭，我独若昏呵！俗人察察，我独闷闷呵！忽呵！其若海。恍呵！其若无所止。众人皆有以，我独顽以鄙。吾欲独异于人，而贵食母。"意思是说：众人熙熙攘攘，高高兴兴，好像去出席丰盛的国宴，又好像春天登临楼台眺远美景。唯有我淡泊恬静，无动于衷，心里没有一点情欲，如同不会笑的婴儿。是那样疲倦懒散，又好像个浪子无家可归。众人好像什么都有什么都不缺，唯有我好像一无所有。我这颗愚蠢人的心，是如此的混混沌沌啊。世人都明明白白，光辉自炫，只有我昏昏沉沉，无识无为。世人都清清楚楚，严厉苛刻，只有我糊糊涂涂，无智无欲！难以捉摸啊！我恬淡宁静，好像大海一样，无所拘限。隐约不见啊！我漂泊不定，好像随波荡漾，没有止境。大家都文韬武略，有所作为，只有我愚顽不灵而又孤陋寡闻。世人都竞逐浮华，只有我却与众不同，保守住人生的根本，而不肯离开大道半步。

所以说真正的孝顺是心不离大道母亲半步，孝身、孝心以及孝法性。何为孝法性呢？上天赋予我们每个人灵明的觉性，以觉心为念，可通天通地，生死自在，逍遥快活。

然而一念无明起从佛祖堕落成了凡夫，每日在五欲六尘中颠倒梦想，沉沦六道，受尽苦楚，所以想要挣脱生死牢笼，就要寻回良知本性，找到回家之路，依道修行，去其本无还其本有，不再轮回受苦，回归灵性的圆满。同时更要让父母也能明其明德，随缘修行，最终也能了脱生死。而这样的孝顺，就连菩萨都还未圆满，因为菩萨的法性还没有修行圆满，因为菩萨认为有众生可度，释迦牟尼佛涅槃之时曾说他"一生不曾度过一个众生。"

《金刚经》中也提到"无众生相"，一切相皆是虚妄，何来众生？菩萨认为有烦恼可断，六祖说："菩提本无树，明镜亦非台，本来无一物，何处惹尘埃。"本来无烦恼，谈何去断除？菩萨认为有法门可学，六祖云："何其自性，能生万法。"万法皆由自性生发，我们本自具足，何须外求？菩萨认为有涅槃可证，而释迦牟尼佛在菩提树下证道后说："人人皆具如来智慧德相……"殊不知佛在自身，何须外证？所以孝顺法性，唯有佛才能做到，所以做孝道圆满了，方可证得了无上正等正觉。

# 孝 经

## 谏诤章 第十五

【原文】

曾子曰："若夫慈爱<sup>①</sup>、恭敬、安亲、扬名，则闻命矣。敢问子从父之令，可谓孝乎？"子曰："是何言与<sup>②</sup>！是何言与！昔者，天子有争臣七人<sup>③</sup>，虽无道，不失其天下；诸侯有争臣五人<sup>④</sup>，虽无道，不失其国；大夫有争臣三人<sup>⑤</sup>，虽无道，不失其家；士有争友，则身不离于令名<sup>⑥</sup>；父有争子，则身不陷于不义。故当不义，则子不可以不争于父；臣不可以不争于君；故当不义则争之。从父之令，又焉得为孝乎！"

【注释】

①若夫：句首语气词，用于引起下文。慈爱：指爱亲。慈，通常指上对下之爱，但也可指下对上之爱。

②与：通"欤"，句末语气词，表感叹或疑问语气。

③天子有争臣七人：旧注说，天子的辅政大臣有三公、四辅，合在一起是七人。"三公"是太师、太傅、太保。"四辅"是前曰疑、后曰丞、左曰辅、右曰弼。

争臣，敢于直言规劝的臣僚。

④诸侯有争臣五人：诸侯的辅政大臣五人，或说是三卿及内史、外史，合计五人。孔传说，五人是天子所任命的孤卿（天子派去辅佐诸侯的师、傅一类的官员）、三卿（指司马、司空、司徒）与上大夫。

⑤大夫有争臣三人：大夫的家臣，主要有三人。孔传说，三人是家相（管家）、室老（家臣之长）、侧室（家臣）。

⑥令名：好名声。令，善，美好。

## 【译文】

曾子说："诸如慈爱、恭敬、安亲、扬名的事，已听过了您老人家的教诲，也都明白了。现在我想请教老师，为人子的，一切能听从父亲的命令，遵从父母的话去办理，这可不可以称之为孝呢？"

孔老夫子说："这算是什么话呢！盲从父母之命，不一定就是孝。自古以来，为人臣的、为人子的、为人友的都有进谏的义务，所以古时候的天子设有诤臣七人，倘若自己的行为有不合乎道义或有所偏差时，因身边有直言劝谏的大臣，可以立即挽回而不至于做错，这样自然就不会失去他的天下。

诸侯治理国政，也设诤臣五人在身边，对自己的不正行为直言劝谏，所以诸侯能及时更正错误，从而不至于失去他的国土。

身为卿大夫的，身边也有敢于直言劝谏的诤臣三人，大夫虽有不合理或错误的行为，由于采纳了诤臣及时进谏而不至于罢官免职，也不会失去了宗庙的奉祀。

士身边有敢于直言劝谏的朋友，那么他就能保持美好的名声；父亲身边有敢于直言劝谏的儿子，那么他就不会陷入错误之中，干出不义的事情。

所以，如果父亲有不义的行为，做儿子的不能够不去劝谏；如果君王有不义的行为，做臣僚的不能够不去劝谏；面对不义的行为，一定要劝谏。做儿子的一味地听从父亲的命令，又哪里能算得上是孝呢！"

## 【妙解】

所谓谏净，谏，指的是劝谏；净，指的是直言不讳的劝谏。什么叫作直言不讳呢？有句话叫作"直心就是道场"，直言不讳就是以我们的真心、良心、诚心劝谏。以道谏之，助其成道，此为谏净。劝人的目的就是让人改邪归正，隐恶扬善，防微杜渐，避免因此造成过失而产生不良后果。同时劝人也就是让人树立积极向上、健康乐观的一种人生态度，确立正确的人生观和价值观。那么三教圣人和诸佛菩萨劝人就是让人不断觉悟，恢复良知良能，行好五伦八德，最后达到人性回归至善圆满的境界。而劝人也要讲究方法和技巧，方法用对劝谏就会成功，方法不对劝谏就会失败。所以劝谏要有智慧，有方法才能达到最圆满的成效。

以死相劝。子贡问交友之道，子曰："忠告而善导之，不可则止，勿自辱焉。"孔子说："朋友有过失，要尽心尽力劝告他，并引导他改过迁善，朋友不接受劝导就算了，不要再自讨没趣了。"规过劝善是朋友的道义和责任，可是在朋友听不进逆耳的忠言时，也只有闭住嘴当哑巴了。历史上有很多一身正气，多次犯颜进谏的忠臣，他们付出自己满腔热忱，为了维护国家的安定统一，和谐发展，拯救万民于水火之中。但是由于没有遇到敢于虚心纳谏的圣君，却给自己带来了杀身之祸。

比干再三劝谏纣王不要沉迷女色而荒于朝政，但是不但没有得到采纳，反而招来了挖心之祸；屈原劝谏楚怀王无效，抱石沉入汨罗江自杀身亡；伍子胥劝谏失败，被吴王夫差赐死。这些都是冒死进谏的实例，但是他们的进谏都以失败而告终。这就告诉我们，劝谏真的是一门艺术，劝谏得恰当可利国利民，劝谏不妥，会招来杀身之祸。但是劝谏不能只凭一时的勇气和热情，也不能只凭对方的信任和平时的良好关系，就敢犯颜进谏，而要顾及当时背景和时局，选择更有效的方法做引导才行。

威胁相劝。在家庭，父母有过错，儿女极力劝谏，不能不管而陷父母于不仁不义；夫妻之间要以真诚真心真情相待，如果一方做事不合理，有违仁德，另一方要极力劝谏他；在公司，看到老板行为不正，心术不善要及时规劝，使其改邪归正，悬崖勒马，避免酿成不良后果。而威胁相劝方法也是常人惯用之手法，但是"势服人，心不然。理服人，方无言"。

"爸爸您再酗酒，我就绝食给你看；老公你要再拿单位东西，我就跟你离婚；老板您要再行贿受贿，我马上辞职……"

威胁相劝有时只是一时的忍耐，并非是真正意义上的接纳顺从。而且这种方法对于在乎你的人也许还奏效，但是对于漠视你的人也许效果甚微了。

直言相劝。大到一个国家小到个人，都离不开别人的劝谏，成功的领导者身边一定有敢于劝谏的良臣，相对每一次劝谏的成功都离不开一个胸怀博大，仁德贤明的圣君。

庄王有一匹心爱的马，平常不但让它穿着五彩艳丽的锦衣，并且养在华丽的屋子里，让它睡在设有帷幕的大床上，日日喂食切细的枣子。结果，这匹马因为缺少运动，长得太过肥胖，竟然病死了。

楚庄王难过得不得了，他要群臣为这匹爱马举行一个盛大的丧礼，除了要用双层棺木装殓之外，还将以大夫的礼仪来安葬它。

"这简直太荒唐了！"百官群臣纷纷提出反对的意见。楚庄王闻讯后，由伤心变成愤怒，并下令："再有人阻止葬马之事，就是死罪！"大家都不敢多说一句。

乐官优孟一听，冲进殿门，对着楚庄王，仰天大哭。楚庄王见状大吃一惊，问他为何大哭？优孟忿忿不平地说："这匹马是大王的心爱宠物，现在不幸死了，像我们楚国这样强大的国家，大王竟然只用大夫之礼来埋葬这匹高贵的爱马，实在太对不起它了，我不赞成，我建议用国君的礼仪来安葬它。"

楚庄王忙问："如何用国君之礼来葬马？"优孟答说："应以双层棺木，

里层要用雕刻花纹的玉石，外层以上选木材彩绘雕饰作外廊，然后再发动军队挖墓穴，动员百姓搬运土石，同时也要为这匹爱马立庙，好让各国的诸侯都知道大王是如何的贵马而贱人。"

楚庄王闻后，恍然大悟，并急问应对之道。优孟建议说："大王应当把马当一般的畜生来埋葬，以免让贵马贱人的事流传出去，有损君威。"

和颜悦色。在劝谏父母是就要做到和颜悦色。《弟子规》中说："亲有过，谏使更。怡吾色，柔吾声。谏不入，悦复谏。号泣随，挞无怨。"看见父母有过失，子女应该耐心地劝说使其改正，劝说的态度一定要和颜悦色，声音一定要柔和，如果父母不接受劝说，就等父母心情好时再劝，如果父母还不听，就该哭泣恳求，即使因此招致鞭打也毫无怨言。

曾子说："从而不谏非孝也。"只是一味地盲目听从父母而不去劝谏父母同样不是孝。同样"谏而不从亦非孝也。"只是劝谏父母，但是不去顺从父母心意，这个也不是孝道，因为我们与父母是一心，不能有二心的，可你已经跟父母对立了，孝道就是要恭敬到极处的。大舜就是不断包容父母，原谅父母，不忍心见到父母的过失，永远是反省自己，自责自己成就了华夏第一孝。

委婉相劝。子夏说："君子要先取得百姓的信任，而后再去叫他们做事；未得到信任，百姓就会认为你在虐待他们。先取得君主的信任，而后再去进谏；未得到信任，君主就会认为你在诽谤他。"所以必须先取得对方的信任再去劝谏，而信任的前提一定是付出的，要先为对方着想。首先劝人要挈机，有技巧、有方法、分时间、分场合，善巧方便，因势利导，不盲目规劝。其次劝人要挈理，要有善意的规劝，要合情、合理、合法、合道。

合情：感动对方，动之以情，真心打动对方，让对方先接受你的为人，再接受你的建议。

合理：晓之以理，慢慢讲一般的人理、事理、物理、情理，合乎一般的情理法。

合法：合乎日常生活的规律规矩法规，如理如法。

合道：合乎大道也就是合乎自然规律自然法则。将心安于大道上。帮助分析犯错的原因，说明产生不良的后果和造成莫大的影响。他会慢慢接受，因为人之初性本善，没有一个人想糟蹋自己的命运，而自甘堕落的。除非他不明理，明理他就会真正爱自己。

可惜今天人吃错了、喝错了、爱错了、做错了、一辈子走错了。所以才会出现了身体不健康、家庭不和谐、工作不顺利、心情不愉快等等问题。

齐桓公对鲍叔说："寡人想铸造一座大钟，来显扬名声。寡人的表现，难道会比尧舜逊色吗？"

"请问国君的表现怎样？"鲍叔问。

桓公说："以前我花了三年工夫围攻谭，打下后并不占据，这是仁的表现；我北伐孤竹国，削平令支的叛乱分子，这是武的表现；我发起葵丘的国际会议，来平息天下的战乱，这是文的表现；诸侯抱着美玉来朝贡约有九国，寡人没有接受，这是义的表现。这样说来，文、武、仁、义四种美德，寡人都有了，寡人的表现，难道会比尧舜逊色吗？"

鲍叔说："国君谈得很坦率，我也就坦率回答吧！以前公子纠在的时候，您占据高位而不让，就是不仁；违背姜太公的遗教而侵略鲁国，就是不义；在与鲁君会盟的坛场上，竟被曹沫的利剑所挟制，就是不武；侄女儿小姨子不离开怀抱，就是不文。凡是到处干坏事，自己却不记得的，即使上天不惩罚他，一定也会有人谋害他。天是高高在上的，能够清清楚楚听到人们说的话，赶快收回您说错的话，上天快要听到了。"

桓公说："寡人还有其他的过失吗？我该牢记住您的话，这是国家的福气；您要是不指教，我几乎犯了对不起国家的大罪。"

以问代谏。宋英宗即位之后，对待宫中的内侍不够宽厚，很少施恩给

宦官，宦官就常常在太后的面前挑拨离间，造成太后皇后两宫的不和。

有一天，韩琦、欧阳修两人在太后帘前奏报事情，太后突然就哭了起来，并且把两宫不和的事情，详细地告诉韩琦。

韩琦说："这个可能是因为皇帝生病的关系，等皇上病好了，必定不会这样啊！"当时，皇帝因为受到了惊吓怀疑而生病。

欧阳修则向太后进言："太后侍奉先帝数十年，太后仁德的形象，已经大著于天下，以前温成备受先帝的恩宠，太后也能够处之泰然，和她和睦地相处，今天太后和皇上母子之间，为何反而不能相容呢？"

韩琦再向太后说道："太后并没有自己的亲生儿女，皇上从小就被太后养育在宫中，怎么能够不加以爱护疼惜呢？"

太后听了之后，心情就稍微地平和了一些，韩琦担心太后会变，于是就用危言来打动太后，他说："我们做臣子在宫廷外面，不能够随意地觐见皇帝，所以宫廷内中的保护，全都靠太后啊！若是皇帝失去了照护和管教，太后就不能够推卸这个责任啊！"

太后听了惊奇地说道："宰相，你这是说的什么话，我爱护管教他们的心，更是恳切啊！"和韩琦在一起觐见太后的人，听到太后的话，莫不紧张得汗流浃背。

隔了几天，韩琦就单独地觐见皇上，他向皇上奏到："陛下能够即位，当上了天子，这都是太后的恩典！所谓知恩报恩，皇上不可以不报答太后啊！愿陛下加倍用心地事奉太后，自然就会没事了。"

皇上说："朕会接受你的教诲。"又过了几天，韩琦再去觐见皇上，皇上说："太后对我还是不好啊！"

韩琦说："自古以来圣明贤能的帝王，不能算是不多啊！为什么独独称赞舜王是大孝呢？难道其他的帝王就都不孝顺了吗？父母慈祥而子女孝顺，这乃是常事，不足为道；唯有父母不慈祥，而儿女依然能够尽孝，这样才足以大加地称赞；但恐陛下现在奉事太后，还没有做到尽心尽力的地步啊！天下岂有不慈爱子女的父母呢？"

皇上听了韩琦的话，大为感动觉悟，当时的朝廷，发生了许多的事故，有许多是因为小人在暗中挑拨离间，但最后使得太后皇上两宫调和的，都是靠着韩琦和当时几位贤明的大臣，居中努力以正道相劝所致啊！

可见当对长辈、上位的人劝谏时，语气不能太重，也不可用命令、指责的口气，而以问代谏，却是一种非常巧妙的方法，引导被劝谏人自行思考从而改正错误的理念言行。

引发劝谏。称赞别人善行，本身就是一种美德。因为别人知道后，就会因此受到勉励而更加努力地行善。宣扬别人恶行本身就是一种恶行。如果由于过分地厌恶痛恨而一味地宣扬，就会招来祸害。称赞别人可以在大庭广众之下，但规劝人要在私下里，要给他留面子。不然他会恼羞成怒。因为一般人还没有那么高的境界。所以，劝谏人可以用开导和启发式劝谏，给对方有思考和反省的机会，让对方从理路相同的事情中觉察、觉悟觉醒过来，从而放弃决定，忏悔过错。

赵简子就喜欢过年时老百姓替他捉斑鸠，让他放生。尤其每逢农历大年初一这天，地方百姓纷纷向他进献斑鸠，让赵简子放生，而且赵简子也会对进献斑鸠的老百姓发给厚重的赏赐。

这一做法，令赵简子的一名门客相当不解，就问他为什么要这样做，赵简子答："这表示我有仁慈之心！"

门客接着说："大人您有没有想过：如果全国老百姓知道大人要拿斑鸠去放生，而对斑鸠毫不留情地追捕，其结果必然造成斑鸠死伤不计其数啊！您如果真的要放生，想救斑鸠一命，还不如下道命令，禁止捕捉。"

赵简子听了门客的这番话，心里也相当愧疚。于是就下令以后绝不再要求百姓帮他捉斑鸠放生了。

这个故事，无非是告诉我们善心虽好，但必须是出自无私的。反观，赵简子虽然喜欢放生，照理说是件好事。但他却不知，此举已对遭其放生

的斑鸠造成一场大浩劫，有悖于他当初行善目的，可谓适得其反，甚有沽名钓誉之嫌。所幸赵简子能够善听劝言，幡然醒悟，不致继续错下去。

堵后路劝。堵后路劝就是以其人之道还治其人之身，能够敏锐捕捉到对方言语中的不当，然后再以同理还施与其身，引发对方自我的深思反省。

这天，鲁国群臣议事，作为大司寇的孔老夫子提出倡议，在鲁国废除活人陪葬的恶俗，为一从大司徒家陪葬礼中逃脱的小奴漆思弓请命。一时间群臣议论纷纷，有人赞同孔老夫子的想法，但是也有人支持大司徒。

这时公山大夫起身说道："孔丘，季平子大人生前留有遗言，要求以生前所爱者为殉，让这小奴殉葬并非残忍，反而正是体现了大司徒对待父亲的孝心和爱心。"

"公山大夫，丘知道，大人作为家臣侍奉平子大夫多年。丘还听说，季平子大人生前常说，他是离不开你的。"孔老夫子缓缓说道。

"对啊！没错！"公山大夫略显尴尬地答道。

孔老夫子继续说道："既然你们如此的情深义重，他老人家在九泉之下，又岂能少了你的陪伴呢？"听到这里，众人哄笑。"如果大人愿陪平子大夫同行，那丘就赞成让这个小奴随你殉葬。"

听到这里，公山大夫方寸大乱，不知所措，直呼："你！你！你荒谬……"

最终，孔老夫子凭借着过人的智慧废除了活人殉葬之礼，同时也解救了小奴漆思弓。

借题发挥。劝谏别人时必须要让对方更容易接受，更便于采纳，所以要懂得随机应变、借题发挥、旁征博引、触类旁通，让他人通过觉悟事物的寓理从而寻找到最佳答案和最解决问题的最佳方法。

马祖道一禅师在没有修成正果之前，有段时间跟着怀让禅师学习。马祖特别喜欢打坐，怀让看在眼里，就想找个机会点化他一下。

这一天马祖又在打坐，怀让走过去问他："你这样天天坐禅，目的是什么?"马祖回答："想要成佛。"怀让听了也不说话，拿了一块砖头在马祖旁边的石头上磨起来。

马祖觉得很奇怪，问道："师父你磨砖头做什么?"禅师说："我想把砖头磨成镜子。"马祖更纳闷了，又问："砖头怎么而可能磨成镜子呢?"禅师回答："砖头不能磨成镜子，那你天天坐禅能修成佛吗?"就这样马祖随机说法、圆融无碍，以智慧方便法让怀让禅师当下顿悟了其中真实义。

综上所述，劝谏别人要想圆通无碍，就要有大慈悲心、大智慧。永远慈悲每一个众生，犹如观世音菩萨闻声救苦，千处祈求千处应，无处不现身感应。同时末法时期众生刚强难化，要想让人对道生发信心，认理实修，就要有大智慧，用自性本心中流露的般若智慧水，来滋润众生干涸已久的心田，再通过这样的几种劝人的方法和技巧，使得更多的有缘人能够觉悟人生、改变命运;使更多的有缘人能够破除无明，化解烦恼;使更多有缘人随缘自在、身心和谐、归根复命。

孝 经

感应章 第十六

【原文】

子曰："昔者，明王事父孝，故事天明①；事母孝，故事地察②；长幼顺，故上下治。天地明察，神明彰矣③。故虽天子，必有尊也，言有父也④；必有先也，言有兄也⑤。宗庙致敬，不忘亲也。修身慎行，恐辱先也。宗庙致敬，鬼神著⑥矣。孝悌之至，通于神明，光⑦于四海，无所不通。《诗》云：'自西自东，自南自北，无思不服⑧。'"

【注释】

①"明王"二句：明王能够孝顺地奉事父亲，也就能够虔敬地奉事天帝，祭祀天帝，天帝能够感受，能够明了孝子的敬爱之心。孔传："孝，谓立宗庙，丰祭祀也。"

②"事母孝"二句：明王能够孝顺地奉事母亲，也就能够虔敬地奉事地神，祭祀地神，地神能够感受，能够清楚孝子的敬爱之心。

③"天地"二句：明王能明察天之道，明晓地之理，以奉事父母的孝顺奉事

天地，天地之神也就能明察明王的孝心，充分地显现神灵，降下福祜。

④"故虽"三句：天子虽然地位尊贵，但是必定还有尊于他的人，那就是他的父辈。郑注："虽贵为天子，必有所尊，事之若父，即三老是也。"唐玄宗注："父谓诸父。"孔传说，父是死去的父亲。参见下注。

⑤"必有"二句：天子必还有长于他的人，那就是他的兄辈。郑注："必有所先，事之若兄，即五更是也。"唐玄宗注："兄谓诸兄。"

⑥著：一说音 zhù，昭著之意，指神灵显著彰明。一说音 zhuó，就位、附着之意。指鬼魂归附宗庙，不为凶厉，从而祜护后人。

⑦光：通"横"，充满，塞满。《礼记·祭义》："夫孝，置之而塞于天地，溥之而横乎四海。"《尚书·尧典》："光被四表。"《汉书》引作"横被四表"。

⑧"自西"三句：语出《诗经·大雅·文王有声》。原诗歌颂周文王和武王显赫的武功。

## 【译文】

孔夫子说：古代有道的明王，侍奉父亲能尽孝，所以郊祭上天时，就能察知上天生万物的心。侍奉母亲能尽孝，所以社祭后土时，就能察知大地养成万物的道理。既然能孝事父母，就能悌敬长上，敬老爱幼，尊上恤下，和睦一家，长幼既然有序，上下尊卑，即能将国家治理得很好。

明王如能弘扬孝道，就能察之上天降生万物的道理和大地养成万物之气，若能察之天地能养万物之理，就可以感动生物成物的神明，发挥他主宰的功能，来降福庇佑，所以身为天子是万民之上，是天下之至尊，但天子不敢说他是天下的至尊，因为他还有父亲在的缘故。

同样的道理，天子也不敢说他是天下的先辈至尊，因为他还有兄长在的缘故。天子不敢忘其尊亲，不敢忘其尊兄，推而追思到祖宗，至于宗庙祭祀祖先之时，能斋庄中正，尽到恭敬的心，不敢忘记祖先的恩德。身为天子，平时也要修心炼性以修身，谨慎自己的行为。时存戒慎恐惧之心，如临深渊，如履薄冰，恐有错失而辱及他的祖先。

天子如此谨慎，对宗庙的祭祀，又是如此的恭敬，祭神如神在，事死如事生，如此敬奉鬼神的道理，也能彰显出来，自然可以感动上苍，上苍自能降福庇佑之，移凶化吉，遇难呈祥，鬼神之德就是如此的显著。人人若能尽孝悌之道，且把孝悌之道，做到极处，就可以通达到了神明，连天地也为之而感应，又能光被于四海，感服四海万邦的臣民，四海的人民全都心悦诚服，幽冥上下没有不通的，孝道的感应多大啊！

《诗经·大雅·文王有声篇》上说："自西自东，从南到北四海之内，所有的人没有不心服的。"

## 【妙解】

心怀天下，仁泽爱民。所谓心有多大，舞台就有多大。所以为君者应尽至孝，孝顺天下父母之心，使天下的老人都能居住在四海升平的盛世，享受天伦之乐。

世出世间这一些圣贤君子不要钱，他们没有贪图名闻利养，为什么热心为社会服务？诸佛菩萨舍离五欲六尘，为什么还应化在世间广行六度，为十法界众生做好榜样，是什么力量在推动他？

是孝道！这是基本的力量。我们一般讲愿力，愿力从哪里来的？愿力从孝道来的。世间人拼命工作，现在人都是为名为利，没有名利他什么都不干。可是，一些有道德的人，他们不是为名为利，他拼命在干为的是尽孝，这就是印光大师讲的"敦伦尽分"，尽到他的本分，这是行孝道，尽孝道。

佛法建立在孝道的基础上，菩萨戒里面"孝名为戒"，不持戒就是不孝。戒律的精神，"诸恶莫作，众善奉行"。恶的念头还会起来，恶的事情还去做，这是大不孝。

由此可知，整个佛法没有别的，行孝、尽孝而已矣。等觉菩萨还有一品生相无明没有破，孝道还欠一分。什么人把孝道做圆满？成佛，圆教究竟的佛果，这个时候孝道才圆满。所以，用这个"孝"字来代表整个佛法是正确的，这个"孝"字是整个佛法的大总持法门，我们要懂得这个意思。学佛就是尽孝道，"化他"就是帮助他了解孝道，帮助他修学孝道，帮助他圆满孝道。如此而已。所以，"孝"的意思，确实是尽虚空遍法界无有一法不含摄在其中，我们要认识清楚，认真努力地去学习。

所以地藏王菩萨发出了"地狱不空，誓不成佛"的大悲愿！观音菩萨立下了"众生度不尽，誓不成佛"的大宏愿！弥勒佛的悲愿却是"把娑婆世界变成莲花邦！"孔老夫子的伟大理想是"大同世界，老安少怀。"老子的理想是"华胥国，清平世界。"圣贤们之所以能够这样，因为他们心里装着天下众生，把每个众生当成自己多生累世的父母，因为众生一体，都是一母之子，都是兄弟姐妹。亲人受难岂能袖手旁观，坐视不理呢?！

圣人为我们做出了榜样，我们应当效仿：发菩提心，立慈悲愿，当以至诚之心流露的大忠大孝大感恩，同样也会感天动地，得到天地的回应。

天人感应，妙不可言。

张元，南北朝时人，个性谦和谨慎，有孝亲善行，传闻于世。深明佛理，精修佛道。

张元十六岁时，其祖父失明三年，张元日夜诵读佛经，虔诚礼拜，乞求佛菩萨加被祖父早日重见光明。

有一天，张元虔诚诵读《药师经》，见有"盲老得视"这句经文，于是便依照《药师经》上所说的方法，请七位僧人，点燃七盏明灯，七日七夜转读《药师经》，自己也依法行持，每次徘徊时，总是真情流露，声泪俱下，乞求说："天人师呀！弟子张元为孙不孝，而使祖父失明，今以灯光回施法界，祖父一切罪报，元愿代受，乞求我佛，慈光加被，使我祖父历劫罪愆消灭，重见光明……"

如此殷勤虔诚乞求，经过七日七夜，有一天夜晚，梦见一老翁，以金

刮其祖父的眼睛，并对张元说："不必忧虑，三日后，你祖父眼病必然消除。"张元喜极而醒，将所梦遍告家人。三日之后，祖父眼睛果然复明。皇上听到张元孝德感召，特赐诏书嘉勉表扬，光耀门闾。

实际上，所谓"感应"，是心有所动，与之对应的境界就有感，跟着变动，这叫应。所以感和应是同时的，缺一不可。心有所感就会有所应，有所应就会有所感。感感应应、应应感感，要想不感除非不应，要想不应除非不感。那到底是什么有所感应呢？是心有所动而有所感，就是心有所感，也就是念头在不停地生灭。

弥勒菩萨说一弹指有多少念？"三十二亿百千念"，单位是百千，百千是十万，三十二亿乘十万，我们中国人讲三百二十兆，一弹指三百二十兆。速度太快可以忽略不计，因此念头当下出生当下灭尽。所以说"感应"是同时发生的。

曾子以孝著称，是孔子得意门生。他少年时家贫，常入山打柴。一天，家里来了客人，母亲不知所措，就用牙咬自己的手指。

曾子忽然觉得心疼，知道母亲在呼唤自己，便背柴迅速返回家中，跪问缘故。母子俩相依为命，居然达到了心灵相通的程度，可谓母子连心啊！这横的我们与父母连心，那么这竖的就不能与天道相连吗?！

道家《太上感应篇》讲："福祸无门，惟人自召；善恶之报，如影随从。"这很好地诠释了"感应"一词。福祸从何而来？从我们的心门自召而来，即感应所致。"善恶之报，如影随从"，善恶之报就像影子一样跟着我们，也就是说内心起什么念头，必会感召到什么样的境界、果报，感应就是这么迅速。所谓福尽人亡，苦尽甘来。有的人享受，享完了福就受罪，有命无福；有的人作孽太深，提前小命就玩完了，有福无命。正所谓人作孽不可活，天作孽犹可为啊！

所以要明白因果怕过谁？生死放过谁？轮回饶过谁？无常躲过谁？报应落过谁？业障离过谁？并非没人管，并非你最大，并非你说了算，并非无政府状态，并非无法无天，要知道，举头三尺有神明，不仅仅有太阳；地下不仅仅有地下室，还有阿鼻地狱。并非只是天地鬼神会找你麻烦这么简单，而更重要的是轮回，因为我们的阿赖耶识有含藏功能，种子记深了就不好处理了，临命终的时候到了，重业先牵。因此万法皆空因果不空，除非你能止于至善，至少修到不动地即八第菩萨，否则必堕轮回。

其实儒家十三经之一的《易经》也讲因果报应，"积善之家必有余庆，积不善之家必有余殃。"道理同出一辙，都是在诠释"感应"。现在不妨扪心自问一下自己三个问题：

1. 你彻悟因果了吗？如果真的彻悟了，为何还在怨天尤人？

2. 你深信因果了吗？假如笃信了，为何仍在惹罪招愆？

3. 你不受因果了吗？倘若达到不受之境界，为何依然妄念不停？

所以君子在隐微之间必须慎独也！慎言——一言兴邦一言丧邦，小心谨慎；慎行——一失足成千古恨，战战兢兢；慎念——天堂地狱一念之差，如履薄冰；慎独——独一无二，二六时中，如临深渊。《中庸》曰："道也者，不可须臾离也；可离，非道也。"

东汉调任山东东莱太守杨震与昌邑县令王密"天知地知你知我知"之"四知"故事说明了一个问题：窃窃私语，天若闻雷，暗室亏心，神目如电。所以言有宗要谨言，事有君要慎行，改毛病守戒律，塞其兑慎心念，勿回味遏意恶，去脾气闭其门，慎隐微化秉性，守其母归大道。

所以，为人之道要敬天地，礼神明。也就是说要尊敬自然法则、依道彰德、率性而为，从而达到心性合一的圆满境界。同时，能够孝父母，爱兄弟，守好人伦，圆满人道，固本清源，本立而道生。

孝 经

····························

事君章 第十七

【原文】

子曰："君子之事上也，进①思尽忠，退②思补过，将顺其美③，匡救其恶，故上下能相亲也④。《诗》云：'心乎爱矣，遐不谓矣。中心藏之，何日忘之⑤？'"

【注释】

①进：上朝见君。孔传："进见于君，则必竭其忠贞之节，以图国事，直道正辞，有犯无隐。"

②退：下朝回家。

③将顺其美：这里是说，君王的政令、政教是正确的、美好的，那么就顺从地去执行。将，执行，实行。

④上下能相亲也：概括而言，臣能效忠于君，君能以礼待臣，君臣同心同德，就能相亲相爱。孔传："道（导）主以先王之行，拯主于无过之地，君臣并受其福，上下交和，所谓相亲。"

⑤"心乎"四句：语出《诗经·小雅·隰桑》。原诗相传是一首人民怀念有

德行的君子的作品。

## 【译文】

孔子说："君子应当怎样本着孝亲的心来侍奉君王呢？君子为君王、为国家服务、进朝或上班的时候，就想着：应该如何忠于君王，对于自己的职务要如何认真努力，要如何忠于自己经办的事务。到了退朝或下班以后就得回想，检讨检讨自己的行为得失，假若有了过失，应该设法改过补救。君子有了美德善政，应当顺从，要是君王有过错或无益于百姓的命令，应当设法谏诤之、改正之、防止之。君子因为能做到尽忠补过，顺美匡恶，所以能使上下相亲相爱。"

《诗经》里说："我的心深深地敬爱他，为什么不明明白白地告诉他呢？满心的爱藏在心窝里，什么时候会忘掉呢？我们忠君爱国的心藏在心中，绝对不可以有一日忘记了它。"

## 【妙解】

当今社会每个人都希望成为领导，每个人都不喜欢被领导，但是如何能够成为一个圣明的君王，如何能够获得众人的尊敬和辅佐，如何能够造福一方呢？就要深谙为君之道。

齐桓公向管仲问道："帝王要尊敬什么？""要尊敬天。"管仲回答。桓公仰起头来瞻仰天。管仲说："所谓天，并不是指广大无边的苍天；当人君主的，要以百姓为天。百姓称颂他，社会就会安定；百姓帮助他，国家就会富强；要是百姓说他不好，就很危险；要是被百姓背弃的话，也就注定要灭亡了。"

博爱引众，礼贤下士。为君者，定要做到心胸宽广，海纳百川，有容乃大。气度大，心量大，所做之事也必是关乎民生天下的大事。能够心包太虚，量周沙界，放开胸怀，撒爱众生，也定会得到人民的爱戴与拥护。所以用计谋对待下属，不会得到下属的尊敬。用武力压制下属，不会得到

下属的忠心。用利益诱惑下属，不会得到下属的情义。所以为人君要有一颗仁爱之心，不断地慈爱部下，大爱会感化一切，大爱会造福万民。以这样一颗慈爱之心来提拔下属，礼贤下士。老子曰："善用人者，为之下也。"善于用人者一定是礼贤下士，谦虚待人的人。这就是敬天爱人的伟大情怀！

善于纳谏，依法治国。所谓，以铜为鉴，可正衣冠；以古为鉴，可知兴替；以人为鉴，可明得失。可见，为人君要虚心纳谏，善于听取不同的意见，广纳良言，才能成就大业。

国家的治理要依照体现人民意志和社会发展规律的需求，而不是依照个人意志、主张来治理国家；要求国家的政治、经济运作、社会各方面的活动统统依照法律进行，而不受任何个人意志的干预、阻碍或破坏。这样，国家才能长治久安，天下太平。

有人信口对赵简子说："君王为什么不改正过失呢？"

"好的。"简子答应了。

左右大臣们怀疑地问："君王根本没有过失，要改正什么呢？"

赵简子说："我答应好的，不一定表示有过失，我是想求得肯来规劝过失的人。现在要是我回绝他，那就是拒绝规谏的人，想规谏我的人一定会因此而裹足不前，那么我有了过失就永远改不来了。"

建国君民，教学为先。古时候，教育部放在治理国家之首位，而不是外交部或国防部等。如今社会乱象百出，正是因为圣贤教育的缺乏，榜样力量的缺失，才会导致了个人身心灵的不和谐、家庭的不和谐、社会的不和谐，乃至人类与自然的不和谐。

所以如今国家也在大力提倡和支持中华优秀传统文化的弘扬，希望能够用古圣先贤的伟大智慧结晶来解决当今社会的危机。而所有教育之中，首要的就是孝道的教育。所以在这个时期来提倡孝道，力行孝道，宣传孝道就显得尤为重要了。

以身作则，德范天下。所谓言教不如身教，对于人民最好的教育就是以身作则，德行感化，让民众自觉效仿。犹如我们当今时代国家领导人在提倡孝道、宣扬中华优秀传统文化的同时，更是以身作则。首先习总书记公布了自己的生活照，其中一张是骑车带着女儿；一张是自己推着父亲的轮椅，而老父亲牵着孙女的手，小孙女又牵着妈妈的手，一家人在公园中散步，满脸洋溢着幸福的笑容。以此也来教化我们要和谐家庭。

此章为事君章，顾名思义，本章讲君子如何侍奉君王，《孝经》通篇都在讲如何孝养双亲，为什么在这里谈到事君呢？

开宗明义章给我们点出："夫孝，始于事亲，中于事君，终于立身。"讲到孝的三个层次，"事亲"、"事君"、"立身"。因此"以孝事君则忠"，以孝事君，是谓同出一心。

一个能够事君的君子必会做到忠心，下位对上位尽忠，自然会以义的形式表现出来，忠义是一不是二，忠是体，义是用。

身体是个小宇宙，那真正控制身体小宇宙的君主是谁呢？答案是良心自性，此之谓真君主。所谓忠天、忠地、忠于自己的良心。因此，不仅尽忠有形有相的君王领导，更要尽忠于良心自性，那么所表现出来的是大义，何为大义？净化灵魂工作就是大义。

尽忠职守、克己奉公，尽心恭敬到极致，尽心尽力辅佐上位，此谓尽忠。有德行的君子，行处于世，便如君子德风一般利益君主民众改善民风，使人人改恶向善，乃至兴与于国家使之国泰民安，这才是做好了事君的本分，也是臣道必当为。

事君者，事心也。"思"："心＋田＝思"，心田是什么？一切福德不离方寸，也就是自性宝田。"进思"不断地一门深入熏习自性那一点，放之弥满六合，行道时不离心田；卷之退藏于密，悟道时常守于方寸之中。

"尽忠"之忠，"中＋心＝忠"，不偏不倚是谓中，中间的心才是大道、才是真理、才是生命、才上道路，忠于自性宝田，行道时也要守住自性，

不偏左不偏右。《中庸》云："是故君子动而世为天下道，行而世为天下法，言而世为天下则。"因此，内不离自性，外不离佛行。

补过圆满、推功揽过。"人非圣贤，孰能无过？"所以人生是一个修圆补缺的过程。遗憾的是，有些人对过失表现出这样几种态度：

1. 不知过——可怜——愚夫；

2. 怕听过——可憾——匹夫；

3. 不认过——可悲——凡夫；

4. 不改过——可怕——懒夫；

5. 故犯过——可恨——蠢夫；

6. 常犯过——可叹——鄙夫；

7. 怕改过——可啧——懦夫；

8. 搪掩过——可气——劣夫；

9. 无心过——可惜——粗夫。

行有不得，反求诸己。"知过能改，善莫大焉。"所以我们可以换一种心态：

1. 能知过——觉夫；

2. 喜闻过——聪夫；

3. 肯认过——善夫；

4. 敢改过——勇夫；

5. 寡其过——谦夫；

6. 不二过——丈夫；

7. 无犯过——贤夫；

8. 揽他过——大夫；

9. 担众过——大丈夫。

这样我们就此生无憾了。古人云："责人重而责己轻，弗与同谋共事；功归人而过归己，尽堪救患扶灾。"为人臣者要在君主背后圆满，将其不足补圆满，而将功劳都推给领导，过错都是自己。正如《菜根谭》所言："完名美节，不宜独任，分些与人，可以远害全身；辱行污名，不宜全推，引些归己，可以韬光养德。"

主动带动、推行王道，行顺其美而从之，君王有美德善政，应当顺从，使其优点继续保持、发扬并积极帮助，努力落实。当今社会国家领导人提倡构建和谐社会，传统文化日益盛行，这就是美德善政，人人都应该顺而行之。"国家兴亡匹夫有责"，天下有难，众生同担啊！所以我们每个人必须做好榜样，因为榜样的力量是无穷的。

所谓天有天理，地有地理，事有事理，物有物理，人有性理，万物皆一理。有道君子行事必会按天理。"理"："埋+一＝理"，"一者，道也理也。"所以有理走遍天下，无理寸步难行。故得理者安，昧理者乱。如果顺其大道，此谓至美。顺道者昌，逆道者亡。

力挽狂澜，匡救君恶。人无完人，金无足赤。如果国君领导犯了过失，或颁布无益于百姓的政令，要及时谏净之、劝谏之、制止之，君子要做到尽忠补过。

汪直是明宪宗时大宦官，骄横凶残，对公卿、平民横加迫害，闹得"百官不安于位"，"庶民不安于业"。大学士商辂等人上疏，希望明宪宗惩治汪直，宪宗拒不纳谏。但是一个名叫阿丑的宫廷优人，却为扳倒这一大宦官立下了功劳。

有一回，阿丑和他的伙伴在宪宗面前做戏——阿丑装作进入醉乡。一人骗他说："巡城御史到！"意在让他惊惧，但阿丑照样酗酒谩骂。那人又吓唬说："皇上驾到！"阿丑仍然不为所动。那人再喊道："汪直太监来了！"阿丑乃作惊醒状，停止饮酒，毕恭毕敬地准备迎接。

另一人似乎不解，问道："为什么皇上来了不害怕，为何一听汪太监就吓得这样？"阿丑以醉汉口吻说："我只知道有汪太监，不知道还有皇帝。"

阿丑的表演，使宪宗感到了皇位受到威胁的危机。此外朝臣的谏议，也加深了这一印象，终将汪直贬谪。

君主有过失的时候，忠臣会"退思补过"等待机会向君王进谏，使其改正过失。如果有道的君子，行则使天下明其明德，退则反求诸己，修身慎行圆满自身。"退思补过"当独处慎独时，二目守玄，纯一觉念，退守自性宝田，使其回光自照，退则深藏于密。觉察每个起心动念之隐微，是否合乎大道，是否"天地精神独往来"，是否念念牵系天下苍生。

# 孝　经

## 丧亲章　第十八

【原文】

子曰："孝子之丧亲也，哭不偯①，礼无容②，言不文③，服美不安④，闻乐不乐⑤，食旨不甘⑥，此哀戚⑦之情也。三日而食，教民无以死伤生⑧。毁不灭性⑨，此圣人之政也。丧不过三年⑩，示民有终也⑪。为之棺、椁⑫、衣、衾而举之；陈其簠、簋而哀戚之⑬；擗踊哭泣，哀以送之⑭；卜其宅兆，而安措之⑮；为之宗庙，以鬼享之⑯；春秋祭祀，以时思之。生事爱敬，死事哀戚，生民之本尽矣⑰，死生之义⑱备矣，孝子之事亲终矣。"

【注释】

①不偯（yǐ）：是指哭的时候，哭声随气息用尽而自然停止，不能有拖腔拖调，使得尾声曲折、绵长。偯，哭的尾声迤逦委曲。

②礼无容：这是说丧亲时，孝子的行为举止不讲究仪容姿态。

③言不文：这是说丧亲时，孝子说话不应辞藻华美，文饰其辞。文，指文辞方面的修饰，有文采。

④服美不安：孝子丧亲，穿着华美的衣裳会于心不安，因此，丧礼规定孝子要穿缞麻。服美，穿着漂亮、艳丽的衣裳。

⑤闻乐不乐：由于心中悲哀，孝子听到音乐也并不感到快乐。所以，丧礼规定，孝子在服丧期内不得演奏或欣赏音乐。前一"乐"字指音乐，后一"乐"字指快乐。

⑥食旨不甘：这是说即使有美味的食物，孝子因为哀痛也不会觉得好吃。

⑦哀戚：忧愁，悲哀。

⑧"三日"二句：《礼记·间传》："斩衰三日不食。"丧礼规定，孝子三天之内不进食，三天之后即进粥食；如果悲哀过度，因为长久不吃饭而伤害了身体，也与孝道不合。

⑨毁不灭性：虽因哀痛而消瘦，但是不能瘦到露出骨头。毁，哀毁，因悲哀而损坏身体健康。《礼记·曲礼上》："居丧之礼，毁瘠不形。"性，命。

⑩丧不过三年：孝子为父母之死服丧三年。

⑪示民有终也：唐玄宗注："圣人以三年为制者，使人知有终竟之限也。"终，指礼制上的终结。对于父母之丧，孝子虽有终身之忧，但丧礼是有终结的。

⑫棺、椁（guǒ）：古代棺木有两重，里面的一套叫棺，外面的一套叫椁。

⑬陈其簠（fǔ）、簋（guǐ）而哀戚之：丧礼规定，从父母去世，到出殡入葬，死者的身旁都要供奉食物，用簠、簋、鼎、笾、豆等器具盛放，此处只举"簠、簋"为代表。簠、簋，古代盛放食物的两种器皿。

⑭擗（pǐ）踊哭泣：擗，捶胸。踊，顿足，或作"踊"。孔传："搥心曰擗，跳曰踊，所以泄哀也。男踊女擗，哀以送之。"送：指出殡、送葬。《礼记·问丧》："送形而往，迎精而反也。"把遗体送往墓地，把精魂迎回宗庙。

⑮卜其宅兆：孔传："卜其葬地，定其宅兆。兆为茔域，宅为穴……卜葬地者，孝子重慎，恐其下有伏石漏水，后为市朝，远防之也。"安措：安置，指将棺椁安放到墓穴中去。措，或作"厝"，二字可通。

⑯"为之"二句：《礼记·问丧》记载，父母安葬后，"祭之宗庙，以鬼飨（通'享'）之，徼幸复反也"。这是将死者的魂神迎回宗庙的祭祀，称之为

"虞祭"。

⑰生民之本尽矣：这是说，能够做好上述事情，人民就算是尽到了根本的责任，尽到了孝道。孔传："谓立身之道，尽于孝经之谊也。"生民，人民。本，根本，指孝道。

⑱死生之义：指父母生前奉养父母，父母死后安葬、祭祀父母的义务。孔传："事死事生之谊备于是也。"

## 【译文】

孔子说：敬亲爱亲的孝子，不幸父母死了，不能再见到父母的面，也不能再尽侍奉父母的心了，心里非常哀痛，哭的声音也不能委婉。礼貌上也乱了，礼节上的庄重也顾不及了。因哀伤忧愁，以致说话也急促不文雅了。穿上漂亮的衣服心里也不安了。听到美妙的音乐，心中也不觉得快乐了，吃了可口美味的东西也不觉得香甜了。这些都是悲伤忧愁的真情呀！

《礼记·丧礼》中说：三年之丧（父母之丧）水浆不入口，绝食可超过三天，是教民不可因为父母丧亡而伤害了自己的身体，也不可哀伤过度而灭绝了天性。所以圣人定了制度，三日而食，是为了保全孝道的制度；同理，居丧也不可以过三年，是教民有终了的期限的，父母丧亡时，为人子的，要备办棺木，举行小殓、大殓，入了殓以后又在奠堂陈列祭器，举哀祭奠，以尽悲哀忧戚之情理，捶胸顿足哭得声嘶力竭，送亲入了棺，出了殡，又占卜好风水，好的坟地来安葬亲人。又建立了祭祀祖宗的宗庙，使亲人的灵魂有享祭的地方。又在春秋两季到宗庙祭祀，追念父母，以表敬心、孝思。

父母生前的事奉是要尽到亲爱恭敬的心，若不幸父母丧亡了，要尽到悲哀忧戚的礼，心和礼都尽到了，那么我们人生在世，做人的根本道理——孝道，才算尽到了，生养（生事爱敬）死葬（死事哀戚）的大义，都齐全了，如此，孝子事亲的道理，到这时才可以说是圆满终结了。

## 【妙解】

对于孝顺父母要尽心竭力，无微不至，这里我们将如何尽孝归纳为如

下九点：

孝养父母，细心周到。首先要出钱让父母能够衣食无忧，出力帮助父母收拾家务，更要用心赡养，替父母分忧解难，而能够让父母身心愉悦。

王梦豪的事迹感动了全国亿万网友的同时更是引起家乡网友的注意，大河论坛天中驻马店、百度驻马店贴吧、驻马店论坛等多家网站论坛纷纷以《帮帮驻马店正阳县这个六岁的孩子，为了救爸在郑州讨钱!》为题进行了报道。

一个名叫文盟的拍客将自己拍摄名为"6岁娃乞讨养父，不知'六一'是个啥"的视频传到了酷6网上，这段仅仅9分52秒的视频却感动了万千网友。视频里，一个脸圆圆的小男孩，衣服又脏又破，一路跪着乞讨，说着和年龄不符的话："别哄我，把我哄走我爸爸咋办?"

"你上学放心爸爸吗?""我不放心……"

"长大了，我要当好人，因为好人能去帮助别人……"视频里，他和爸爸住在一间不到5平方米的黑暗小平房里。他买了两份午饭，爸爸却不吃，"给他晚上吃，他正在长身体。""过生日也不买东西，没钱，吃饭就行。吃点米饭，炒个豆腐……"

短短的三个月，这个视频的关注度就突破387万，播放75万，小梦豪没进过幼儿园，也不知道"六一"节是什么日子，今年的儿童节他只能在乞讨中度过。

赡养父母学问颇深，从养身养心再到养德乃至养性全都包括在内了。

孝顺父母，以悦亲心。孟子曰："不得乎亲，不可以为人；不顺乎亲，不可以为子。"俗话说：天下无不是的父母。而如今父母说一句孩子顶十句，所以孝顺父母首要做到不忤逆父母，无大是大非的问题都由父母做主。即使有的时候父母处理事情不妥，作为儿女也要在后为其补充圆满。古云：孝顺还生孝顺子，忤逆还生忤逆儿。不信但看檐前水，点点滴滴不差别。当父母有不圆满之处，不能陷父母于不义，也要懂得劝谏。

顺父母的说法去做是不够的，还要依长辈心思去做，最好是顺着双亲的天性而为，这才是真正的孝顺啊！

劝谏父母，讲究方法。要和颜悦色，晓之以理，动之以情，使父母能够接受，不至于陷父母于不仁不义当中。

马淑琴，河南孝道苑苑长，荣获全国第七届"十佳孝贤"光荣称号。多年来用她的孝心、孝行感动着身边所有的人，更用她的养生之道让许多被病魔折磨的人重获健康。

父亲生平爱抽烟，久劝无效。无奈之下，她整日佯装闷闷不乐，痛哭流泪。父亲看在眼里，疼在心里，恐伤害到女儿的身体健康，于是乎，就此下决心戒烟。

公公烟瘾不小，但由于生活拮据，只能抽一般香烟，出于公公的身体健康考虑，她劝说公公戒烟，公公表面答应，背后还在偷偷地抽烟。

于是她想了一个方法，给老人家买了两条中华香烟并说："您老人家身体重要，要抽就抽好的！"老人得知这两条香烟等于媳妇一年的血汗钱，被儿媳妇的这片孝心感动。对媳妇说道："不能再抽烟了，你们也不容易，我这不是给你们添乱嘛！"自此，老人家彻底戒烟。

孔老夫子在《论语》中教导我们："事父母几谏，见志不从，又敬不违，劳而不怨。"

孝敬父母，态度温和。其中很重要的一点就是要尊敬，与父母说话要言语得当，不能随随便便；行为合理，不能无理莽撞；态度端正，不能给父母摆脸色。

一项色难调查显示，100位老人见到后辈儿孙时，有91人表情愉悦，面带微笑，有5人显得很平静，有4人面带期待与希冀。而100位儿孙遇见长辈时，有46人板着面孔，显得冷淡，脸色难看；有41人平淡无情，无动于衷；只有13人笑脸相迎，问寒问暖，情意融融。91与13的差距发人深省。《弟子规》云：父母教，须敬听。可是常常却是，儿女不耐烦，

嫌啰唆。冲着父母就喊："行了行了，知道了。有完没完？"

及时行孝，莫留遗憾。辽宁有位在法国工作的女士，为了挣钱，十多年没有回家。这一年接到母亲病危通知，她急忙赶回家，没想到母亲已经走了。她当下就昏了过去，醒来后，泪流满面，哭着说："妈妈，女儿回晚了，请原谅，对不起妈妈。我这么辛辛苦苦赚钱不就是为了让您过上一个幸福的晚年吗？如今，您离开了我，我要钱还有什么用？还不如在您身边多陪陪您。妈妈，您为什么不给女儿一个尽孝的机会呢？妈妈，我好后悔啊！"就这样，她天天看着母亲的遗像，倾诉衷肠……

因为人生无常，不知道明天和意外会哪一个先到，所以父母不会一直站在原地等我们的，因为他们是等不起的。不要等到有一天有了车子，有了房子，有了钱，有了时间，可父母却已经不在我们身边。所以，在父母生前就要尽心竭力侍奉父母，不要等到有一天父母离开了我们而追悔莫及，不要让"树欲静而风不止，子欲养而亲不待"的遗憾发生在自己的身上。

所以，要记得常为孝亲之花浇灌浇灌，千万千万。

继承遗愿，以慰父母。比如替父母继续经营打理他未了的事业，以父母名义做一些慈善的活动，将其德业承传并发扬光大。子曰："无忧者，其惟文王乎。以王季为父、以武王为子。父作之，子述之。"武王正是继承了父亲的仁爱品德，同时更是完成了父亲生前解救苍生于水火的遗愿。

积功累德，报答父母。《易经》云："积善之家必有余庆，积不善之家必有余殃。"所以说，德不积不至于昌盛，祸不累不至于灭身。所以孝顺父母的更高境界是积功累德，冥冥之中庇佑父母。

而行善分为慈善与至善，普通的善事就是救人身，帮助别人解决温饱问题。救人心，为其解决生活中的困惑问题。以上都是在做善业，积福报，最终善报即为天人虽享福无尽，却终未脱离六道。而至善之事，能够开启他人生命智慧，找到生命本源，此乃世间第一等的至善之事，此举积功累德，可助我们消冤解孽，圆证菩提。

立身行道，正己化人。《大学》曰："自天子以至于庶人，一是皆以修身为本。基本乱而末治者否矣；其所厚者薄，而其所薄者厚，未之有也。"虽然天子与庶民虽在后天有阶级身份的不同，但其与天俱来的灵明本性，则是同等齐观的，所谓"本性人人圆融美满，在圣不增，在凡不减"，既然明德本性原本平等，是在"万物皆备于我"的条件下，人人皆可修成尧舜境界，自是无疑。但修行切勿颠倒错乱，应依照根本而修，否则白修一场。

古哲有云："所谓'其本乱者'，乃格、致、诚、正四步工夫皆未循序做到，而欲实践修、治、平之举成为两难矣。如同灌溉植物不沾其根，而沾其叶，则愈沾愈枯，人岂可不自欤！所以舍本逐末乃是根本极大错误。厚者何？曰性（真理本性）。薄者何？曰情（形色物象），应厚其所厚，薄其所薄为然，故道德君子，未有厚者薄待，薄者厚遇也。"诚有独到之见解。

大学之道在明明德，即开悟之后，格物致知，依理实修，依道而行，通过不断地修道办道，内圣外王来使得自己的心性圆满，终成佛果。而父母也会因此沾光，往生天道而脱离苦海。

止于至善，圆满境界。孝道的养身、心、德、性四个境界，前文中多次解读，这里就不再复述了。孟子把人分为五种境界，最终都要恢复我们良心本性。他说道：可欲之为善（小人），有诸己之为信（士人），充实之为美（君子），充实而有光辉之为大（贤人），大而化之之为圣（圣人），圣而不知之为神（佛、仙）。

总之，我们要尽大孝，把自己双亲度回极乐，把天下父母度回极乐，把自己修回到极乐，道成天上，名留人间。

这一章为《孝经》的最后一章，前十七章均为父母活着时如何尽孝的方方面面，而此章便是父母离世后如何尽孝。我们的父母亲总有一天要

离开我们，所以有始有终，作为子女，要尽孝对父母到最后一刻钟。把基本的礼仪做到位，太过不及都不好，办理丧事也要中庸。

子曰："孝子之丧亲也，哭不偯，礼无容，言不文，服美不安，闻乐不乐，食旨不甘，此哀戚之情也。三日而食，教民无以死伤生。"孔老夫子从六个方面为我们展示了为人子女的六中仪容和应有的感情表现。后又从六个方面叙述了为人子女应该如何丧亲，丧亲具体的细节是如何，礼仪当如何。

但是深层意义上来讲：我们肉体的父母，生我们养我们的父母离开了，我们都当好好丧亲，那么我们灵魂的父母如果天性泯灭和丧失又当如何呢？

"毁不灭性，此圣人之政也。"

"毁"，毁坏、毁灭。圣人曰：生死事大。让我们知道身体是有生有灭，成住坏空，有形有相是无常，无形无相却是真常，其实生死在一念之间，所谓一念一轮回，那么每天你轮回多少次？一念一因果，每天你造多少因果？一念一无常，每天你生死多少次？现在心的状态不改变就成为死后境界。如果想以后到哪里轮回，如果不修当下就明白往生何境界。活当下在道中便得永生，止于至善。否则沉苦海失真道毁人生万劫不复。

《心经》云："不生不灭，不垢不净，不增不减。"这句经文很好地诠释了我们这个不灭的真如。《楞严经》里面讲："本如来藏，妙真如性。"身体百年之后就会尘归尘土归土，但是只有这一点灵明不灭的觉性可以超于三界直达彼岸。当圣人了悟这些以后，便精进修行，以至于达到"立身行道，扬名于后世"。这样也可以让父母"毁不灭性"，此乃大孝也！

"生事爱敬，死事哀戚，生民之本尽矣，死生之义备矣，孝子之事亲终矣。"

在父母亲在世时以爱和敬来奉事他们，在他们去世后，则怀看悲哀之情料理丧事，如此尽到了人生在世应尽的本分和义务。养生送死的大义都做到了，才算是完成了作为孝子孝养双亲的效果。

生死本是相对的，超越相对进入绝对，就会变成不生不灭，不生不死。所以说"生事爱敬，死事哀戚。"也告诉我们自性动时度化天下苍生，自性静的时候要回光自照反求诸己。内不离自性，外不离佛行，这些做到便是在道中！

说到这里我们一起来看看"丧亲"最普通的意思是说父母离世，想想何为亲？再想想何为丧亲？

①丧亲者，丧身也。

披着一层人皮的躯壳，行尸走肉，天天吃喝玩乐，活着很消沉很颓废，很无礼虚伪，说话毒辣，物质刺激到极限，性格暴躁，寻求快感，不知道吃什么，天上飞的地上跑的水里游的都想去尝试。

②丧亲者，丧心也。

天天人心对待、计较、比较，人前一套人后一套，只会勾心斗角，没有半点仁爱之心。当今社会老人摔倒也没有人扶起来，每个人冷漠至极，自私自利。

③丧亲者，丧性也。

性，是我们的根本，丧身、丧心的根本是丧性。自性，人人都有，个个不缺，在圣不增，在凡不减，只因我们迷失自性，因此大道母亲"哭不偯，礼无容，言不文，服美不安，闻乐不乐，食旨不甘。"看着自己的孩子们在红尘中迷失，找不到回家的路伤心欲绝啊。

《大学》云："大学之道，在明明德，在亲民，在止于至善。"大学就是学大，学习做大人，做圣人。在明明德，明明德的五层含义：

明明德先天来讲是达本还原，后天讲是世界大同。明其明德和复其明德的含义！

明明德——

（文意）第一明是动词，第二明是形容词，告诉明白我们每个人都有

光明的德性。儒家称为良知良能，道家称求道，找到玄牝之门，佛家称为开悟！

（法意）条条大路通罗马。擦亮我们的光圈！修行的方法论！

（道义）我们每个人都有良心，听完感人的孝道课程都会流出感动的泪水，说明我们的良心是真实存在的，但是良心是看不见摸不着的，说明它是以空的形式存在，我们身体会坏但良知不灭，是恒常久远的，是不生不灭。

天地万物都是由心由道生发出来的，《道德经》讲："道生一，一生二，二生三，三生万物！"所以它可以妙用一切的造化功能，妙德庄严，道贯古今，道化十方，超越一切的时间和空间，我们经常提到，方寸大乱，送别人礼物，会说略表寸心。其实这个方寸宝田，就是我们的良心，我们的本性，佛经讲：一切自性不离方寸——真、空、恒、妙、方。其中，真就是道真实不虚；空就是道无形无相；恒就是道不生不灭永恒存在；妙就是道妙德庄严；方就是道在自身，方寸宝田。故（道）明心见性此之谓不可说，道可道非常道。

（天意）明，是指有道的老师，易经有讲，一阴一阳为之道，动静互为其根！暗指如当年六祖拜访五祖，神光求道于达摩祖师等，意思让我们找明师开悟！《大学》的第五章，格物致知章，是登天梯子，秦始皇时期焚书坑儒，把大学的格物致知篇烧毁，天人路绝，在此之后只有唐诗、宋词、元曲、明清小说、现代白话文、散文等。因上天慈悲，希望更多的有缘众生能够离苦得乐，脱离生死苦海。

（密意）不可说，真空妙有，妙有真空。大空大有，大有大空，空即是有，有即是空，非空非有，非有非空，空不空，有不有。如今道降火宅，天时应运。

亲民也是新民的意思。丧亲，是丧失亲民，也是丧失新民，也就是说没有了内圣外王的功夫，内圣外王是一不是二，内圣是培养自己的慈悲心，外王是度化苍生，越慈悲越会度化人，越度化人也就越慈悲，所以说成就生命的两个拐杖就是内圣外王，缺一不可。

但是，不是先内圣再去外王。内圣外王要一起去做，想要内心真正有境界，必须通过外王牺牲奉献，慈悲喜舍，人事物的磨炼考验，才会修出境界，大彻大悟。再想想看，如果一味地外王而不提高自身的境界，那也是亡羊补牢。古哲有云："心性居内曰自觉也，身行著外曰觉人也，故内圣外王岂可缺一哉？！"佛也曾曰："欲证无上菩提，先度众生。"所以说，内圣外王必须双管齐下，一边内圣一边外王。这样方得始终，成就生命，究竟圆满。

成道表现——显仁藏智，厚德载物。戒慎恐惧，如履薄冰。大礼纯礼，主敬存诚。深藏若虚，建德若偷。大智若愚，难得糊涂。和光同尘，返璞归真。上德若谷，大白若辱。大勇无勇，自强不息。大德不德，大仁不仁。归根复命，至诚无息。此为孝道圆满，可谓孝行天下矣！

# 《孝道》

# 孝 道

## 一、孝之怀念

为人子，当知父母生我受尽辛苦，生我育我细心照顾无微而不至，如今老而枯；

思父母，栽培儿女精神全部付出，长大娶媳女儿出户时时挂心思，几个念父母；

亲若在，未能照顾等于父母已死，何人问你长短自思有亲多幸福，无亲更孤单；

失父母，如同孤岛受风雨而淋湿，没人照顾暖窝何处哀声掉泪珠，白云雨漂浮；

坟凄凄，父母亲啊您今是在哪里，儿很想您眼泪滴滴湿透胸前衣，无人来睬理；

田野荒，孤坟断肠家乡是在何方，生前快乐穿美衣裳如今草凄凉，野鬼作良伴；

断肠人，思念儿乡阴阳之隔两旁，因何故我生世渺茫如今后悔长，哭诉老苍穹。

母爱是博大的，是一种任何力量难以代替的永恒动力，也称为"原

动力"、"永动力"。母亲可以改变子女的性格，可以塑造子女的形象。往往一个人功成名就的时候，最难忘的也许不是别人，而是自己的母亲。

1966 年，一位外国记者采访朱德元帅，记者问道："对你一生影响最大的人是谁？"

朱德元帅回答说："是我母亲。"他曾在《母亲的回忆》一文中写道："得到母亲去世的消息，我很哀痛。我爱我母亲，特别是她勤劳的一生。"接着又写道："我应该感谢我的母亲，她教给我与困难做斗争的经验。我在家庭已饱尝艰苦，这使我在三十多年的军事生活和革命生活中再没有感到过困难，没有被困难吓倒。母亲又给我一个强健的身体，一个勤劳的习惯，使我从来没有感到累过……她教给我生产的知识和革命意志，鼓励我走上革命的道路。在这条路上，我一天比一天认识到：只有这种知识，这种意志，才是世界上最宝贵的财产。"

1919 年，毛泽东在湖南长沙任教，忽闻母亲病重，立即返回韶山，把母亲接到省城治疗。可是由于诸病并发，老人还是谢世了。

毛泽东万分悲痛，跪于灵前，以泪和墨，含悲挥毫，写下了长达 446 字的《祭母文》——"呜呼吾母，遽然而死……养育深恩，春晖朝霭。报之何时，精禽大海，呜呼吾母，母终未死，躯壳虽隳，灵则万古。有生一日，皆振恩时，有生一日，皆伴亲时。今也言长，时则苦短，唯挚大端，置其粗浅，此时家奠，尽此一觞。后有言陈，与日俱长。尚飨。"

同时还写了两幅挽联：

其一是："疾革尚呼儿，无限关怀，万端遗恨须补；长生新学佛，不能住世，一掬慈容何处寻。"

其二是："春风南岸留晖远；秋雨韶山洒泪多。"

读后感人肺腑、催人泪下。

毛泽东同志也曾在新中国成立前就指出："要尊敬父母，连父母都不肯孝敬的人，还能为别人服务吗？不孝敬父母，天理难容。"

　　美国记者波尼·安杰洛在《第一母亲——培养了总统的女人们》一书中就讲述了入住白宫的罗斯福、杜鲁门、艾森豪威尔、肯尼迪、卡特、里根、克林顿、布什等十一位总统母亲的故事。讲述了这十一位母亲的日常生活、思想感情以及对子女的培养教育和影响熏陶的故事，令每个人读后都能引起深思与共鸣。

　　正如高尔基所说："世界上一切光荣和骄傲都来自于母亲。"

　　林肯也说："我之所有，我之所能，都归功于我天使般的母亲。"所以一个人事业成功自然归功于母亲，相反当一个人不听母训，触犯了法律锒铛入狱，感到悔恨后的第一句话也往往是——"我对不起生我养我的母亲！"

　　母亲不见得是一个伟人，但所有的伟人都有自己的母亲！拿破仑曾说过这样一句话："是母亲生育伟人们。"所以闺阃乃圣贤所出之地，母教乃天下太平之源。这个世界有孟子，是因为有孟母；有范仲淹，是因为有范母。故圣贤们的诞生不是没来由，都是源于母亲孕育、养育、教育的伟大！

　　如果因为工作忙或者其他什么原因，长期没有回家看看，甚至连一封信、一个电话也没有，一旦父母仙逝，那将是追悔莫及的。

　　2005年被评为"十大文化人物"之一的中国当代著名学者季羡林先生写的《赋得永久的悔》中有这样一段话："古人说'树欲静而风不止，子欲养而亲不待'，这话正应到我身上。我不忍想象母亲临终思念爱子的情况，一想到我会肝胆俱裂、热泪盈眶。当我从北京赶回济南，又从济南赶回清平奔丧的时候，看到了母亲的棺材，看到那简陋的房子，我真想一头撞死在棺材上，随母亲于地下。我后悔，我真后悔。这就是我的'永久的悔'。"

　　俗话说"难活不过人想人"，亲人之间离别后的"相思"是痛苦的，甚至会相思成病，称之为"相思病"。父母与子女间由血缘天性决定的

"苦离别"和"长相思"是难以用语言形容的，盼望重逢的心情和渴求团圆的愿望也是令人难以想象的。

唐朝狄仁杰为官清廉、秉政以仁、朝野赞誉。他长年在外做官，日夜思念父母，只要一有空闲时间就登上高山，遥望家乡方向的白云，回忆父母的嘱托，时刻不忘做一个好官。这就是历史上传诵的"望云思亲"的故事。

人们用一首诗赞美狄仁杰曰："朝夕思亲伤志神，登山望母泪流频；身居相国犹怀孝，不愧奉臣不愧民。"元代著名学者陈高有一首《思亲词》也表达了对双亲的思念之情："泪滴东瓯水，思亲欲见难，水流终有尽，儿泪几时干。"

古人称寻找离别亲人为"寻亲孝"，《二十四孝》中"寿昌寻母，弃官不仕"就是一个典型故事：朱寿昌，宋朝天长人。自幼与母亲离散后，从懂事那天起就日夜想念母亲，整天郁郁寡欢，愁眉不展。每与别人谈及，泪流如雨。寿昌常到各地寻访都无果而终。寿昌思母心切，寝食不安，他嘱咐家人，在没有找到母亲之前，每餐不设酒肉！为了找回母亲，寿昌弃官不做，临行前对家人说："此次出行不见母亲，誓不返还。"他自陕西到陕州，一路跋山涉水，四处奔波，历经千辛万苦，终于找到母亲。当时寿昌已年过半百，母亲亦七十有余。母子相认悲喜交集，泪如雨下，所见之人无不感动落泪。寿昌的孝行也感动了朝廷，皇帝诏谕寿昌官复原职，之后又升至郡守。

而现代，也有"小亮寻父，锲而不舍"的故事。在2005年1月25日《民主与法制报》，以《情动人寰，四十二年寻父路》为题，报道了这样一个动人的故事：

陈小亮自幼与父亲在成都失散后，从懂事那天起就日夜思念父亲。10岁那年，他瞒着母亲，只身一人离家出走，从陕西南下成都寻父。一个沿街流浪的孩子不但没有找到父亲，最后因生活无路被遣送回家。小亮心中寻父的烈火不但没有熄灭，而且越烧越旺，常常通过各种方式和途径探听父亲的下落。

时间一晃30年过去了，1992年小亮认为寻父的条件已经成熟，在妻子的陪同下，准备好相关资料与经费，又南下成都寻父。大海捞针谈何容易，经半个多月的努力，不但无果而终，连自己的积蓄也全部花光了。

小亮虽遇到挫折，但寻父梦不灭。为了给寻父创造条件，经夫妻商量又做出了一个惊人之举：2004年8月7日，小亮夫妻费尽周折，筹措资金，在成都开了一个小餐馆，一边经营餐馆挣钱，一边千方百计寻父。小亮为寻父所做的一切难以用语言表达和形容。功夫不负有心人，经过前后42年的努力，终于在成都一个偏僻的农村找到了父亲。

最动人的一幕终于显现了：八旬老人陈德华见到了自己的亲生儿子陈小亮，就像孩子一样放声大哭，老泪纵横，连一句完整的话也说不出来……陈小亮见到自己朝思暮想的父亲，双膝跪倒父亲面前，捶胸顿足，失声痛哭，高声喊着："爸爸，爸爸，我终于找到您啦！"父子两人抱头痛哭，在场的人无不感动落泪。

古今中外这些案例，不胜枚举。它们无不证明了一个真理，那就是——孝道，源于天性；亲情，不容分割！

我曾在邯郸遇到这样一位善人，他的故事让我感动。

父亲去世二十多年了，他几乎每天晚上和父亲对话近一个小时，每天向父亲祷告，就像基督教徒对耶稣真主的祷告一样。他真诚地向父亲述说每日所做的事情，以及做错的事情，以祈求父亲的宽恕原谅与加持庇护。

尤其听了我的孝道的课程之后，当天晚上就和父亲忏悔了两个小时，悔恨自己没有做好孝道，一生留下不可挽回的遗憾，现在只能把天下苍生当成自己的父母，孝顺他们，以慰父母在天之灵。

他的真诚令人动容。其实我们也会对去世的父母祖先忏悔祷告，但是能够像他坚持天天如此与父亲真诚沟通，怀念父母的，实在稀有。

　　回忆起小的时候，父亲对他教育十分严格。"文革"时期，父亲每次给他讲完四书五经，在他掌握背诵后就烧掉了，所以直至今日，他依然能倒背如流，他一生都感念父亲的恩德，让他学会了做人。

　　所以他在父亲影响及熏陶之下，他终于成就了一个大善人，他帮助了将近上千个流离失所的人，一生都在做义工，帮助那些需要帮助的人。他的精神令人深深折服，他的事迹令人感慨万分。

　　也许你的父母正在为你上大学而辛勤地工作；也许你的父母正在为你购房而四处筹集款项；也许你的父母正在为你的婚姻而发愁；也许你的父母正在为你解决后顾之忧而照顾着你的孩子；也许你的父母身心疲惫，依然期盼着你的到来；也许你的父母病倒了，怕影响你的学习工作而不敢告诉你；也许你的父母在没有见到你之前就远远地走了，却在九泉之下为你祈祷祝福……无论父母身置何方，做何事情，在父母心中却永远惦记着儿女的一切。

　　这首《妈妈，您在哪儿》的散文诗，道出了天下儿女的心声。

　　　　　　妈妈，您在哪？
　　　　　　妈妈！
　　　　　　我轻轻地叫一声妈妈，
　　　　　　禁不住泪如雨下。
　　　　　　您用甘甜的乳汁将我哺育，
　　　　　　您用辛勤的汗水滋润我成长。
　　　　　　望着您，
　　　　　　被岁月压弯的身影，
　　　　　　轻抚您，
　　　　　　因操劳而日渐干枯的手臂，
　　　　　　儿的心已碎。

当青春在我们脸上绽放光彩，

岁月的霜也染白了您的满头黑发。

当我们长大后，

像鸟儿一样远飞，

您却被思念的皱纹，

爬满了原本细嫩的脸颊。

牵挂中，

穿起了多少不眠的春秋，

期许里，

度过了多少无语的冬夏。

母亲啊！

您在每一个夜晚，

枕着儿的名字入眠。

您总说，

孩子，

回家的时候不必敲门，

你的脚步声妈早已听见！

望眼欲穿啊，

听到风吹树叶都以为是儿回家的脚步声，

可是儿却让您一次次失望，

如今儿已回家，

却再也听不到您那熟悉的声音，

再也看不到您那慈祥的面容，

无人再问我的冷暖，

无人再解我的忧愁。

妈妈啊妈妈，

儿多想靠在您温暖的怀中，

多想在此刻，

您能突然在身后，

叫儿一声乳名，

可是遍访天涯却无处寻找您的踪影，

孩儿忍不住将您轻轻地呼唤，

又深怕惊醒了您的安宁，

我只能等，

等您走入我的梦境……

孝 道

······················

# 二、孝之反思

《大学》云："为人父止于慈，为人子止于孝。"可见孝慈是维系家庭和谐的根本，也是做人的本分。论父慈，有过之而无不及。尤其当今社会，特殊家庭的结构比例是 4：2：1，有人开玩笑称之为"非常 6+1"，六个大人爱一个孩子，当然孩子不会缺少慈爱了；相反谈及子孝，恐怕是有不及而无过之。这倒不是因为一个孩子孝顺不了六个长辈，而是因为在温室里被溺爱长大的孩子不懂得感恩与回报，缺少为家庭分担与付出的意识与责任感，缺乏中国传统孝道的教育，孝心被物欲所蒙蔽。

一旦家庭产生了纠纷，而无法和睦相处时，孝慈的可贵就显现出来，"六亲不和，安有孝慈?"老子告诫世人，我们提倡什么，就代表什么有缺失。今天我们提倡孝道，这说明孝道出了问题。我们来看看各大报纸、杂志、电视、网络等新闻媒体所报道的种种不孝事件：

中央电视台曾报道，河南安阳市的古稀老人吴某守寡 38 年，含辛茹苦将三个儿子抚养成人并都成了家。三个儿子生活均比较富裕，但老人到了晚年，却连个住处都没有。分家时口头协议，她只住三儿子院里的两间房子，等老人去世后，房子归老三所有。

老三借口翻盖房子，让老人搬了出去，在三个儿子家轮流住，一家一

个月。三个儿子、儿媳都把老人当成累赘，都不愿老人在自家住。

老人只好找村支书来调解，甚至跪在地上哀求，三个儿子还是不答应。老人终于绝望，在三个儿子面前喝农药身亡。

这些不孝子不仅受到自己良心的谴责，也受到群众舆论的批评，更受到了法律的制裁：老三被判处有期徒刑三年，另两个儿子分别被判处有期徒刑两年和一年。

《法制日报》1990 年 7 月 21 日曾有一篇文章谈到，1989 年天津市法院受理与赡养有关的案件 1134 件，比 1988 年增长 5%。1989 年仅上海市崇明县，老年人非正常死亡 135 人，其中 55% 是因为赡养问题无法落实而自杀身亡。

2004 年 3 月，预防长者自杀亚太地区会议在香港召开。根据会议提供的资料显示，据保守估计，我国每年约有 25 万人自杀，200 万自杀未遂，其中 55 岁以上的老人和准老人约占 20%。而农村老年人的自杀率，是世界平均水平的 4~5 倍。

2006 年，《中国青年报》报道，黑龙江省人大代表翟玉和，率 7 人普查组对全国农村养老问题进行调查，结果显示：

5% 的老人三餐不保；

45.3% 的老人与儿女分居；

53% 的儿女对父母感情麻木；

67% 的老人生病了买不起药；

93% 的老人一年添不上一件新衣服……

在繁华文明的城市中，有的老人，甚至是著名演员或作家死在家中，尸体腐烂才被发现，老人在空巢中意外死亡的事情屡见不鲜。

数字也许枯燥无味，但这些毫无感情色彩的数字，却撕碎了中国传统美德——孝道。幽幽华夏，上下五千年，我们素以"礼仪之邦"著称。孝道是一种被人们推崇与遵循的事亲奉上的传统美德，可以说是中国传统文化最为显著的特征之一，是数千年来最伟大的立国精神，是健全家庭组织的基本要素，更是完善人格的奠基石。千百年来，多少古圣先贤的孝行故事，感天动地，激励着一代又一代的中华儿女力行忠孝。它在协调人际关系、维护社会稳定、促进社会发展的进程中发挥了巨大的保障作用。

然而，天经地义的孝道，为什么随着时代的前进，反而发生了危机呢？而且已经成为一个迫在眉睫的社会问题。究其原因，除了大周以后礼崩乐坏，正道失传，传统文化渐渐衰微之外，还有一个重要因素就是封建统治者出于私心，把孝道这个老祖先所传之瑰宝歪用，致使这一宝珠沾染了污泥而减弱了其本有的光辉。

我们先来看看传统封建孝道的糟粕所在：

一是在封建历史时期孝道成为封建统治者的工具，"君选贤臣举孝廉"的背后引发了伪孝。

孝，本是赤子行为的自然流露，一旦掺入了私心邪念，再高明的演技都将使"孝"变得丑陋不堪。一个孝子，自然会忠君爱国，一个清廉之人当然不会贪赃枉法，推选这样的人来治理国家，肯定会利国利民。问题是在封建时期"君选贤臣"这样的前提下，人们为了升官发财，就会打着"仁义"的大旗，去做出欺世盗名之事。而孝道也逐渐堕落成了封建统治者的工具，将自然的真情流露转变为变态的感情枷锁，目的只是为了永保帝位。

如战国时期的曹丕与曹植为了争夺太子之位。一次在曹操准备出征时，曹植写了一篇歌功颂德的文章，获得曹操大加赞赏及文武大臣刮目相看。曹丕自知文采不如其弟，他的谋士就出谋划策，让他上演了一场心疼父亲的假戏。曹操正准备整装待发，忽听外面一阵哭声，那哭声是何等悲壮，闻者无不被其感动。善于心机的曹丕，表演得非常成功，不但感动得曹操老泪纵横，也使文武百官跟着哭了一通鼻子，而曹丕也收到了"大孝子"的美名。结果帝位最终落入曹丕这个"大孝子"之手。

二是子女在没有大智慧分别下，对自我意识和人身价值的根本否定与盲目尽孝。

有这样一个故事，说曾参小时候跟他爹一块去地里耨地，曾参初学农活，自然笨手笨脚，一不小心就把两棵禾苗锄断了，他爹曾点勃然大怒，拿起棍子狠揍曾参，大概失了手，竟把曾参打得昏了过去。吓得曾点抚"尸"大哭，而曾参醒过来后，为怕爹爹担心，没事人似的对曾点说："我得罪了父亲，你没有打累吧。"为表明自己没事，他假装一点也不痛，到屋里抚琴作诗，悠哉乐哉起来。于是这一段故事传为佳话，大概中国流传数千年的"棒打出孝子"就是从曾家父子这个故事引申来的。

但即使在当时，大力倡导孝道的孔子对曾家父子的做法也并不认同，对曾点与曾参"各打五十大板"，他认为一是曾点不应该下此狠手，失了为父之道，如果真的打死了儿子岂不犯了故意杀人罪；二是曾参在父亲的暴力面前应该逃跑，使父亲不至于犯下"不父之罪"，自己也不至于失去"蒸蒸之孝"。

故子女在没有大智慧引领和辨别是非的能力下，很可能不清楚自我的人生真谛与真实意义及最大价值。于是，对于孝道就进行得很盲目，无法真正地力行至孝的境界。

三是极度专制中央集权下的孝道已经成为一种强制性的法则维系着社会的等级制度，"君要臣死，臣不得不死；父叫子亡，子不得不亡"的愚孝自然应运而生。愚孝成了为维护封建专制而服务的工具。

自西汉始，统治阶级就把孝道扩大到社会生活的各个领域，以孝治天下，形成了系统的孝道。把忠君、孝亲引向愚忠愚孝的歧路。传统孝道成为统治阶级捍卫本阶级利益的道德武器，成为麻痹劳动人民的精神鸦片。

郭巨，晋代隆虑（今河南安阳林州）人，原本家道殷实。父亲死后，他把家产分作两份，给了两个弟弟，自己独立供养母亲，对母亲非常孝顺。后家境逐渐贫困，妻子生了一个男孩，郭巨担心，养这个孩子，必然影响供养母亲，遂和妻子商议："儿子可以再有，母亲死了不能复活，不如埋掉儿子，节省些粮食供养母亲。"当他们挖坑时，在地下二尺处忽见一坛黄金，上书"天赐郭巨，官不得取，民不得夺"。夫妻得到黄金，回家孝敬母亲，并得以兼养孩子。

虎毒尚不食子，何况是一位孝敬父母的人呢？这个故事荒诞愚昧，迷信色彩甚浓，被统治者推崇，乃"醉翁之意不在酒"也，统治者深知自己德性不够，达不到臣民的敬忠，故提倡愚孝，意在培养愚忠。

鲁迅先生在《旧事重提》中说："童年时代的我和我的伙伴实在没有什么好画册可看。我拥有的最早一本画图本子只是《二十四孝图》。其中最使我不解，甚至于发生反感的是郭巨埋儿这件事。"鲁迅先生还不无讽刺地说道，不仅他自己打消了当孝子的念头，而且也害怕父亲做孝子，特别是家境日衰、祖母又健在的情况下，若父亲真当了孝子，那么该埋的就是他了。

四是用孝搞迷信走极端，颠倒了纲常伦理，违背了圣人意愿，理解错了圣人的真理。

历史上也曾出现过"案头置《孝经》治病"、"面北诵《孝经》退黄巾"、"父病跪诵《孝经》昼夜不息"等荒唐做法。

如《三国典略》载："徐陵的儿子徐份极孝，父病重就长跪不起，泪流满面地背诵《孝经》昼夜不息。所以林同写诗赞扬说：'父疾亦云笃，如何豁尔平。《孝经》惟泣诵，昼夜不停声。'"

当然，在我国历史中的愚忠更是不胜枚举。例如《水浒传》的宋江，从上梁山那一刻起，一直盼望着"招安"，想当一个效忠皇帝的忠臣，最终成为统治阶级的帮凶。平定方腊，"出去一百单八将，回来七十二只灵"，得胜册封之时，被奸臣暗算，明知酒中有毒，却带头愚忠，害死几乎身边所有的将领。这种愚忠显然是一种封建糟粕，只能当作历史。

理学的集大成者朱熹曾言："圣贤千言万语，只教人明天理，灭人欲。"很多人理解为："圣人教育我们没有七情六欲，不去尽孝。"大错特错，而这也完全违背了圣贤的原意。圣贤教育我们要把人心换作良心，即化小爱为大爱，用真心去孝顺我们的父母，因为孝顺父母从来都不是一种人欲，而是天性自然。

然而我们也必须看到，传统孝道作为一种家庭或社会伦理规范，其功能与作用具体来说，有以下几大优点：

一、"孝道"作为家庭伦理规范，有维系家人和睦，维持家庭稳定的功能和作用。人们用孝来调节家庭关系，并使之扎根于家庭，风行于社会。

孔子一生立愿，老者安之，朋友信之，少者怀之。中国人也一直追求"幼有所长，壮有所用，老有所终"。让老年人安度余岁，终养天年是社会追求的共同目标。

在中国历史上，社会赋予老人权利和尊严。子女不听老人的话，老人只要告到官府就可以定子女"忤逆"之罪。可是从古至今，几乎没有精神正常的父母冤屈自己的子女。

在"文革"时，常见到一个词"孝子贤孙"，当时这个词多用于贬义，其实自古以来，它是褒义的：不仅儿子要孝，孙子也不能免责！一个犯罪的父母，即便受到法律的制裁，但他们依然有权得到子女的孝养。

二、孝道中"老吾老，以及人之老；幼吾幼，以及人之幼"，这种由敬爱自己双亲推广到敬爱所有的长辈的道德观念，体现了中华民族扶困济危、尊老爱幼的民族性和普遍的人道主义精神。

毛泽东同志在1959年回故乡韶山时曾深有感慨地说："共产党人不信神鬼，但生我者父母，这还是要讲的。"又如"陆绩怀橘以孝母"、"李密陈情报母"等折射其对父母恭敬有加，眷爱情深。再如木兰代父戍边等，则反映了奋不顾身，救父辈于危难的孝行，千百年来为人们所颂扬。

1979年春天，日本松下电器顾问松下幸之助首次访问我国，回国后，他对中国留下印象最深的就是："中国尊敬老人。"

敬老、爱老、养老是中国人的传统美德。不仅古代帝王如此，当今国家领导人也是如此。一次，我们的温家宝总理出访澳大利亚，在做报告时，他问在座的来宾是否有年龄超过 65 岁的，并且请大家站起来，把座位让给这些老人。接下来他对随行的部长们说："我们要尊重这些老人，他们是国家最宝贵的财富。我们把座位让给老人吧！"温总理这一敬老举动赢得了在场所有人的热烈掌声与好评。

三、孝道提倡"国之本在家"的思想，将国家的精神命脉系于家庭。讲究"家齐而后治国"。所谓"教先从家始"，"家之不行，国难得安"，"正家而天下定矣"，就是说这个道理。

春秋战国时期齐国已有规定：70 岁以上老人免一子赋役，80 岁以上老人免二人赋役，90 岁以上老人免全家赋役。

汉文帝明令：80 岁以上老人每月供给一定量的大米、酒和肉，"凡孝于亲者人帛五匹"。

唐朝、宋朝、元朝规定：男 70 岁、女 75 岁以上者皆给一子侍。

明朝提出："尊高年，设里正，优致仕。"

清朝大办"千叟宴"。1722 年康熙帝宴请全国 70 岁以上老人 2417 人。后来雍正、乾隆两朝也奉办过类似的"千叟宴"。

2009 年 10 月 25 日——九九重阳节，我国政府在人民大会堂成功举办了敬老孝亲的"万叟宴"，象征着中国的民本思想。

四、孝道在中国古时社会具有超出家庭伦理的社会政治意义。广泛而深刻的家庭教育使之成为中华民族虽历经劫难仍薪传不熄的道德传统，成为一种高尚的民族精神。

孔子、孟子、曾子、荀子的孝道思想是先秦孝道理论的代表，也为我们后人研究孝道、践行孝道打下了坚实的基础。

孙中山先生在《三民主义》中说道："讲到中国固有的道德，中国人

至今不能忘记的首先是'忠孝',次是'仁爱',其次是'和平'。这些旧道德中国人至今是常讲的。……讲到'孝'字,几乎无所不包,无所不至。现在世界上最文明的国家讲到'孝'字,还没有像中国讲到这么完全,所以孝道更是不能不要的。"

江泽民同志也提出"以德治国"的方针,实则内涵了传统的孝道。

这些孝道精髓的继承,对我们社会主义精神文明的建设大有裨益,我们要采取实事求是的态度,对传统孝道做出正确评价,并使之古为今用。

孝道无论在过去、现在和将来,也无论是黄种人、白种人或黑种人,是人人必须遵循的人性原则和繁衍规律。孝道是全人类的共同财富、全球伦理、永恒的人文精神和"天下第一道德"。孝是"放之四海而皆准的真理",穿越千百万年,生生不息。

# 孝　道

## 三、孝之衰落

孔子闲居在家，曾子在旁陪坐着。

孔子说："先代圣王尧、舜、禹、汤、文、武等，他们有至高无上的德行，极其重要的道理，可以用来指导天下人民，全国因此和睦相处；上上下下都不怨天尤人，你知道这种至德要道是什么吗？"

曾子听到孔子的教诲，立刻恭恭敬敬地站起来，走到孔子的面前说："老师，我实在不太聪敏，怎么能知道这种至德要道呢？还是请老师教导我吧！"

孔子说："孝道，是道德的根本，一切的教化都是从孝产生出来的。你坐下来吧！现在让我来告诉你。"

身体发肤是父母所生的，我们应当要谨慎地爱护它，丝毫也不敢损伤它，这是孝顺父母的头一桩事。然后，立身行道，有所建树，遵守仁德做事，止于至善，使名声能显扬于后世，彰显父母，这是孝道最高尚圆满的境界。

所以孝道这件事，起初在幼年时代如果能够孝顺父母，和兄弟和睦相处；到了中年时代，就能移孝作忠，奉事君长，为国尽忠；到了老年时代，顶天立地，扬名于后世，道成天上，名留人间，这才是完成了最终圆

满的孝道。

今天我们把孩子带到这个世界上，我们认为传宗接代做圆满了吗？其实只做到了一半，我们只是把孩子的肉体带到这个世界上，却没有把宗传给他们。那什么是宗呢？忠孝仁义传家宝。所以父母不仅仅有培养教育儿女的责任，更重要的是要把传统文化的美好德行传承给下一代，孩子不仅仅有赡养父母的责任，更重要的是把父母的德行发扬光大。这个才叫作真正的传宗接代。

所以父母与孩子是一体的，我们看"孝"这个字是由"老"字的上面部分和"子"字组成的，也就是说往上推，可以追溯到祖祖辈辈，乃至于生命的源头，往下推可以到子子孙孙，乃至于无穷无尽。"孝"字代表父母与孩子是一体的。"孝"字上半部分就像一把雨伞，象征父母永远为儿女挡风遮雨；下半部分就像一把拐杖，象征着孩子支撑着父母，陪伴着他们，颐养天年，享受天伦之乐。然而时至当今，人伦荒废，孝道不能大行于天下，乃至酿成严重的社会问题，因此我们不得不面对这个残酷的现实。那么问题究竟出在哪里了呢？

第一，问题在于近百年来，中国传统文化发生严重的断层，从"五四运动"以来，"文革"到改革开放后一味地学习西方，传统文化孝道的美德断层了四代人。

平心而论，谁不希望父慈子孝？谁不希望家庭和谐？谁又不希望教育好下一代？我们从小就缺乏圣贤教育，不明孝道真谛，所以无法对下一代进行教化。我们总以为不缺父母吃穿就是尽孝了，其实这是远远不够的。

子夏是孔子文学方面的继承人，所以孔子希望他日后能大力弘扬孝道。但他为人又谨小慎微，十分严紧，不苟言笑，表情严肃。所以在与双亲相处过程中，态度难免有些呆板生硬，缺乏温和，让别人看了觉得有点生分。故当他问孝道的时候，孔子借机对他说："色难，有事弟子服其劳，有酒食，先生馔，曾是以为孝乎？"子女侍奉父母，最难的是天天都能和颜悦色。如果有事，有年轻子弟为长辈效劳，如有珍品佳肴时，先供父母享用，难道这样就算是尽孝吗？

有的人和父母说话没耐心，大吼大叫，嫌父母啰啰唆唆；行为上对父母呼来喝去就像佣人和保姆，没钱了知道找父母，没饭了知道喊饿。一次，子游问孝。子曰："今之孝者，是谓能养。至于犬马皆能有养，不敬，何以别乎？"孔子的意思是说：如果今天我们只是养父母，而对父母不恭不敬，这跟养马养狗又有什么区别呢？

别以为给父母做点家务活，有好吃的给父母吃，就是孝了。假如给父母脸色看，请问山珍海味能吃得下吗？高楼大厦能住得安吗？所以请问孝敬父母什么最难？——色难。儿女有条件，很容易做到给父母买房买车，但很难做到不给父母脸色看，如果言行当中流露出蔑视和不耐烦，这种孝敬是不到位的，很容易让父母心不安。现在中国有的孩子如此，国外的孩子也是如此。曾经法国一个孩子，他老爸问他三次"那是什么？"他就嫌烦了，可是他小的时候，他问了他老爸二十一次同样的问题，他老爸依然微笑地告诉他。

即便如此，我们不妨扪心自问，就是这样再简单不过的孝敬我们又做到了多少呢？父母口渴时，你给他们毕恭毕敬地端过茶吗？父母疲乏时，你给他们诚心诚意地洗过脚吗？父母饥饿时，你给他们及时地做过丰盛的饭吗？一进门就喊肚子饿了的人是儿女；一进门衣服都来不及换就下厨房做饭的人是父母。整天抱怨作业多，一不开心就冲家人发火的人是儿女；累了一整天却毫无怨言，洗衣打扫又陪读的人是父母。娶了媳妇忘了娘，嫁了老公忘了爹的人是儿女；辛劳了一辈子，老了还帮儿女带孩子的人是父母。或许等到儿女都变成父母时，等到父母慢慢变老时，我们才会回忆起生活里这些点点滴滴，才能真正理解什么是爱。

那什么才是真正的尽孝呢？衡量一个孝子的重要条件就是"诚于忠，形于外"。意思就是，孝敬父母，关键之处在于——内心诚敬，只有这样，

才能由内而外地自然表现出对父母的孝敬。

第二，我们不能身体力行，有孝心没孝行，有理论没实践，所以我们讲得再好，也不能使孩子信服。

有一则公益广告让人记忆犹新：当忙碌一天的你，不忘端着一盆热水，给妈妈洗脚，孩子正在你的身后默默地注视着，转了身，用稚嫩的小手端来满盆的水，轻声对你说："妈妈洗脚！"

在孝的方面，可以说，父母是原件，孩子是复印件，原件如何，复印件就会如何。父母是孩子最好的老师，"身教更胜于言教"，父母也是孩子人生第一个老师，当孩子没学会说话、走路的时候，父母的言行、家庭的氛围便在孩子心灵中潜移默化地起着作用。后天品格的基础正在这个时候奠定。尤其幼童时期，孩子还听不懂普通的道理，他更重视的是事实与直接感受。所以以身示道胜过千言万语。

过去有一个不孝子，当他的父亲年老体衰时，他觉得父亲成了负担。于是他用担子挑着父亲上山，准备把父亲丢下，正当他要返回的时候，跟在身边的孩子突然问道："爹爹，为什么不带爷爷回家？"父亲说："爷爷老了，不中用了，我们走吧。"孩子说："那好，不过您要将这担子带回去。"父亲不解，问道："你要它做什么？"孩子说："等您老了，还得用它来担您呢！"

父亲听后惊呆了，也许单纯天真的孩子以为人老了，都得用担子挑出家门，并无任何恶意。但是，这位父亲却听出了弦外之音。善有善报，恶有恶报，不是不报，时辰未到。于是，他马上又用担子将父亲挑回了家，从此再也不敢不孝顺父亲。

这种不敢不孝，虽非发自内心，但对维护孝道起了一定的作用。起码老人不会流落街头，受冻饿之苦。故当天良丧失时，教化将起着巨大的作用。教育的核心就是因果，从古至今没有一个虐待老人的人，会生出孝子且善终。不信但看屋檐水，点点滴滴何差别。

　　第三，"孝道颠倒"我们成了孝顺孩子的"孝子"，这是人类最大的悲哀，对社会危害极大。我们拿大树来做比喻，我们把树根比作祖先父母，树干比作我们，枝叶比作儿女。如果给这棵树浇水，请问应该是润根还是润枝？那肯定是润根了，因为根深叶茂。树根无私滴把营养通过树干传给枝叶，如果树根枯萎了，树还能活吗？肯定不能了。

　　今天，我们认为我们一味地对儿女好，长大了儿女就会对我们好，这是错误的观念。因为我们为孩子做了一个错误的榜样，等他的孩子长大了，就会对他的孩子好而忽略了我们。所以大家想一想，我们只是对枝叶好而忽略了根本，我们家庭能兴旺么？正所谓：上梁不正下梁歪，上行下效。我们的今天就是孩子们的明天。

　　英国有一句谚语说："父母之爱为诸德之基。"说明人生德行的基础，大部分来自于父母之爱。普天之下几乎没有不爱孩子的父母，爱是一种具有极大能量的行为。如果你在一味地爱孩子的同时，忽略了爱自己的父母，那么你的孩子长大成人之德行基础，便会缺少孝道的成分，他同样也会爱他的孩子而忽略了你！

　　多昂贵的玩具，只要孩子开口，父母就会买给他；多高档的服装，只要孩子喜欢，父母也都会满足。那么，我们是否给自己的父母买过一件名牌服装？孩子的生日我们知道，父母的生日我们知道吗？孩子的好恶，我们清楚；父母的喜好，我们也明白吗？孩子是皇帝，我们是奴隶，这样溺爱下去，不仅害了孩子，也给自己种下了苦果。

　　有的孩子自私自利，有好吃的不给父母吃；有的孩子从不帮父母干活，衣来伸手，饭来张口；有的孩子就不听父母劝告，一上网吧便不回家；有的顶撞父母，对长辈不恭不敬；还有的叛逆，专与父母作对；更有甚者，还威胁父母，甚至暴力对待。

　　这不都是"孝道颠倒"，所造成的恶果吗？

　　2006年5月24日，某媒体报道了这样一条消息，题目是《半百老农

深夜电死亲生母亲》。50岁的安某是某地农民，1996年6月他的父亲遭车祸受伤，不久去世，母亲的身体多病。他为了独吞肇事者数千元钱的赔偿款，一天夜里，趁母亲熟睡之际，将电线连在老人手部和头部，然后残忍地接通了电源，将亲生母亲电死。

无独有偶，一个孩子，从小娇生惯养，父母把他从周一到周日要穿的衣服都安排得井井有条。他的父母按照自己的想法，给他设计好了人生轨道。

可能你会问，这样难道不好吗？我想让人管还没人管我呢？告诉你，这样溺爱的结果便是：孩子的天性与创造力被扼杀，甚至导致心态扭曲。

当这个娇生惯养的孩子与一个女同学相处时，遭到父母极力反对。这直接引发了他对父母的仇恨，趁父母熟睡的时候，他残忍地用斧子将父母砍死。

俗话说："冰冻三尺非一日之寒。"事后记者采访发现，这个娇生惯养的孩子心态早已扭曲——在他家阁楼里，发现许多死麻雀，每只麻雀的头，都被他用钉子死死地钉在木板上，并且所有麻雀都是紧闭双眼、大张着嘴，这些麻雀临死之际，凄惨的神情惊人一致！想想大自然中千姿百态的麻雀，它们灵动的身影常令我们心动不已，两相对比，我们情何以堪？你能想象这幅场景竟是出自一个孩子之手吗？

2006年1月1日某媒体以《为骗百万保险，纵火烧死生母》为题，报道了一起"全国罕见的杀母骗保案"。初某，为实现一夜暴富的梦想，经过长达半年的精心策划，一日深夜制造家中意外失火的假象，将亲生母亲活活烧死。之后他向两家保险公司索要巨额保险赔偿。天网恢恢，疏而不漏。经过警察缜密侦察，终于使其如实交代了令人发指的犯罪动机和经过，最终受到了法律的审判。初某的这种恶行，还被国内媒体评为"中国五大不孝"之第二人。

这一幕幕触目惊心、丧心病狂的杀父害母的案件，不正说明了孝道颠倒，父母无条件溺爱所带来的严重恶果吗？难道这些还不足以引起世人的警醒与深思吗？

第四，在家庭教育、学校教育、社会环境中都"重视技能培养"，而"忽略了品格培养和人格完整"，使得孝道的风气没有蔚然成风。

教育专辑周弘曾说："任何成功都无法弥补教育孩子的失败！教育孩子的失败是天下父母心头永永远远的痛！"我们优秀的传统文化教人以美德，人格最为优先。而当今社会却充斥着各种物化教育，一切向钱看，分数是孩子的命根，完全忽略了圣贤文化。

谁都晓得先做人后做事的道理，遗憾的是一些父母至今尚未觉悟，一门心思地让孩子考大学，找好工作，升官发财，追逐名利；学校只注重技能培养和升学率，很少给孩子灌输做人的道理；而当你走上工作岗位后，老板更不可能跟你讲做人之道了。

孝道乃是做人的基础，是完整人格必备的条件之一。身为万物之灵首的人类，如果不去孝顺父母，又凭什么顶天立地做人呢？

有的家庭兄妹多，生活条件很好，可在赡养老人问题上讲客观、摆条件、谈困难、找借口，相互推诿扯皮。

女儿说："嫁出的闺女是泼出去的水，父母应是兄弟们养活。"

弟弟说："我沾父母的光最少，父母应哥哥养活。"

哥哥说："从小我帮父母拉扯你们出力太多，父母现在应该轮到你们养活。"

困难的子女说："父母应该由富裕的子女养活。"

富裕的子女说："父母应该由大家共同养活。"

推来推去，老人无奈，成了流浪汉，不得已沿街乞讨。

传统京剧《墙头记》把古代兄弟二人相互推诿、不养父母的不孝行为表现得淋漓尽致，剧情是这样的：一位老父亲辛辛苦苦把两个儿子拉扯成人，安家立业，娶妻生子，日子过得红红火火。

可是两个不孝之子却把父亲视为累赘，为谁来赡养老父亲，兄弟二人还大打出手，并在两家之间砌上了一堵高墙，发誓老死不相往来。

可老父亲总得有人养啊，无奈之下兄弟二人签订了每人赡养一个月的"分养协议"。大儿子首先赡养了一个月，30 天后从墙头上把老父亲交给了二儿子。恰值第二个月是 31 天，二儿子认为自己要多赡养一天，吃了亏，于是到第 30 天就把老父亲送到了墙头上。大儿子以"按月计算"协议为由，拒不接受老父亲，可怜的老父亲就在高高的、窄窄的墙头上又冻又饿地坐了一天。

现在很多人都在赡养父母的问题上互相推诿，甚至闹上法庭。有些人或迫于舆论的压力，或碍于面子，最终才赡养了父母。

中国社会一向有"多子多福"、"养儿防老"的传统观念，但实际情况说明孩子多了却出现了"三个和尚没水喝"的尴尬局面。

2005 年，某媒体转载了这样一件令人寒心的事：一位年逾七旬的老太太，由于身患重病，五个儿子推来推去，都不愿抚养。小儿子对哥哥们有意见，居然在带母亲看病途中，将母亲遗弃街头。

这正是中国俗语"一母五子嫌子少，五子一母嫌母多"及法国俗语"一父对于十子至情，较诸十子对于一父之至情为深"的生动写照。

中国古老的《诗经》对这种现象也做过辛辣地讽刺："有子七人，莫慰母心。"意思是，有位母亲辛辛苦苦生养七个儿女，但到老了也无人慰藉母亲。所以《劝报亲恩篇》中告诫说："人子一日长一日，爹娘一年老一年。劝人及时把孝尽，兄弟虽多不可攀。"

辽宁老人张某，膝下三儿一女儿。儿媳、女婿都是干部、会计，家家日子过得很红火。5 月的一天，老人突发脑病，五天昏迷不醒。此时此刻他们想的不是如何救治老母，而是一起开会，将老人的房产和 1 万元现金及 5 万元存折瓜分了。正当他们等着老人咽气时，第 9 天老人却奇迹般地醒了过来。

　　这样的儿女哪有一点孝心可言，让人寒心！如果多子女的家庭把"争遗产之心"，转换为"争赡养之行"那该多好啊！

　　这样的"孝顺"在我们身边究竟还有多少？孝顺父母人人有责，理应各尽其心，可以有力的出力，有钱的出钱，互相取长补短，共同来为父母颐养天年。

　　有的父母宁可自己少花点，把节余的钱暗暗地补助给贫困的子女，这种现象在现实生活中也是常见的。"十个手指"虽然不一般长，但咬咬哪个都疼，父母不忍心看到自己任何一个孩子生活困难，这一点富裕的子女应该理解和宽容，这并不是偏袒，"此乃父母兼爱之心也"。

　　然而，同胞之间，怕吃亏，要求绝对平等，以牺牲老人为代价。不少农村老人由子女轮养，吃饭如同乞丐要饭，儿子媳妇脸色难看，说话难听，遇到一个子女不兑现，不是断炊就是无处栖身。老人治病无钱，只好小病忍，大病拖，听天由命，备受痛苦的煎熬。

　　这样不孝之人，我们还能称之为人吗？简直禽兽不如！

　　能否直立行走和使用工具是人与动物在生理上的区别，是否有道德修养是人与动物在心理上的区别。甚至可以说，不孝父母之人无异于禽兽。明朝姚舜牧在《药言》中更直白地指出："孝悌是人之本，不孝不悌，便不能称之为人了。"

　　亚里士多德说过这样一句话："人，在最完美的时候是动物中的佼佼者。但是，当他与法律和正义隔绝之后，他便是动物中最坏的东西。"

　　所以人们常常咒骂那些不孝之子是"王八蛋"。何谓"王八蛋"？中国人为人处世有"八字"原则，俗称"八宝"，即："孝悌、忠信、礼义、廉耻。"《八字觉》中也说："夫善莫善于能孝、能悌、能信、能礼、能义、能廉、能耻，而全此八字。"如果连这八个字，特别是"八字之首"的"孝"都忘掉了，那么他不是"忘八"了吗？"忘八"即"王八"的谐音，所以骂他是"乌龟王八蛋"一点也不过分。

人们咒骂那些不赡养父母的不孝之子为"禽兽"、"畜生"、"衣冠禽兽",甚至"禽兽不如"!因为在"两爪而羽"的禽中"乌鸦尚知反哺义","四足而毛"的兽中"羔羊也知跪乳恩"。殊不知,动物都懂得孝道,如果人类不懂得,那么岂不悲哀?

羔羊自幼就非常懂事,知道体贴母亲。一次羔羊正要吃奶时,抬头望着妈妈说:"妈妈,你天天给我喂奶那么辛苦,身体都瘦了,我长大以后,怎么样才能报答您呢?"妈妈欣慰地说:"孩子,我什么也不要报答,你只要有一颗孝心,妈妈就心满意足了。"羔羊听后感动得流下了热泪,从此羔羊便跪下吃奶,以表达对母亲的养育之恩。

"灵乌噪何许,反哺向中林。人可不如乌,而无爱母心。"传说乌鸦"母哺之六十日,便可反哺其母,日如母哺子之数。"所以乌鸦历来被称为"孝鸟"、"慈鸟"。

唐朝白居易的《慈乌夜啼》诗是这样描写"慈乌"的:"慈乌失其母,哑哑吐哀音。昼夜不飞去,经年守故林。夜夜夜半啼,闻者为沾襟。声中如告诉,未尽反哺心。百鸟岂无母,尔独哀怨深。应是母慈重,使尔悲不任。惜有吴起者,母殁丧不临。嗟哉斯徒辈,其心不如禽。慈乌复慈乌,鸟中之曾参。"

明初文学家宋濂在《猿说》中讲述了这样一个慈孝故事:福建武平地区,有一种毛似金丝,闪闪发光的猿猴。幼崽从不离开母亲,母亲也时刻机敏地保护着孩子。一次母猿不幸被猎人射中,它知道自己生命垂危,于是就拼命挤出自己奶水,洒在石头上,以留给幼崽吃,当乳汁挤尽后而气绝而亡。为了抓住幼崽,猎人在树下用鞭子抽打它的母亲,幼崽实在是目不忍睹,便哀叫着从树上跳了下来,自投罗网。最后幼崽抱着母亲乱蹦乱跳,心痛至死。母亲死得多么惨烈,幼崽死得多么悲壮,母子情深,实在是动人。

"驴子孝"的故事也非常感人。2000年4月9日,敦煌地区于维明老人喂养的一头驴妈妈——"桑桑"，因在野外误食毒草而突然病倒了，刚刚出生三个月的驴宝宝——"毛毛"发现后拼命地用头拱妈妈，用蹄子推妈妈，企图把妈妈扶起来跟它一起回家。

尽管"毛毛"想尽一切办法还是无济于事，无奈自己跑回家，领主人把"桑桑"运了回来。驴妈妈从发病到死亡的七天时间里，"毛毛"寸步不离妈妈，眼睛里总是不停地流着泪水，有时低吟，有时仰空嘶鸣，试图唤醒妈妈；在这七天里，"毛毛"总是不停地用舌头舔妈妈的身体和眼睛，试图让妈妈睁开眼睛再看看自己。

于维明的老伴看在眼里痛在心上，专给"毛毛"做了一锅平时最爱吃的稀饭，摸着"毛毛"说："孩子，我六岁时死了母亲，可我也得活呀。你也要挺过来呀，喝一点稀饭吧。"

"毛毛"看了看，又闭上了眼睛。就这样，"毛毛"不吃不喝，整天围着妈妈转啊、拱啊、舔啊、叫啊，身体一天天瘦下来。直到第七天妈妈死去，"毛毛"最后一次舔了舔妈妈的眼睛，一头栽到妈妈怀里，死去了。

牧人于维明含着热泪埋葬了它们。著名探险家、诗人乐荣华听说这个故事，心灵受到前所未有的震撼，在悲痛之中，为这对驴母子立了墓碑，墓碑前面刻着"驴子孝"三个大字，后面刻着墓志铭。

歌手王嘉铭根据这个故事创作了同名歌曲，歌中唱到："是谁在亲吻母亲的脸颊，从清晨到日暮守护着她？是谁依偎在母亲的腋下，用自己的身体温暖着她？哦，妈妈，孩子怎能将你丢下？哦，妈妈，养育之恩还未曾报答。快快醒来吧，我要牵着你的手和你一起回家……"

过去，农村不孝敬老人受到全社会的舆论谴责和公愤。不孝子女不敢为所欲为。现在舆论弱化，谁也不愿意得罪人。不少老人怕"家丑外扬"，子女更是无所畏惧，变本加厉地虐待不敢声张的老人。

还有一些子女受功利主义的影响，对老年父母采取实用主义态度，老人身体尚好，还能种菜、饲养、做家务，或者可以照看孙子孙女，就欢

迎，一旦做不了了，反而需要别人服侍，而且生病花钱多，就厌烦，甚至怨恨，亲子之间的关系成为商品关系。一些子女强迫老人从事过重家务劳动，动不动就训斥，使老人从精神到肉体上饱受摧残。

所以有人用球来讽刺当今的不孝子，当父母有用的时候，当作橄榄球抢来抢去；不中用的时候，就当作足球，踢来踢去；父母老了、病了，就变成铅球，推得越远越好！俗云："孝顺父母天降福。"因此，看上去推走的好似负担，其实推走了自己的福德。

古时有个财主，不孝顺母亲，将母亲赶出家门，沦落为乞丐。有一天，母亲乞讨到儿子家门前，儿子正带着孙儿出来，老人急忙躲了起来，心中默默祈祷："我见我儿生了儿，别叫孙儿弃我儿，我儿不孝我无妨，但愿孙儿孝我儿！"不论你怎么对她，她都会原谅你，这就是母亲！做儿女的，于心何忍？

儒学大师曾国藩曾说过："孝顺父母、友爱兄长的人家，则可以绵延十代八代。"可见只有孝顺父母，友爱兄长才能使福禄增长，家势好运经久不衰。

邓小平赡养继母；许世友四跪慈母；温总理陪母；鲁迅敬母；著名歌唱家李双江冒着烈日背母看海，孝行感人；北京某上市集团的张总愿折寿延长父命，父亲病危期间，日夜守候，在走廊里度过一周的不眠之夜；好利来老总为母亲过生日，跑遍了全市，却买不到一块像样而又满意的蛋糕，于是他在心中发誓，将来一定为父母做一块最大最美丽的蛋糕，由于他的这片孝心，终于成就了"蛋糕大王"的美称；周大生金银珠宝行的周董事长感慨说道："我们所为父母做的一切是应该的；所做的一切与父母为我们做的相比是微不足道的；孝顺父母不容等待，要好好珍惜与父母的这段因缘。"

当代的大孝子谢延信，曾被评为感动中国十大人物之一。他 30 年如一日地细心照顾自己的岳父岳母，从无推脱，这样的举动就连亲生儿女也未必能做到，可他这个女婿做到了！

1998 年春节晚会上，《常回家看看》这首歌让人们于不经意间想起我们这个民族传统的孝道。据歌手陈红说，她唱了这首歌后，有的老年人拉着她的手连声说："这首歌唱出了我们的心声。"然而，被这首歌所震撼的不仅是老年人，还有很多中年人、青年人……如果我们不缺少亲情，我们还会被这首歌所震撼吗？

英国有位孤独的老人，无儿无女，又体弱多病。随着年龄的增大，他一个人生活越来越艰难，他想来想去，最后终于决定搬到养老院去。在去养老院之前，老人宣布出售他漂亮的住宅。购买者闻讯蜂拥而至。住宅底价 8 万英镑，但人们很快就将它炒到了 10 万英镑。虽然价钱还在不断攀升，但老人却非常忧虑，这栋房子曾陪伴他度过大半生，这里有他熟悉的一切，他对这栋房子的感情非常深厚，是无法用钱来衡量的。若不是年老体衰，他是不会离开这栋房子的。

一个衣着朴素的青年来到老人眼前，弯下腰，低声说："先生，我也好想买这栋住宅，可我只有 1 万英镑。可是，如果您把住宅卖给我，我保证会让您依旧生活在这里，和我一起喝茶，读报，散步，天天都快快乐乐的——相信我，我会用整颗心来照顾您！"

老人颔首微笑，把住宅以 1 万英镑的价钱卖给了他。

其实，在今天这个物质已经很丰富的年代，对于消费相对较低的老年人群来说，缺少得更多的是心理安慰，而不是物质需求。从暴力到杀害，从威胁到遗弃，从孤独到空巢，从顶撞到叛逆，对父母双亲顾而不陪，陪而不养，养而不敬，敬而不顺，顺而不劝，劝而不诚，诚而不恒等种种社会现象，着实令人担忧且令人痛心。

俗云："教儿婴孩。"儿童天性未染前，善言易入；先入为主，及其长而不易变；故人之善心、信心，须在幼小时培养；凡为父母者，在其子女幼小时，即当教以孝悌之道，以培养其根本智慧及定力；更晓以因果报应

之理，敦伦尽分孝道；若幼时不教，待其长大，无能为力矣！

　　所以，该到认祖归宗的时候了！该是建设我们心灵家园的时候了！今天重新提倡孝道，重振纲常伦理，唤醒世人之本性，使家庭幸福、社会安宁、国家和谐乃至世界大同，有着极其重要而又深远的意义。

# 孝　道

## 四、孝之解读

　　世界上的文字大体分为两类：一类是拼音文字，如英文、德文等；一类是表意文字，如汉字、古埃及文字等。采用象形、指示、会意、形声、假借、转注六种主要方法（"六书"）创造发明的方块汉字，其主要特点是具有"表意性"。

　　"孝"字最早出现于三千六百年前殷商时期甲骨文的卜辞中。"孝"字甲骨文写作"　"，金文写作"　"，小篆写作"　"。

　　康殷先生说："像'子'用头承老人手行走，用扶持老人行走之形，以表示'孝'。"

　　东汉许慎则解释说："孝，善事父母者，从老省，从子，子承老也。""从老省"指"孝"字的上半部是一个"老"字省去了右下角的"匕"字，"从子"指下半部是儿子的"子"字，可见"孝"是由"老"与"子"组成的会意字。

　　《说文解字》的作者许慎用一个"承"字把二者之间的内在联系表现得十分贴切。"承"字的许多意义与孝道有关，如承欢、承继、承袭、承传、承接等。文字源于生活、表现生活，"子承老"从相上观看，儿子搀扶一个白发苍苍弯腰驼背的老人，正艰难地向前行走，直观形象地描绘出

一幅生动的行孝图画。

古时"老"、"考"、"孝"三字相通，上半部都是一个白发苍苍弯腰驼背艰难行走的老人。后来三字含义发生一些变化：有的学者认为"老"下之"匕"为"止"的传讹，表示人的生育能力有止境，"七十止于生育曰老"就是从年龄角度对老人的解释。"考"是从性别角度对男性老年人的称呼，或对"已故之父"之称呼。还有的学者认为"匕"为"Y"形拐杖，"丂"为"T"形拐杖，"老"与"考"是指老人拄着不同形状的拐杖艰难行走，而"孝"则是子女代替了拐杖，搀扶老人行走，以显"孝"字之本意。

"孝"字的本意《尔雅·释训》释为"善事父母为孝"；《说文解字》释为"孝，善事父母者"；《辞海》释为"善事父母"。三种表述与"孝"字的造字原理完全吻合，显而易见，"孝"字本义就是指能很好地善待、侍奉、赡养、尊敬父母及其长辈的伦理道德行为。平素人们称具有这种高尚伦理道德行为的人为"孝子"，孝子中的佼佼者为"大孝子"，出类拔萃、发乎天性自然而为者为"至孝"。

"孝"是人人必须遵循的客观规律和行为准则，所以从"道"的定义角度可称为"孝道"。"孝"属于人类社会发展过程中所创造的精神财富，所以从"文化"定义角度可称为"孝文化"。汉语词汇有从单音节向双音节发展的趋势，所以"孝文化"又可称"孝道文化"。

传统孝道文化指的是以"善事父母"为核心内容的行为规范。从社会发展的角度看，祭祀先祖的孝道观念，起源于原始社会的祖先崇拜，或者是对自己生命来处的崇拜，终于人类养老生活实际的需要。

另外还有一层更深的意思是传宗接代。古人云："不孝有三，无后为大。"若以生儿育女传宗接代论，则没有生育能力或只生女孩的夫妻，再敬养双亲，亦被列为最大之不孝，这显然不可能是圣理正传。恰恰这个"后"字，正是指"厚德"。

故传宗之真意即是把祖宗之厚德代代相传，方为尽孝。事实上我们只完成了一半，只是延续了后代，而没有传宗。孝道的家风没有传承下去。俗话说："忠孝仁义传家宝"。因此，上一代有传承和教育下一代的责任，下一代有继承和赡养父母的义务。

"孝"字含义的外延十分丰富，从不同角度、不同侧面可以做出不同的诠释：孝是人伦深情、血缘至爱、先意承志及至德要道，是激励子女奋发创业的原动力；孝是天性、亲情、感恩及报恩，是内心情感的自然流露；孝是道德、文化、天职、责任及义务，是人类繁衍生息链条中必不可少的润滑剂；孝是养老、敬老、助老及爱老，是解决老龄化社会诸多问题的一剂良药；孝是父慈、子孝、兄友、弟恭及夫仁妇义，是一家人和睦相处之高尚境界；孝是立身之本、齐家之宝、治国之道及世界大同之本，是"黄金法则"和"天下至德"；孝是中华民族传统文化和传统道德的基石、精华和灵魂，是促进社会和谐稳定、可持续发展的重要因素、条件和保证……

这些解释虽然从不同的角度出发，但意思是完全一样的。我们每个人都应该明白自己身由所出命由所系，从而报答父母的生养之恩。

著名学者南怀瑾说："中国文化是一个'十'字形文化。"我们都上有老下有小，上有父母、祖父母、曾祖父母直至老祖宗，可追溯到祖祖辈辈，乃至生命的本源；下有儿子、孙子，曾孙子、玄孙子、可延续到子子孙孙，乃至于生生不息，无远弗届，上下一体，不可断裂。不仅如此，"横"的关联，兄弟姐妹、亲戚朋友都需要关爱，形成一个完整、纵横交错的宗族"十"字文化。

《易经》中有一卦是：《天泽履》，上天下泽，天尊地卑，长幼有序，故象礼。履、礼、理三者本为一体。

卦象上乾，为纯阳，《说卦传》人像为父。下兑，为少阴，《说卦传》人像为少女。

少阴从阳，少女从父，乃生育之爱，出乎天性，成乎至德。又内卦和悦其主，如同少女以和悦其父，如少女之承欢膝下，柔色怡声，以得亲欢，则生者得其育，化者得其和，栽者培之，聚者教之，以怀柔远近，亲睦老幼，此慈爱之德，仁爱之施。故于人道，为父慈子孝，而寓其意于礼，礼始于孝，本于尊敬，行于祭祀，而成于教化，致功于治平。

美国总统林肯，在他当选总统的那一刻，整个参议院的议员都感到尴尬，因为林肯的父亲是个鞋匠，当时美国的参议员大部分都出身于名门望族，自认为是上流、优越的人，从没想到面对的总统林肯是一个卑微的鞋匠儿子。

于是，林肯首次在参议院演说之前，就有参议员想要羞辱他。当林肯站上演讲台的时候，有一位态度傲慢的参议员站起来说："林肯先生在你演讲之前，我希望你能记住，你是一个鞋匠的儿子。"

所有的参议员都大笑起来，为自己虽然不能打败林肯却能羞辱他而开怀不已。等到大家的笑声歇止，林肯说："我非常感激你能想起我的父亲。他已经过世了，我一定会永远记住你的忠告，我永远是鞋匠的儿子，我知道我做总统永远无法像我父亲做鞋匠做得好。"参议院陷入一片静默。

林肯转头对那个傲慢的参议员说："就我所知，我父亲以前也为你家人做鞋子，如果你的鞋子不合脚，我可以帮你改正它，虽然我不是伟大的鞋匠，但我从小就跟父亲学到了做鞋子的艺术。"

然后他对所有的参议员说："对参议员里的任何人都一样，如果你们穿的那双鞋是我父亲做的，而它们需要整理或改善，我一定尽可能帮忙。但有一件事情是可以确定的，我无法像他那么伟大，他的手艺无人能比。"说到这里，林肯流下了眼泪，所有嘲笑声化成了赞美的掌声。林肯没有成为伟大的鞋匠，但成了伟大的总统。他的伟大的特质，正是他永远不忘记自己是鞋匠的儿子，并以此为荣。

出身的高低并非衡量一个人成功与否的标准，关键的是在于我们对于自己出身的态度，即对于过去的态度。不要忘记，我们的现在是在我们的过去中孕育的，否定过去，就等于否定现在；而且肯定过去，你也就肯定了现在的自己！

1909 年，美国杜德夫人参加完一次"母亲节"活动之后，想到了自己的父亲。父亲名叫斯马特，曾参加过美国南北战争，功勋彪炳。母亲去世后父亲没有再娶，既要参加农场繁重劳动，又要抚养六个女儿，费尽千辛万苦把女儿培养成人，父亲因劳累过度而与世长辞。

因为父亲对子女付出的爱并不亚于母亲，在她的推动下，第一个"父亲节"在 1910 年 6 月 19 日即六月第三个星期日在华盛顿州诞生。为了使父亲节规范化，社会各界强烈呼吁美国议会通过这个节日。1972 年，尼克松总统正式签署了建立父亲节的议会决议，这个节日终于以法律的形式确定了下来。现在世界许多国家都沿用这一天作为"父亲节"。

《天泽履》，上乾下兑，乾卦为父，象征苍天，刚健、旺盛、昂然向上。"君子终日乾乾"、"天行健，君子自强不息"就是说父亲为了家庭和子女一生运行不辍、生机勃勃、刚健有力、奋发图强的精神状态和拼搏作风。

父亲是铺路石、登天的梯、拉车的牛、顶梁的柱、遮阳的伞、避风的港、躲灾的屋，父亲是家庭的象征、儿女的偶像、一家人的靠山、压不弯的脊梁。父亲是楷模，是榜样，是动力，是方向，是支柱……一言以蔽之，把世间最美好的词汇用于父亲一点也不为过分。

父亲对家庭的贡献、对子女的关爱、对妻子的付出太多了、太大了、太沉重了。但父亲的这种爱，在内涵和形式上与母亲相比是有差异的。父爱是深沉含蓄的、是幕后隐蔽的、是羞于表露的，所以通常称"父爱无言"。

日本池田大作在《女性箴言》中说："男人越是伟大，他的爱就越发深沉。"《温公家范》分析父爱的特点是"心虽爱之不行于外，常以庄严莅

之，不以辞色悦之也"。所以父爱需要子女去寻找、品位、领会。父爱是刚毅而严肃的、内柔而外刚的、是计之博大而宏远的，父爱往往需要子女随着年龄的增长去慢慢地、细细地理解和品味。

英国谚语说："了解自己父亲的孩子准聪明。"伟大的作家高尔基有句名言也说："父爱是一部震撼心灵的巨著，读懂了它，你就读懂了整个人生。"所以子女要尽快、尽早地读懂这部巨著，尽快、尽早地了解父亲，尽快、尽早地对父亲表现一点爱心，否则悔之晚矣。

有的人往往只记住父亲的严厉，对儿时父亲"严管"的一些不愉快琐事，耿耿于怀。因此别人与其谈及孝道时，常常产生反感。当他渐渐读懂这部"巨著"，渐悟"世间无不慈之父母"的道理后，也许待父亲过世方才感到追悔莫及。

这正是古人所说："怨父母不慈者，必不谅父母之苦衷，及至谅之，而父母无限红泪矣，晚矣。"此中之人自古已不少，近来则更多。

难道这种现象不值得警戒吗？某媒体报道：一位兰州女子从 16 岁开始就痴迷刘德华，她的父母多次劝阻无效。出于对女儿的疼爱和为了满足女儿的愿望，父亲多方酬资，甚至卖掉了自己的一个肾，供女儿两次赴港、六次赴京看刘德华的演出。

2007 年 3 月 19 日，父亲向亲友借款一万一千元又来到香港。25 日晚女儿有幸参加了有刘德华参与的一场聚会，并幸福地与偶像合影留念。当她的愿望得到实现之后，第二天凌晨父亲在慈与爱、疼与恨、百般无奈和极度绝望中，写下了一封遗书后，投海自尽了。

女儿不顾父亲死活，痴迷追星何等不孝，父亲爱女儿却不惜命，何等悲壮！但这样父爱又显得有点过分和愚昧。

正因为父母之恩如此伟大，所以子女报恩之心就无比强烈。孝中蕴涵着一种无比巨大的精神力量，这种精神力量是由血缘天性决定的。无论是父母对子女之慈，还是子女对父母之孝，都是发自内心的一种情怀。这种蕴藏在内心里，流淌在血液中的真情，迸发出来的力量是无比巨大、无坚不摧、感动天地的。

"兑卦为泽，泽为湖海"常言道滴水之恩涌泉相报，更何况父母给儿女的恩泽不只是滴水呢？兑卦为女，象征子女用滔滔江河之水报答双亲之大恩大德。

慈爱与孝顺就像云层中带有正电与负电的云团，二者相碰就会爆发雷鸣闪电、暴风骤雨，其力无比。慈愈大，孝愈切。恩愈重，情愈深，其产生的知本报恩力量就越大越强，任何人间的奇迹，都可创造出来。这种情一旦发挥到极致，便可以奉献出一切，哪怕是生命也在所不惜，古人概括为"因孝而勇"。

三国李密、汉时缇萦敢于冒死向皇帝上表、上书提出要求，南朝吉翂敢于冒死到皇帝深宫，击鼓申冤，就是典型事例，古人称之为"拯难孝"。

李密父亲早亡，母被迫改嫁，由祖母刘氏抚养成人。晋武帝要招李密进京做太子的洗马（老师），李密写《陈情表》以婉言谢绝："……但以刘日薄西山，气息奄奄，人命危浅，朝不虑夕。臣无祖母，无以至今日；祖母无臣，无以终余年。母孙二人，更相为命，是以区区不能废远。臣密今年四十有四，祖母刘今年九十有六，是辰尽节于陛下日长，报养刘之日短也，乌鸟私情，愿乞终养……臣不胜犬马怖惧之情，谨拜表以闻。"

抗旨不遵是要杀头的，可《陈情表》吐辞如泣血，陈言似剖胸，感天动地，晋武帝深深被李密之孝心所打动而答应了其要求。

苏东坡说："读《出师表》不流泪者，其人必不忠；读《陈情表》不流泪者，其人必不孝；读《祭十二郎文》不流泪者，其人必不友。"足以说明《陈情表》感人之深。

为了永远纪念李密这位大孝子，在眉山市龙安村修建了"龙门寺"。"龙门寺"石崖上镌刻着一个全国最大的"孝"字，堪称"中华第一孝"。

缇萦之父淳于意为著名良医，深受百姓欢迎。一次为豪官治病，反被诬陷，按法律应解往长安处以"肉刑"。

临行时，淳于意的夫人和五个女儿哭成一团，这时不满16岁的小女儿缇萦"因孝而勇"，抹干脸上的泪水，决心誓死随父亲去京城告御状。

她一直跟着囚车，及京后缇萦给汉文帝写了一份《陈情书》，说明事实真相并表达自己的态度："……妾父为吏，齐中称其廉平。今坐法当刑，妾切痛死者不可复生，而刑者不可复续，虽欲改过自新，其道莫由，终不可得。妾愿入身为官婢，以赎父刑罪，使得改过自新也。"

汉文帝见后深感其诚，令大臣陈平、周勃重审此案，最后真相大白。汉文帝随即做出如下三条规定：一是宣布淳于意无罪释放；二是宣布缇萦孝心可嘉，令临淄地方官为其树立"节孝坊"一座，以资表彰；三是宣布废除肉刑，剕刑改为杖刑一百，非刑改成杖刑二百，宫刑改为杖刑三百。弱女子为救父敢向皇帝上书，实属难得，其孝诚矣！

《履》卦不仅说明人伦之源，五常之序，齐家之道，而且"乾尊兑悦，父子心心相印，内和外健，家道昌隆兴旺，施之四海而同顺，垂之千古而同服"。上乾下兑，乾为天，兑为悦，内心的法喜与天德相合，良心不再违背天理，道出了天人合一的不变真理。所以，孝顺生育我们肉体父母的同时，更要孝顺大道的父母，使我们的心与道相合，心性永不分离，成就至孝圆满境界。

# 孝 道

## 五、孝之原理

也许有人会问，我们为什么一定要孝顺父母？它的原理是什么？

从人之天性来讲，孝就是孝，没有为什么。子曰："夫孝，德之本也，教之所由生也。"孝是德行的根本，德之根本源于天赋之灵明，故由孝而生出教化，教化之根不离孝，不失根本方为正常合理。由此可见，爱养子女、孝顺父母是一件天生自然，不学就会的事情。孝就像太阳东升西坠一样的自然，没有为什么。难道是为了荣华富贵才孝顺父母吗？难道是怕舆论指责我们不孝才去孝顺父母吗？难道是为了登报、上电视吗？这里面容不得半点虚伪。

可是在某些国家，却需要签订"父母子女契约"：子女在未成年之前，父母有养育的责任，父母年老时，子女同样有赡养父母的义务。这是多么的荒唐而又可悲的契约啊！这契约完全背离了人之天性，父母与子女之间的亲养敬孝，本不该当作教化或定之于法律，它是一种天然的本性。

在野生动物中，当你伤及它的孩子或父母，它们都会舍身相救，甚至记仇报复。乌鸦讲不出反哺的理论，羊羔不用教就会跪乳。从古没有一只狗嫌主人家贫，没有一匹马乱伦，也没有失序的雁群，此乃天性也。

清朝道光年间，烈山集有一屠户，叫张六子，一生杀牛无数。在他

241

46岁那年，一次张六子从邻村以便宜价买来一头母牛和一头小牛犊，一天张六子准备杀掉这两头牛，当他磨好刀，到屋里去拿盛血的盆，回来后，刀不见了，这时只看到老牛在流泪，小牛蹲在一个墙角也在流泪，这时张六子走到小牛跟前，把小牛拉开，发现刀原来在小牛屁股下藏着，张六子明白了，原来是小牛为了保护老牛把刀藏在自己屁股下，这种保护母亲的孝道精神在牲畜中都存在着。小牛的行动感动了张六子，他流泪了，并当场发誓，从今日起永不做屠宰生意，并立即把刀扔到水坑里。这时老牛在小牛耳边低叫几声，只见小牛马上向张六子跪下……

从此张六子把这两头牛喂养起来，不再杀生，并皈依佛门，终生吃素。母牛死后，小牛在张六子八十六岁去世时，不吃不喝，等张六子去世后的第七天，它也死去了。所以说"孝道文化"可以改变人使之成为善人，也能使人与万物和谐。

有这样一个故事，讲述了在美国曾发生了一起枪击事件，一位七岁的小女孩，为了保护母亲的安危，用自己的身体替母亲挡了歹徒七枪，经过及时抢救小女孩总算脱离危险。我们可以试想一下，在这千钧一发之际，一个七岁的小女孩，根本顾不上思考什么，全凭天性而为。孝的天性是不分民族、国籍的，凡有血肉皆如此。

南北朝时期，南朝出了个少年英雄姓吉，他从小就非常孝敬父母，对年老多病的双亲十分体贴，邻居们都夸他是好孩子。

小吉十一岁时，母亲病死了。此后不久，不幸降临到他的身上。他的父亲当县令不久，就被人陷害，抓进监狱，并准备押送京城处死。小吉得知父亲即将冤死，真是如雷轰顶，历尽千难万苦赶到京城，不顾守门卫士的阻拦，闯到皇宫门口，击响了朝堂门前的登闻鼓。

坐朝的梁武帝一看带进来的竟然是个小孩子，觉得很奇怪，厉声说："小小年纪有什么冤屈？你可知道乱闯皇宫是要杀头的！"

小吉向梁武帝陈说了父亲的遭遇，并请求代替父亲受死。这番孝心让梁武帝惊异，但梁武帝不相信一个孩子做得出这样的事情来，怀疑他一定是受人指使的。他命令廷尉蔡法度严加讯问。法庭上摆满了各种各样的刑具，几个如狼似虎的差役将小吉按倒在地，手中挥舞着刑具。

蔡法度严厉地讯问："你是个小孩子，能懂得什么？一定是有人指使你来告状的！快将此人如实招来，免你一死！"

小吉镇定自若地说："我虽然年幼，但也懂得死的可怕。一想到幼年丧母，几个弟弟还小，如果父亲死了，谁来照顾他们？所以我才下定决心冒犯皇上，请求替父去死。我已将生死置之度外，为什么还会受人指使呢？"

蔡法度又换上一副和颜悦色的面孔说："皇上了解你父亲没有罪，就要把他释放了。我看你聪明俊秀，前途不可限量，为什么小小年纪就苦苦要求代刑受死呢？"

小吉回答说："鱼虾蝼蚁尚且爱惜自己的生命，更何况是人？！谁愿意无缘无故地粉身碎骨呢？我只是因为父亲受人陷害，不久就要被处死，所以才要求替代父亲去死，希望父亲活下来。"

蔡法度见小吉说得义正词严，合情合理，不由得暗暗佩服。于是他命令狱卒为小吉除去沉重的脚镣手铐，换上一副小些的。哪知小吉坚决不同意，说："我既然要求替代父亲去死，怎么能减轻刑具呢？我只求早日释放我父亲，让我马上去死也心甘情愿。"

蔡法度把这些情况向梁武帝汇报了，梁武帝便宽恕了小吉的父亲。父子俩绝路逢生，高高兴兴地回家了。

退一万步，从生命唯一的角度来说，也应该孝顺父母。俗话说："树有根，水有源，人有祖先。"没有父母，哪有我们？我们是父母的唯一，是父母生命的延续。有一首歌唱道："世上只有妈妈好，有妈的孩子像个宝，投入妈妈的怀抱，幸福享不了！"我们是父母的心肝宝贝，父母在我们心中又是什么呢？父母对我们照顾得无微不至，试问我们又对长辈怎样呢？

扪心自问，我们自愧不如。当我们吃得少，父母担心我们挨饿；我们穿得少，父母担心我们受冻；我们不小心摔倒，父母却自责不已；生病了，父母昼夜服侍，求医问卜；我们惹父母生气，父母虽然打我们，也是打在儿身，痛在娘心啊；我们成家了，父母又为我们的孩子操劳。

父母把我们带到这个世界上，仅凭这点就足够了，何况父母为我们辛苦操劳一生呢。如今父母老了，可以说见一次面就少一次，一旦父母去世，我们想要报答也没有机会了。因此，从及时的观点来看，也应该孝敬父母，但我们常犯的错误是，等我有了钱一定好好地孝敬他们，等我买了大房子一定接老人来住，等我忙完这段时间一定回家看他们。岁月催人老，和父母相处的时间从出生那天起就进入了倒计时，孝敬等不起时间，必须在当下，抓紧一切时间，要不然，只会留下无尽的悔恨……

已过不惑之年的汤姆就害了这样的心病。每当回忆起自己的父亲，仍然是悔恨万分。当年在他快要大学毕业之时，父亲曾经答应要送辆新车给他，作为他毕业的礼物。毕业前夕他的父亲不厌其烦地带他跑了许多车行，终于选到了他的最爱。

毕业那天，他怀揣着证书奔跑着回家，眼前不断浮现出那辆崭新的汽车，他想到马上就可以驾着它出游而兴奋不已。可是，当他踏入家门的时候，却没有看到他心中期望的那辆车，心中掠过一丝失望。

这时，父亲又捧出了一本《圣经》对他说："儿子啊！祝贺你毕业！"他彻底失望了，他伤心、怨恨，没想到自己所敬爱的父亲却是这样不守信用，他转头跑出了家门，而这一走就是三十年。

经过三十年的风风雨雨，他对父亲的怨气早已消失得无影无踪，取而代之的是对父亲的想念。一天，他收到了母亲的来信，母亲在信中告诉他，他的父亲病危，希望他能够回来见父亲最后一面。刹那间自责与懊悔涌上心头，他大脑一片空白，只知道要回去，要见到父亲，要告诉父亲，自己是多么的爱他，多么的想念他……

因为天气的原因，当天的航班都延迟起飞，他内心焦急万分，心里一直默默祈祷上帝保佑，终于他搭乘了最早通行的一班飞机。当飞机到达机场，他便第一个冲了出来，急忙拦下一辆出租车，向医院飞驰而去。

在出租车上他回想起自己的父亲，其实父亲是个幽默而乐观的人，还记得有一次自己将刚买的冰棒掉到了地上，于是便哭了起来，这时候父亲微笑着对他说："汤姆，不要哭，你把鞋子脱掉，用脚踩在冰棒的上面，是不是感觉凉凉的，很有趣，听到了吗？冰棒还发出嘎吱、嘎吱的笑声。汤姆，遇到任何事，总有让你开心的一面，我的儿子，你要乐观地去面对人生。"

这时的父亲正在用尽全身的力气支撑着，他喊出了汤姆的名字，在一旁的母亲赶忙趴在他耳边安慰道："汤姆马上就到了！你一定能见到他！"

出租车终于到达了医院，他付了钱，根本等不到司机找钱给他，也没有听到身后司机的呼喊，只是往电梯方向奔去，电梯的门刚刚关上。现在对他来说，每一秒钟都是那么的重要，他跑向楼梯，嘴里不停地说着："爸爸！请等我！爸爸，请等我！"

其实，父亲一向是守信用的，记得有一年的圣诞节，父亲答应要送汤姆礼物，可是由于应酬而忘记了，当父亲走到家门口的时候，突然想起了对儿子的承诺，于是又开车跑了很多家玩具店，终于买到了儿子喜欢的玩具熊。想到这里汤姆愈加懊悔，三十年前的事情，一定是有什么原因，可是自己就那么任性地离开了他们……

此时的父亲正在病床上，他已经无法讲话，但是眼睛却一直死死地盯着病房的门，那本《圣经》就在他的胸前，他的手牢牢地握着，他艰难地支撑着，呼吸渐渐地急促，就在门被推开时，他的眼睛永远地闭上了。

最终，汤姆没有对父亲说出自己想说的话，他静静坐在父亲的身边一遍遍地抚摸他的眼睛、头发，他的泪水打湿了父亲的衣服，这时他注意到了父亲胸前的那本《圣经》，他轻轻挪开父亲的手，双手捧起这本曾经因此而离家出走的《圣经》，心中充满了对父亲的无限哀思，汤姆缓缓地打开《圣经》，发现了一封信，是父亲的笔迹，他急忙打开，里面写道："汤姆，我的儿子，其实父亲从没有忘记你的礼物，只是父亲想让你学会耐心和坚持。所以，你离家出走后，父亲也从没有解释过这一切，因为总有一天你会学会宽容和理解。我爱你，我的儿子，汤姆。"

信封里还有一张发黄的支票，那票额正是他当初看中的那部车子的全款，而那日期正是他大学毕业的日期。

此时，汤姆的惊诧是难以用文字形容的，他的悔意，也是无法用任何行为来减轻的。年轻的莽撞，竟然使他失去了一生最宝贵的父子亲情！只为一时失望的愤怒，竟然残忍地辜负了始终深爱他的父亲。

所以一定要以此为鉴，不要让自己留下像汤姆一样永远无法弥补的遗憾！

"树欲静而风不息，子欲养而亲不待。"一语出自《韩诗外传》：皋鱼常常周游列国，寻师访友，故很少在家侍奉父母。岂料父母相继去世，皋鱼惊觉不能再尽孝道，悲痛万分，追悔莫及，故发出上述慨叹。以后借"风树之感"、"风木之悲"来借喻未尽孝道而产生的丧亲之痛。

常言道："受恩容易，知恩难，知恩容易，感恩难，感恩容易，报恩难。"诗云："论水寻源，问斤求两，我有此身，从何生长。身由父母，谁人不知，只妨恩义，忘了多时。养子之心，如蜂酿蜜，子养双亲，难酬万一。"

从报恩上来看，更应该孝顺父母。如果朋友帮我们一个忙，我们都会很感谢，时刻想着怎样回报他，甚至报答得更多一些。那么我们的父母为我们洗了不知多少次脚，花了不知道多少金钱和精力在我们身上，又为我们洗了多少次衣服做了多少顿饭，我们为父母又做过些什么呢？我们有没有想过要如何报答呢？

　　一次一位女学生放学刚回到家，就和母亲顶了嘴，母亲生气把她赶了出去，并说："别再回来吃饭了。"小女孩在大街上垂头丧气地走着，走到一个面馆旁，站住不走了，开饭馆的老奶奶看出孩子是饿了，便招呼姑娘过来，说："姑娘，饿了吧？来吃碗面吧。"姑娘说："老奶奶，我没钱。"奶奶说："没事，没钱也让吃。"于是姑娘就坐下，老奶奶给她端上一碗热腾腾的面条。老奶奶问："姑娘多大啦？"答："14岁。"说着说着小女孩哭了。老奶奶说："哭什么？"女孩答："您不认识我，还给我做饭吃，俺亲妈还不给我做饭吃呢，我真感激您啊！"老奶奶说："不对，不对，你妈妈给你做14年饭啦，怎能说不给你做饭呢？感恩也要首先感谢你父母的恩啊！不能忘记父母之恩啊！"女孩听后又哭了。老奶奶说："吃完面条，赶快回家，你妈妈一定到处找你呢！"女孩吃完面条，向家走去。她妈妈早已在大门外等她呢，并说："饭做好啦，快回家吃饭吧！！！"

　　这个故事说明两个道理：

　　一、父母的养育之恩比天大，我们为父母所做的一切是理所当然的。我们不妨一起回忆一下自己的生命历程，就不难了解父母的大恩大德。父母对我们的恩德实在是太大了，我们忘不了母亲十月怀胎的守护之恩，也忘不了母亲分娩忘忧的恩德。几斤重的孩子要从那么小的子宫里面出来，你的母亲要承受多么大的痛苦？在撕心裂肺的痛苦中，母亲拼尽全力只为迎接你的到来。所以每一位孩子，都是母亲身上的一块肉，每一位孩子的生日，都是母亲的受难日。绝不能因父母的一点小过失，而把大恩忘掉，况且还不一定真是父母有过失，往往还是自己的过错。所以，"不孝父母有理"的说法是永远站不住脚的，不孝父母永远无理，不孝父母天理不容！

　　二、在我们生活当中，往往会出现这样一种情况：别人对我们有一点恩德的时候，都想办法去报答，但父母对我们之大恩，却熟视无睹，好像一切都是应该的，反而不思去报恩，值得反省啊！

父母从不索取回报，只知耕耘不问收获，就像一支蜡烛，燃烧自己，照亮别人。父母无私奉献之伟大精神，永垂不朽！爱，不容停留，不容等待，请尽快疼爱他们吧，记得常为"感恩之花"多多浇灌，千万，千万！

有位作家过生日的时候，请父亲吃饭，父亲应邀准时来到了一家最豪华的西餐厅，让她感到奇怪的是，父亲好像换了个人似的，穿着笔挺的西装，头发理得非常精干，带了一副小眼镜，宛如一位大学教授，不像以前老气横秋的样子。父女两人谈得很开心，忘记了时间，直到打烊才离开。

分手时，孩子说："我还要跟你约会、用餐。"父亲爽快地答应了，但条件是下次将由父亲来埋单。可是，女儿万万也没有想到，半个月后，父亲因心脏病猝发而去。不久她便收到一封信，里面有她与父亲约会的那家餐厅开出的收据，还有一张小纸条上写着："女儿，我确定自己不可能再有机会去赴你的约会了，但是我还是付了两个人的账——你和你的丈夫。你绝对想不到，那次相约，对我来说有多么重大的意义。我永远爱着你，亲爱的女儿。"

我们只请了父母一次，父母就满足了，可是父母一生当中请我们吃过多少饭？买过多少衣服？由此可见我们所做的实在微不足道，欠父母的实在太多，太多了。有谁知道，我们一生中承受了多少的父恩母爱？

所以无论从哪个角度来讲，都应该孝顺生我养我的父母，更何况人人皆有一颗与生俱来的天然孝心。绝大多数人孝敬长辈没有二心，顺乎天理，发于至情，天性如此啊！

# 孝 道

## 六、孝之情深

今天，身为人子的我们都免不了会扮演这两种身份，即为人子女及做人父母。俗话说："手抱孩儿想起娘。"常言道："养儿方知父母恩。"哪一个孩子不是沐浴在父恩母爱的庇护下成长起来的呢?!

父恩母德的伟大早在最古老的《诗经》中就曾这样赞美过双亲："父兮生我，母兮鞠我! 拊我、畜我、长我、养我、顾我、复我、出入腹我。欲报之德，昊天罔极!"意思是父母生了我，母亲哺育我，父母细心地照看我、慈爱地拥抱着我、时刻保护着我、辛劳地培养我。父母的恩德比天还大，我们一生一世也报答不完。

山东曲阜孔庙有一篇《劝孝良言》，把父母对儿女的爱描写得十分生动感人：

> 十月怀胎娘遭难，坐不稳来睡不安。
>
> 儿在娘腹未分娩，肚内疼痛实可怜。
>
> 一时临盆将儿产，娘命如到鬼门关。
>
> 儿落地时娘落胆，好似钢刀刺心肝。
>
> 把屎把尿勤洗换，脚不停来手不闲。

每夜五更难合眼，娘睡湿处儿睡干。

倘若疾病请医看，情愿替儿把病担。

三年哺乳苦受遍，又愁疾病痘麻关。

七岁八岁送学馆，教儿发愤读圣贤。

衣帽鞋袜父母办，冬穿棉衣夏穿单。

倘若逃学不发愤，先生打儿娘心酸。

十七八岁订亲眷，四处挑选结姻缘。

养儿养女一样看，女儿出嫁要妆奁。

为儿为女把账欠，力出尽来汗流干。

倘若出门娘挂念，梦魂都在儿身边。

千辛万苦都受遍，你看养儿难不难。

德国俗语云："母亲之爱是最上等的爱，上帝之爱是最高等的爱。"上与高没有多少区别，母亲之爱就是上帝之爱。你不一定能感受到上帝怎么爱你，但人生最大最多最专一的爱却来自母亲。

犹太俗语云："最甜美的声音，从母亲及天堂那里听到。"世上没有任何爱可以与母爱相比，她只是无私地给予。母亲可以想到孩子的一切，唯独忘了自己。

现在请回忆一下自己的生命历程，不妨先让时光倒流，回到襁褓中的时代。当母亲有呕吐反应的时候，我们已成为母亲生命中最珍贵的一个部分。

母亲十月怀胎，战战兢兢地守护着胎儿。往往是热的不敢吃，冷的不敢碰，睡觉不敢翻身，走路小心翼翼。母亲的肚子一天天大了起来，由乒乓球大小的胎儿，生长成铅球、足球那么大。母亲的体态浮肿，由于妊娠反应，有的母亲面容生出了很多斑点，一贯爱美的母亲无暇顾及这身体的变化，全心全意地关爱着小生命的成长，不敢有半点闪失。有时候，病了也不敢吃药，生怕药物对孩子产生不良后果，直至临产前都是那样呵护备至。

世上最惨痛的叫声，莫过于女人分娩时的呐喊。那种撕心裂肺的疼痛，叫人无法忍受，遇到顺产还好，若是难产则会有生命危险，但母亲为了保全孩子，宁可牺牲自己的生命。所以古人将生产比喻为过鬼门关，这话是很有道理的。当聆听到婴儿响亮的啼哭声，望着健康的宝宝，那几乎虚脱的母亲，脸上就会露出一丝欣慰的笑容，早已经忘记了刚才的痛苦，这是母爱力量的展示啊！

母亲用甘甜的乳汁将我们养大，这些乳汁都是母亲的气血化成的。山东卫视在《天下父母心》的栏目中曾播放了一件感人至深的事。一位大导演在女儿的婚礼上送给了她一份珍贵的礼物，女儿打开时惊呆了，原来是一小瓶血水，但这瓶血水是母亲30前年的乳汁变成的。这充分证明了母亲甘甜的乳汁是血化育而成的。母亲把自己最精华的，都无私地奉献给了我们，这是何等的伟大！

孩子上学时，不论刮风下雨，总能在学校门前见到父母的身影，他们透过校门栏杆朝里张望，焦急迫切的心情真实地写在脸上。尤其在孩子考试期间，父母一方面变着法给孩子加强营养，另一方面想方设法给孩子减轻精神压力：有的陪孩子散步，有的陪孩子玩耍，有的讲笑话给孩子听，……诸如此类，不胜枚举。

甚而，当户外烈日炎炎之时，父母毅然在校门口守候参加高考的孩子，身体受苦、心里煎熬，真是可怜天下父母心啊！可是又有谁来给父母减轻精神负担呢？我们做孩子的，是否能了解父母那份心呢？

有一位大姐，实在受不了了，就跑到庙里，孩子考多长时间，她就在佛前跪多长时间，不断地在那里为孩子祈福、磕头，有时还喃喃自语："佛祖在上，保佑我孩子考上大学，你让我做什么都行，我也像您一样终身吃素，请你答应我。"她抬头看到弥勒佛对着她笑，就说："您笑了就算

答应了。"又看到文殊菩萨,她又叩头祈祷:"文殊菩萨慈悲,您的智慧最高,求您给孩子加持加持,让孩子榜上有名,我也向你学习,讲经说法,度化众生。"最后,她忽然又想到了至圣先师孔子,心里便说:"孔老夫子,您的学问做得最好,我的孩子也是学文科的,正好跟您一样,求您帮帮忙,也让他中个状元,我会感激您一辈子的。"

父母心,海底针,父母为了孩子,什么苦也能吃,什么罪也可以受。母爱的力量之伟大,真是不可思议。

记得在电视上曾看过一则报道,一个农村孩子考上了某名牌大学,妈妈为了给他筹集学费,四处向人借钱,并下跪了十多次。

最后一次,向他的表叔借钱,表叔在当地也算个小老板。可当母亲提出借钱时,表叔却回答:"我手头没有现钱,都是人家给我打的欠条,你去跟别人借吧。"母亲又哀求道:"眼看孩子就要开学了,没有钱孩子就没法上学,求求你,行行好!"表叔说:"别求我,没有钱就是没有钱,你就是跪下,也没用。"这位母亲真的跪下了:"孩子他叔,抓起灰总比土热,毕竟我们沾亲带故,你就发发慈悲吧。我以后就是变卖家产也一定会还你的。"

表叔还是没有理睬,在旁边的孩子看不下去了,上去将母亲扶起来说:"妈,我们不求他,我宁愿不上这个学,也不能让您低三下四地求别人。"说着将录取通知书撕成了两半。母亲见状上去将通知书夺了过来,心痛地打了儿子两个耳光:"你这个没出息的东西,我辛辛苦苦把你培养成人,全家都指望着你出人头地,没想到你这么不争气。妈就是卖血、卖肾也要供你把书念完。"

这是母亲第一次打他,他也从未见过母亲这样生气,他意识到自己不智的行为深深刺伤了母亲的心,于是便哭着向母亲认错:"妈,您别生气了,都是儿子不孝,妈妈请原谅孩儿的无知吧!我上,我一定好好上大学!"说罢,母子便抱头痛哭。

　　这时候，表叔的小女儿从屋里跑了出来，把一个存钱罐放在哥哥的手上："这是我攒的压岁钱，你拿去吧！"

　　只要儿女有出息，就是做牛做马也心甘情愿。可以说，父母对我们是百依百顺，即使能力达不到，也会想尽办法来满足我们的心愿。每当孩子遇到困难甚至是生命危险之时，第一个挺身而出的往往就是父母。他们为了保全孩子的生命，宁愿牺牲掉自己宝贵的生命也在所不惜。这让我联想到生活及灾难中那些平凡而又伟大的母亲。

　　有一则真实的故事，说镇上有位丑娘，总是在垃圾堆里翻翻捡捡，住在一间阴暗潮湿的简陋棚屋里。丑娘并不凶恶，可是模样却煞是骇人。脸上像蒙了一层人皮，却拉扯得不成样子，你甚至看不到这脸上有无鼻子和嘴唇耳朵。黑黑的皮肤，怪异的模样，让人联想到《聊斋》里的女鬼。

　　年纪小的孩子猛地看见丑娘，总是吓得大哭，大人们更大声呵斥丑娘走远点。再大一点的孩子看见丑娘，就从地上捡起石子砸她，把她打跑。一次，一个男孩砸破了她的头，当医生的母亲让丑娘到卫生院来，给丑娘上了药，缠上绷带。

　　二十多年过去了，我继承母业，医专毕业后成了一名镇卫生院的乡医。也渐渐淡忘了镇上的丑娘，她不过是镇上一道丑陋的风景。

　　一个冬天的深夜，下着小雪，山寨上的一户人家生孩子，请我出诊，接生安顿好后，已是凌晨。在回家的路上，突然一个黑影从身后猛地抱住了我，一只粗裂干硬的大手，像钳子捂住了我的口鼻。在我软绵绵倒下时，恍惚看见歹徒身后另一个矮瘦的黑影，抡起一个棍子似的东西朝歹徒头上劈去……

　　之后我迷迷糊糊地被黑衣人背起来，在她背上我感到很温暖，很安全。她跟跄着背我回到了家，到家门口时，借着路灯，我分明看见她蒙着黑纱的脸上闪烁着慈爱的光。

　　第二天，听说镇上派出所抓到一名男子，是通缉令上追查多年的强奸

杀人犯，不知被什么人用铁棍打昏的。之后我再也不敢深夜独自出诊。医院又来了一名男医生，我们志同道合，不久相爱了。

在我们结婚的那一天，正在兴致勃勃之时，却来了一位面貌奇丑的老婆婆，活像万圣节戴着面具的女鬼。我有些不知所措，新郎也面露不悦。孩子们反应快，纷纷用石子砸她，但她并无退意，并注视着我。

这时，母亲制止了孩子们的行为，并告诉了大家一个故事："二十四年前，山脚下住着一对年轻的夫妇，妻子快要分娩时，茅屋着火了，等人们扑灭了火，却发现丈夫死了，妻子被木方压住，蜷缩成一团，唯独腹部前的皮肤完好无损。毫无疑问，是这位母亲拼命保住了腹中的胎儿。等孩子出生后，母亲因为大面积烧伤所以无法哺育，也无力抚养，更怕吓到孩子，所以只好将孩子送给了产科大夫，那个当年的大夫便是我……"并指着丑娘对我说，"孩子，她就是你亲娘，一个可怜的女人，一个可敬的母亲。"

这竟然就是我的亲娘！我白发的丑娘！我愧悔交集，望着衣衫单薄的丑娘失声痛哭。丑娘颤巍巍地走来，从兜里掏出一个红绸子包的橡木盒子，并说："孩子，这是我捡破烂多年攒下的钱，今天是你大喜的日子，我给你买了一份礼物。"说着，打开盒子，里面是一个白金戒指，上面镶嵌着一把小小的雨伞。母亲就像这雨伞一样，时时守护着我啊！

忽然想起那个救我的黑衣人，是母亲，一定是母亲！我百感交集，跪在母亲面前说："娘，您的心比这白金更为珍贵，原谅女儿以前的不恭，从今天起，让女儿照顾您吧！"

可是我娘的不幸还没有结束，常年孤苦伶仃，恶劣的居住条件，节衣缩食的生活，都损害了她的健康。她搬来与我同住时，我为她做了全身检查，发现是肝癌晚期，且扩散全身。我强忍着没有告诉她实情，精心照料着我的丑娘，我们幸福地一起生活了三个年头，她在我生下女儿的第二年去世。

在临终前，她说："孩子，你很出色，我很欣慰。这么多年，你是我全部的寄托，没有你我撑不到今天。现在我要去陪你父亲了，我会告诉他，你生活得很幸福，他一定会很高兴的……"

也许我们是一个身体不健全的孩子，但母亲从没有放弃过我们：如果我们腿有问题，母亲就是我们的拐杖；如果我们眼睛有问题，母亲就是我们的眼睛；甚至我们只能终生躺在床上时，母亲也会像照顾一个永远长不大的孩子一样，任劳任怨、绝不后悔。

网络上有这样一则消息：河北的赵金艳被医院确诊为肾衰竭，等待肾源进行移植是她唯一生存的希望。随着时间一天天过去，死神一步步逼近，用以维持赵金艳生命的透析从每周一次缩短到每天一次。

"不能再等了，把我的肾给闺女！"从丰润老家赶来的老母亲刘桂荣此言一出，一家人全都呆住了。年近 60 岁的老母亲无暇顾及自己的安危，只想着能让女儿好好地活下去，哪怕用自己的生命做代价，也在所不惜。

后来，手术成功了，孩子看着憔悴不堪的母亲躺在病床上，她悲泣道："妈生了我，已经给我了一次生命，现在妈又给了我第二次生命。我不知道该如何才能报答您的恩情。"

山高海深可以测量，然而父母的爱无法测度，为了孩子受贫困、历艰险、忍屈辱，一步踏入死亡连眉头也不皱一下。

一辆长途汽车突发火灾，母亲为了救怀中的婴儿被烧成焦炭；一对父子上山采药，途中遇到饥饿的老虎，父亲为了保护儿子与饿虎顽强搏斗献出了生命；约翰一家在海拔 4000 米的雪域高山迷了路，母亲不听丈夫的劝阻，坚持要给怀中啼哭饥饿的孩子喂奶，因皮肤在如此恶劣的环境中外露，不幸冻僵，成为雪域高山上一个永久的冰雕……

在唐山大地震中，一对母子一同坠入废墟和黑暗中，万幸的是，母子都没受伤，母亲把孩子紧紧抱在怀中，等待援救。一天过去了。孩子吃尽了母亲双乳里的最后两滴奶，哭声渐渐衰弱，再不获救，孩子将被渴死

饿死先于母亲而去。绝望中的母亲两手乱扒，企图从钢筋水泥中获取食物。突然，她的手触到了织衣针，心中一阵狂喜：孩子有救了。一周之后，母子俩终于重见天日，孩子安然无恙，母亲却永远闭上眼睛，脸色苍白得很。人们惊奇地发现，母亲每个手指都扎了一个小孔，孩子正是靠吸吮母亲的鲜血而生存下来的。

然而类似这样的情景又一次发生在 2008 年 5 月 12 日的中国四川汶川的特大地震中。

灾难突然降临，地震使山体垮塌，建筑物夷为平地，几分钟前的繁华闹市，顷刻间变成废墟一片。地震中一位年轻的妈妈双手怀抱着一个三四个月大的婴儿蜷缩在废墟中，她低着头，双膝跪着，身体匍匐，两手撑着身体，上衣向上掀起，已经失去了呼吸。

母亲虽已死去，却依然在用乳汁喂养着自己的女儿！正如在现场参与救援的志愿者、妇产科医生龚晋所推测："从母亲抱孩子的姿势可以看出，她是很刻意地在保护自己的孩子，或许就是在临死前，她把乳头放进了女儿的嘴里。"

这位母亲或许意识到自己可能生存机会渺茫，但是她一定具有一个无比坚定的信念，就是一定要保护好自己的孩子，让她获得继续生存直至长大成人的一线生机，也正是在这种强大信念的支撑下，她才拼尽全力，将自己仅剩的生存能量输送给自己的至亲骨肉。

经过一番努力，人们小心翼翼地把挡在这位年轻母亲身上的石块清理开，在她的身体下面躺着她的孩子，被包裹在一个红色带小黄花的被子里，大概有三四个月大，因为有母亲身体的庇护，她毫发未伤，抱出来的时候，她还在安静地睡着，她熟睡的脸让所有在场的人都感到很温暖。

随行的医生过来解开孩子的包被，准备给孩子做检查，发现有一部手机塞在被子里，医生下意识地看了下手机屏幕，发现屏幕上有一条已经写好的短信："亲爱的宝贝，如果你能活着，一定要记住我爱你！"看惯了生离死别的医生在这一刻落泪了，手机传递着，每个看到短信的人都落泪了。

父母的劬劳养育之恩，令人终生难忘。父母为孩子无私牺牲奉献，从不索取回报，只知耕耘不问收获，就像一支蜡烛，燃烧自己，照亮别人。

《父母恩重难报经》中记载，释迦牟尼佛在给弟子讲述父恩母爱的伟大时说："我们左肩挑着父亲，右肩挑着母亲，绕着须弥山走啊走啊，走得皮开肉绽，走得血流成河，也报答不了父母的恩德啊！"

从咿呀学语到蹒跚走路，伴随在我们身边的人大多是我们的父母，他们是我们的启蒙老师。父母的恩情像山一样的高，像海一样的深，我们没有理由不去孝顺对我们恩重如山的双亲！

# 七、孝之践行

《孝经》云："孝子之事亲也，居则致其敬，养则致其乐，病则致其忧，丧则致其哀，祭则致其严，五者备矣，然后能事亲。"这五条非常重要，只有都做到了，才算是一个合格的孝子。

1. 居则致其敬：父母健在时，当要居敬以礼，仰体亲心以承欢，得尽天伦之乐。人子尽孝的最低底线也要做到孝敬双亲，这只不过是小孝而已。

子游被列十哲之一，他继承了孔子文学方面的造诣，文以载道，若能将孝的真谛阐扬，最为恰当；另一方面，他个性大大咧咧，不拘小节，在侍奉父母的时候，往往有些疏忽大意，在细节上，常常有意无意当中表现出对长辈不敬之嫌。

现在一般所谓的孝顺父母，只认为做到养活父母，就算是孝了。因为当今社会还有一些"啃老族"，他们不做工、不经商、不做官及不务正业，致使家庭贫穷，不能养家糊口，使年迈的父母生活陷入贫穷。如果与这些不孝的人相比，养活父母的人是要好得多。

其实赡养双亲是很有学问的，它分为"有养"、"能养"、"善养"三个递进层次：

其一，"有养"是指家之父母、国之老人都能得到子女和国家的赡养，生活有人负责，有可靠的保障，没有后顾之忧。父母是子女生命的创造者、养育者，父母的养育之恩比天高，比海深，赡养父母是子女应尽的义务、责任和良心，是一个人的道德底线和法律底线，也是孝道最起码、最基本的内容。

《吕氏春秋》中说："民之本教曰孝，其行孝曰养。"

《竹窗随笔》说世间有三孝："一者承欢侍彩，而甘以养其亲；二者登科入仕，而爵禄以荣其亲；三者修德励行，而成圣成贤以显其亲。"

其二，"能养"是指子女有能力承担起赡养父母的责任。在《论语》中孔子说："今之孝者，是谓能养。"孔子在《孝经》中把孝分为天子、诸侯、卿大夫、士、庶人五个等次，素称"五等之孝"。孔子认为前"四等之孝"是以固定而丰富的俸禄赡养父母——"彼养以禄"，经济上的赡养不是他们行孝的重点，所以没有展开论述这个问题。而庶人——百姓，赡养父母则是行孝的重点。

赡养父母要竭尽全力。孔子在《孝经》中说："我养以力。"在《论语》中说："事父母，能竭其力。"《礼记·记礼》中也说："君子反古复始，不忘其所由生也。是以致其敬、发其情、竭力从事，以报其亲，不敢弗尽也。"怎样"能竭其力"呢？

《荀子》中引用孔子的话："夙兴夜寐，耕耘树艺，手足胼胝，以养其亲。"意思是：早出晚归，耕地种田，辛勤劳作，手脚都长满老茧，为的是供养父母。

孟子《离娄》中"五不孝"和"三不孝"之说，"五不孝"之一是"惰其四肢，不顾父母之养"；之二是"博弈好饮酒，不顾父母之养"；"三不孝"之二是"家贫亲老，不为禄仕"。

孔子在《孝经》中认为应该"谨身节用"。宋朝理学家真德秀将"谨身节用"释为："念我此身父母所生，宜自爱恤，莫作罪过，莫犯刑责。

得忍且忍，莫要斗殴，得休且休，莫典词讼。入孝出悌，上和下睦，此便是谨身；财务难得，当须爱惜。食足充口，不须贪味。衣足蔽体，不须奢华。莫喜饮酒，酒饱误事。莫喜赌博，赌博坏家。莫习魔教，莫信邪师。莫贪浪游，莫看百戏，凡人皆枉费，便生出许多祸端。即不要枉费，也不要妄求，自然安稳，无诸灾难，这便是节用。"

其三，"善养"是指子女要以充足的钱物从生活条件、生活质量等全方位赡养父母，使父母幸福地安享晚年。赡养父母的范围非常广泛，内容非常丰富。《礼记》中说："孝子之养老也，乐其心，不违其志，乐其耳目，安其寝处，以其饮食奉养之，孝子之身终。"

《礼记》还强调在赡养中要"行之以礼，修之以孝养"，在饮食中孔子强调"有酒食，先生馔"。即家中有美味佳肴，应首先尽父母享用，古代称之为"让食"或"先馈孝"。

《弟子规》也告诫儿童："或饮食，或坐走，长者先，幼者后。"聚餐时应该先让父母就座，然后子女再就座；先让父母动筷，然后子女再动筷；先让父母离席，然后子女再离席……

现在有的家庭对此不太讲究，主位坐的是"命根子"，父母在下跑龙套，次序颠倒。更有甚者，子女先上桌狼吞虎咽一番，剩下残渣留给父母。至于让食就更罕见了，即使"让食"，第一口菜也不是夹给长辈，而是夹给自己的孩子，若遇到孩子不好好吃饭，爷爷奶奶还追上喂，吃饭成了"亚马孙"。表面看是一个生活细节，但它却反映出一个人的孝心和一个家庭的家风。伦理荒废，纲常尽失，此乃家庭之一大不幸。

如此说来，做好赡养父母也非一件易事。假如是简单的赡养长辈而不以尊敬之心侍奉，那和养动物的嗟来之食又有何区别呢？人在饲养犬马等动物时，不也一样供给它们食物吗？若事亲不敬，即使吃山珍海味，穿绫罗绸缎，住高楼别墅，物质生活再丰富，也不能让二老开心。反之，若诚心供之以粗茶淡饭，茅屋草舍，虽然清贫也必安乐，感觉上自是甘之若饴的。故知奉亲不在厚薄，贵在诚敬，不重物质，重在精神。

许多养宠物的人，一回到家就问：猫吃了吗？领狗散步了吗？狗儿子、猫弟弟，一会儿亲，一会儿抱。可是，把父母扔在一边不管，不闻不问。有没有问候过母亲："您今天有没有不舒服？血压还正常吗？"有没有关心过父亲："您吃饭香吗？血糖高吗？"这一对照我们难道不寒心吗？难道父母还不如畜生重要吗？

2006年的冬天，我在北京紫竹院公园见到一位女士带狗散步，狗身上穿了一件漂亮的毛衣。我问她是否在商场买的，她说："哪有那么合身的，是我亲自织的。"我不禁问："你给父母织过毛衣吗？"她说："忙，没时间。"我很诧异……

《弟子规》很早就告诉我们："父母呼，应勿缓。父母命，行勿懒。冬则温，夏则清；晨则省，昏则定。"恭敬应从父母的饮食起居开始，做到无微不至。真正做到——父母呼叫，切勿迟缓；父母指责，切勿顶撞；父母教诲，切勿随便；父母之命，切勿怠慢；父母之志，切勿疏忽；父母有过，切勿不管；父母不爱，切勿抱怨；父母无忧，切勿损身；父母无羞，切勿损德；不敬父母，谓之悖礼；不爱父母，称之悖德；孝养父母，天经地义；孝敬父母，福慧增长；孝顺父母，前途无量；兄弟和睦，父母欢喜；夫妻和谐，父母安心；忤逆之子，天理难容；父母之爱，昊天罔极。

我们就拿"父母呼，应勿缓"这条扩展开来，其实如果真正做好了这条，也就达到极致的孝道境界了。为什么呢？

当今社会有的孩子暴力对待父母，伺机下毒手，这样的孩子可谓大逆不道。还有的父母不懂时代科技产品，求孩子帮忙，还得看儿女的脸色。有的父母不愿拖累子女，宁可自己哀求他人或自己去做。颠倒的孝道，成了子女呼，应勿缓。子女们对父母呼之即来挥之即去，指手画脚。甚至威胁恐吓，十分叛逆，"你别逼我，否则我就不回这个家。"不停地唱反调，"我就不！"成了口头禅。哪里还有什么"父母呼，应勿缓"的概念？

　　有些不搭理父母，沉默对抗，没好气地说："我听着呢。"对父母的呼唤，十分不耐烦，"行了行了，我做就行了，没完没了，啰唆。"父母让做的事情极力推脱，找借口，"我忙，没时间，以后再说，着急啥？"再到有些孩子即便听了父母的话，也是心不甘情不愿地做，"怎么又让我做，他们就不能做吗?!"有些勉强去做，一切都是利而行之，没有好处不做。刷个碗多少钱，擦个地多少钱，真正实践了"金钱呼，应勿缓"。

　　听话的孩子应该是欢喜应诺，"好的，爸妈以后有什么事尽管叫我。"再孝顺的孩子，那就更应该达到：此时无声胜有声，爸妈想做的事还没说，你都提前干了。再提升一个高度那就是——孝顺天下父母。所谓：天下男人皆我父，天下女人皆我母。达到极致的"父母呼，应勿缓"，即是听到真理大道母亲呼唤，此时心必须率性而为，即绝不违背天理良心，念念止于至善。

　　康先生是一位出租司机，一天傍晚被歹徒用枪打坏了双眼。治疗无效，妻子选择了分手。"我不能跟你走，我要给我爸夹菜呢！"两岁的小鑫秋选择了留下照顾爸爸。

　　父亲不愿再拖累孩子，准备自杀，五岁的小鑫秋哭着救了父亲。父亲被孩子感化从此不再有轻生的念头。而懂事的鑫秋从未在父亲面前抛洒过热泪啊！并当起小大人，买菜、做饭、打扫家、帮父亲洗脚、带父亲上班，照顾父亲体贴入微。她父亲从此过上了正常而又幸福的生活。而这一切都是小鑫秋给予的，是她把父亲带出黑暗，带向光明。

　　通常幸福都是父母给我们的，而康先生的幸福则是女儿给的。小小年纪就有如此的孝心，真让人由衷的敬佩。这让我们想起古代另一位大孝子——黄香。

　　东汉时期的黄香，官居魏郡太守。在他9岁时母亲不幸去世，只有他与父亲相依为命。冬天用身体帮父亲温床，怕父亲冻着，夏天用扇子把床榻扇凉后才让父亲安睡。由于他这么小的年纪，就有这样的孝行，因此被世人称之为"天下无双，江夏黄童"。

那我们今天该如何做呢？现在条件好了，冬天有暖气，夏天有空调，我们也要考虑到，家里是否干燥，需不需要加湿器？空调有没有对着父母吹？会不会得空调病？水龙头关好了吗？煤气阀门拧住了吗？生活的点点滴滴都要考虑周全，不能让父母有任何不安而睡不踏实。

孝道是我们为人的根本，不论你的年龄、身份、地位，都不能离开孝道。汉高祖刘邦当了皇帝以后，回到家中，他父亲要给他下跪，欲行君臣之礼，刘邦赶紧扶起父亲道："父亲万万使不得，不要折杀儿呀。"他的父亲说："现在你是皇帝，我是你的臣民，这君臣之礼，还是要的。"刘邦赶紧跪下来说："没有父亲，哪有我这个皇帝？"最后坚持行了父子之礼。

林则徐说过："不孝父母，拜佛无益。"有信仰的人，对待自己信仰的神明特别虔诚和尊敬。其实父母对我们的爱，就像神明般的博大、无私，有求必应。可是我们还记得这一博大而无私的爱吗？

杨黼，古安徽太和县人。因感到人生的无常，立志修道。杨黼辞别双亲后，跋涉千里，到四川拜访高僧无际大师求学佛法。

当杨黼见到无际大师时，大师问他："你从哪里来，到四川来干什么？"杨黼答道："我从安徽来，参访无际大师，想跟大师学习佛法。"大师说："你见无际大师不如见真佛。"杨黼惊奇地问："我自然很想见真佛，但不知真佛究竟在哪里，请您慈悲开示。"大师说："你赶紧回家，看到一位肩披棉被，倒穿鞋子的，那就是真佛。"

杨黼听后深信不疑，便昼夜兼程地往回赶，急于要见到真佛。一个月后，杨黼才赶到家，这时天色已晚，杨黼敲门唤妈妈来开。得知久别的儿子归来，杨妈妈欢喜地从床上跳下，也来不及穿衣服，披着棉被，倒拖着鞋子，匆匆忙忙地把门打开。当杨黼见到披被倒履的妈妈时，顿时省悟，父母就是自己应该天天供养、日日礼拜的活佛呀！自此以后，杨黼竭尽全力地侍奉双亲。

圣人云：“堂上有佛二尊，懊恨世人不识，不是金彩装成，亦非栴檀雕刻，即今现在父母，就是释迦弥陀。”人道都做不好，还想成圣成贤，那岂不是异想天开吗？只有人道成，才能达天道。

2. 养则致其乐：意思是要让父母开怀、无忧，少为我们操心、牵挂。孩子能做到此地步也算是孝顺了，可这也只是达到了中孝的境界。

孝顺并非一味地妥协，当然父母做得对，我们要言听计从，可父母做得不对时，我们身为子女有责任劝谏父母改过，并且要和颜悦色，而不是嫌弃和埋怨。如果父母依旧不听，我们只好等父母心情好的时候再劝，甚至可以哭着哀求，就算父母打骂我们也无怨无悔。真正做到了如《弟子规》所说的：“谏不入，悦复谏，号泣随，挞无怨。”我们绝不能陷父母于不义，假如父母犯了重大过失，甚至锒铛入狱，这多少也跟子女没有劝谏有关。

天下无不是的父母。俗云：“子不言父过，臣不论君非。”孩子四处张扬父母的过失就是大不孝，臣子私下谈论国君的是非就是大不敬。不张扬不议论，并不等于不劝谏，只是谏之有方，不使父母与君上面子难堪。

楚国的叶公对孔子说：“我们这里的年轻人非常正直，能够大义灭亲，父亲偷了羊，儿子就去揭发。”孔子听了摇摇头说：“我们那里的正直和你们这里的不同，父亲偷了羊，儿子就会为父亲承担罪过；儿子偷了羊，父亲就会为儿子承担罪过，因为这毕竟有人伦亲情在。”

教化世道人心，非以牺牲亲情为代价，更不能用严苛刑律来治理，唯赖道德感召，须借大爱接引，只有真诚相待，真心感化，真情打动，通过真理启发，方可使其恢复良知良能。子曰：“道之以政，齐之以刑，民免而无耻；道之以德，齐之以礼，有耻且格。”

如若父母德薄，子女不可轻视与忤逆，再德薄的父母，仅凭对子女的养育之恩也足够了。所以我们要用妥善的方法去劝谏，弥补父母的不足和过失，这才是真正替父母着想，也是爱的具体表现。

一个真实的故事，发生在 1988 年的四川重庆。

九岁的陈颖峰父母离婚了，面对残酷的现实与痛不欲生的母亲，小颖峰难过极了，但他不怨恨父母，暗下决心，一定要设法使父母重归于好，让家庭破镜重圆。

在母亲生日时，小颖峰用积攒的钱买来生日蛋糕，说是父亲送的，母亲由此忆起昔日之旧情。之后他又以母亲的名义邀父亲来吃饭，使父亲感到妻子并没有忘了自己。同时小颖峰每天放学跑很远的路去看望奶奶，星期天帮奶奶干活买菜等，奶奶觉得不能让这个家破裂，于是劝说儿子向媳妇认错，并亲自劝说儿媳，看在这么懂事的孩子分上，你们和好吧。

年底颖峰被评为三好学生，父母向他祝贺，问他要什么奖品，颖峰流着泪说："我什么也不要，只要我们三口人生活在一起，答应我吧，好爸爸，好妈妈!"父母泪流满面，深深地感到对不起孩子。次年春节，这个破了的家，终获重圆。

小颖峰并没有去指责父母，而是以赤子之爱，谱写了一曲感人肺腑，以子劝父母的孝道佳话。他并没有学过《孝经》与《弟子规》，九岁年龄，其言行纯粹发自天性之本有。

我们没有了解颖峰的父母为什么离婚，特别是有了儿女之后，除了万般无奈，没有人愿意选择离婚。多少母亲遭受家暴折磨，多少父母早已没有了共同的语言，为了儿女在死亡婚姻的囚笼中度过一生! 这哪里是做儿女的能体会到的。所以愿天下为人子女者，对父母说话要三思而慎言，千万不要在他们受伤的心灵上再刺伤他们，这是父母绝对承受不了的……

春秋时期的楚国有个叫老莱子的，当时已经六七十岁了，为了让父母开心，竟然穿起花衣，跳起舞来；又有一次他学着孩子的模样挑水，故意摔倒，而放声哭泣，来逗父母开心。

这个故事被列为"二十四孝"之一，虽然给人以滑稽的感觉，但它告诉我们一个事实，那就是我们在父母的眼里永远都是孩子。

我们在父母面前即使做做小丑也无妨，因为这样能使双亲快乐，然而，某些人不懂得角色转变，平时老总当习惯了，回到家里也给孩子、妻子、父母当起了老总。

诗云："慈母手中线，游子身上衣，临行密密缝，意恐迟迟归，谁言寸草心，报得三春晖。"无论我们置身何处，父母时刻都在牵挂着孩子。

从前有个孩子比较孝顺，每天准时下班回家，母亲天天等着为他开门。后来当了经理，应酬多了起来，回家的时间也越来越晚，由原来的 7 点，推迟到 8 点、10 点、12 点，他心里很不安，所以劝母亲不要等他。母亲怕孩子担心，于是就每晚不再等孩子。

一天，他又凌晨才回家，刚躺下不久，想起还有一份重要的合同没有起草好，所以又起身去客厅拿自己的公文包，忽然发现有一个黑影晃动。他一下子紧张起来："难道家里进了贼？"这时，他看到，这个黑影蹑手蹑脚地走向鞋架，拿起鞋来挨个地闻了一遍。

天呐！原来这竟然是母亲。其实，母亲每天都佯装睡觉，等到半夜起来，再来通过闻儿子熟悉的脚汗味，来确定儿子是否平安回到了家。儿子心里一阵酸楚，暗暗发誓："妈，我不能再让您操心了，我再也不这么晚回来了。"

这就是几乎所有母亲的心，母亲的心会以各种方式惦念孩子，无论你年龄多大，只要母亲还活着，这是一种说不清的情怀，这是一种没有理由的慈爱。

孔子说："父母在，不远游，游必有方。"在今天工商社会，常年守在父母身边也不太现实，但我们至少也要及时告知。无论我们在国内还是国外，无论是旅游还是出差，下了飞机、火车，第一个任务就是打电话给父母报平安，不要让二老为你操心。尤其常年在外的人，更应该定时与父母通话，并随时牵挂父母的安危。

记得一则公益广告是：一位脸庞清瘦的年迈老爸静静地坐在一间简朴

的屋子里，神情中透出几分忧虑。伴随着落寞的钢琴背景音乐，电话铃响了……

接着，这位老爸和自己的宝贝女儿在电话里说："喂！闺女啊！我跟老朋友们出去玩了。你放心吧……我呀吃得饱，睡得香，一点都不闷……你妈呀……你妈妈没在呀，她出去跳舞去了。没事，没事，没有事的，你放心吧。你啊，好好工作，不要担心我们俩……你忙啊，就挂了吧……"

老爸说话的同时，我们看到一张张温馨的家庭合影照片或悬挂墙上，或摆置桌上；只是这位老爸独自坐在餐桌前却没动一下碗筷；只是这位老爸穿上外套，戴上帽子准备出门；只是这位老爸独自一人坐在马路边的长椅上沉思；只是这位老爸拎着水果步履蹒跚地走着，来到医院的病房，把几瓣橘子放在躺在病床上的老伴的手心里。所以，老爸的谎言，你听得出来吗？别爱得太迟，多回家看看吧！

甚至有时候，对儿女的牵挂可能就是支撑老人活着的唯一理由。

有一个刘老汉，左邻右舍都管他叫"日本老头儿"，当面叫他，他也不恼，好像是默认了。刘老汉有两个儿子，其中一个在日本，据说要把老爷子接过去。老人每天最重要的一件事，就是邮递员送信的时候等在那里，就是等信这件事每天支撑着他的生活。后来，他索性不让邮递员送信了，天天跑邮局自己去拿，跟邮局的人都混了个脸儿熟。人们都知道他在等儿子的信，也都知道儿子要带他去日本享福。

儿子曾经是个警察，后来托朋友关系去了日本。没有任何特殊技能的他只能靠打工谋生，艰难可想而知。然而即使再难，也不能让84岁的老父亲知道，每次写信只是报喜不报忧。老父亲怕影响儿子的事业也是报喜不报忧。

谁知两年后儿子突然回国，一进家门，家中的情形让他愣住了：马桶坏了，厕所里积了一周的大便；地上的尘土积了很厚；老父亲已经不能给自己做饭了，全靠邻居和居委会做一些吃的送来，有一顿没一顿的，问他

为什么不打电话叫房管所来修马桶，才发现老父亲手抖得已经打不了电话了！40多岁的汉子不禁流下了眼泪。

儿子回日本后迅速为父亲办好了探亲的一切手续，再次回到老人身边接他。老人要走了，他理了发，换上新衣服，平日落寞的脸上也有了笑容，高高兴兴与邻居们告别，随儿子去了日本。

《孝经》开宗明义章云："身体发肤受之父母，不敢毁伤，孝之始也。"可有的人暴饮暴食，昼夜颠倒，把自己的身体搞坏了；还有的人文身打孔，拉皮割肉，把身体搞得千疮百孔，这些都让父母担心，都是不孝的表现。

孟武伯问孝。子曰："父母唯其疾之忧。"

据史书《左传》记载，孟武伯平素仗势欺人，欺压百姓，专横跋扈，负气好胜，不知惜身，打架斗殴，傲慢无礼，不可一世。所以当孟武伯问什么是孝时，孔子随机教诲：父母爱子之心，无微不至，时时唯恐儿女有疾，日夜担忧。为人子女者，当善体亲心，外防病魔，内除妄心，使神安体健，以慰亲心，是为尽孝。

换个说法，言外之意就是不要给父母惹事，少让二老牵挂操心。因为父母随时担心你在外闯祸，把别人打伤，同时也怕你纵欲损害了健康，或者被人打坏。要知道你的身体健康、平安对父母来说都很重要。

然而有的孩子自私自利，根本不管父母的死活，对双亲的操心、担忧全然不顾，任意作为，其结果都让长辈痛心疾首，甚至遗憾终身。

新西兰的一个留学生因为打架斗殴，结果被当场打死，他的母亲在国内接到噩耗，当时就昏倒了。父母辛辛苦苦送儿子出国学习，希望全部寄托在他身上，日盼夜盼，盼来的却是儿子的死讯。人家的父母去国外参加孩子的毕业典礼，捧回的是硕士、博士的文凭，而这对父母千里迢迢赶来，却是要把儿子的骨灰捧回国，这让父母怎么能够承受得了这样的悲痛呢？

《圣经》云："智慧之子，使父亲欢乐，愚昧之子，叫母亲担忧。"所以脾气暴躁、好勇斗狠的年轻人，千万不要逞一时之愤，酿成千古之憾啊！不念别的，就念在父母牵挂你的分上，也应该感到无地自容了。

孔子的弟子当中，曾子以孝闻名，可以说《孝经》就是孔子专门为他而作。曾子对孝道的体悟和践行，让我们现代人更是望尘莫及。

曾子在临终时把弟子们叫来说："你们来把我的被子掀开看，看看我的手、脚，是不是还好好的？"弟子们认真地看了他的手脚说："一切安好。""那我就放心了，我再也没有机会伤害我的身体了，总算保全了父母给我的完整之体。"圣人都是这么谨小慎微地在实践孝啊！我们又怎能不身体力行、效法学习呢？

3. "病则致其忧"，就是指父母生病时，要担忧父母的病情，并赶快求医诊治。

子曰："父母之年，不可不知也，一则以喜，一则以惧。"我们的父母年龄越来越大，一方面我们高兴父母健康、长寿，另一方面我们要时刻担心、警惕，父母可能随时会离开我们。

文王的母亲病了，他一直在母亲的病榻前侍候，三天三夜未合眼，并亲自尝药、喂药。真正做到了《弟子规》所说："亲有疾，药先尝，昼夜侍，不离床。"很快文王的母亲病好了，原因有两个：一个是药好，另一个就是她有这么孝顺的儿子，让她欣慰。文王的孝行感动了周围的大臣和百姓，所以孝道在民间广为流传，正如《大学》所说："上老老而民兴孝。"

嘉信医药股份有限公司董事长蔡光复先生，他的父亲换了严重的胃病，须做胃镜检查。从未做过胃镜的父亲，询问儿子做胃镜的情况，儿子一时回答不上来，对父亲说："我明天告诉您。"随后自己跑到医院，给自己做了一个胃镜检查，经亲身体验，才知道这项检查是如此痛苦难耐，但老父亲又必须进行此项检查，如何向父亲陈述确实犯难。第二天，他委婉

告诉父亲做胃镜的过程。让老人减少心理压力与恐惧不安。

不仅如此，老父亲的肾功能也衰竭了，当他得知后，毫不犹豫地要把自己的肾移植给父亲，后经检验，因为他与父亲的肾不能匹配而作罢。

古有文王替母尝药，今有蔡光复替父试胃镜，甚至想割肾救父，充分体现古今孝心是一样的。

常言道："久病床前无孝子。"然而不久前大连的一个记者，通过她自己的一篇报道，向我们展示了另外一个答案——久病床前有孝子。

《大连晚报》在头版头条报道了这样一篇感人的故事：23 岁的王希海照顾着因脑血栓而变成植物人的老父亲长达 24 年，并且放弃了出国的机会与成家的念头，一心一意、无微不至地照顾着久病卧床瘫痪的老父亲，使 80 多岁的老父亲安然无恙而又活得非常有尊严。

孝心原本就是每个人具足的天性，此天性亘古不移，万世不衰。时至今日孝道虽落，天性蒙蔽，故重提孝道，愿人人回归至善之境，恢复良知良能，父慈子孝，家和国兴。

4. 丧则致其哀。万一父母不幸去世，办理丧事当志哀依礼，以尽悲戚之情。

中国一位著名的诗人桑恒昌，他的怀情诗《心葬》把丧亲之痛表现得淋漓尽致，到了无以复加的地步——

女儿出生的那一夜，

是我一生中最长的一夜。

母亲谢世的那一夜，

是我一生中最短的一夜。

母亲就这样，

匆匆匆匆地去了。

将母亲土葬，

土太龌龊；

将母亲火葬，

火太无情；

将母亲水葬，

水太漂泊。

只有将母亲心葬了，

肋骨是墓地坚固的栅栏。

现在的葬礼有的草率了事，有的铺张浪费，有的请亲戚朋友大吃大喝，还有的邀来歌舞团助威，个别人为了招揽人气，还邀来跳脱衣舞的，做出了伤风败俗的事情，让过世的先人蒙羞，哪里还有失去父母的伤感和悲痛呢?!

父母健在时，如果我们能极尽孝顺，又何必在死后大做文章呢？古哲云："万金空樽思亲酒，一滴何曾到九泉；与其死后祭之丰，不如生前养之薄。"其实，孝顺父母不论贫富，贵在一颗真诚心。你有钱能孝顺父母，这个容易做到。俗话说："家贫方显孝子。"贫穷还能孝顺父母，这更难能可贵。

在父母心中的"天平"上，只要有了孝心，富裕子女给的 100 元钱和贫困子女给的 10 元钱，其"价值"是相等的。

一副对联写得好：

万恶淫为首，论迹不论心，论心天下无完人

百善孝为先，论心不论迹，论迹天下无孝子

此联虽非圣贤之境界，但若能在迹与心上做到，将会对整个社会移风易俗起到积极的作用。

5. 祭则致其严。祭祀的时候，应时时追思其德，刻骨铭心，于一定的时节依礼诚祭，以安其在天之灵，以尽为人子思慕之心，就像父母还活着那样恭敬。子曰："事死者，如事生。"佛有盂兰盆会，道有中原普度，儒有祭祀大典，我国也有清明节，这一切都标志着人们对祖先的怀念与追思。

春秋之前，父母之丧，需服丧三年，这是古人权衡人情所制定的通礼，上自天子，下至庶民，没有不遵守的。然而孔子的弟子宰我，却不以为然。

宰我问孔子说："依礼制来说，为父母要服丧三年，我以为一年就够长了，何必定三年呢？君子隔三年的丧期中不去习礼，那仪节必然会生疏、败坏；三年不去奏乐，那音律必然会生疏而荒废。一年天运一周，时令和事物都已变更，去年收成的谷子已经吃完，当年新收成的谷子也已经登场；四季钻取火种的木头，也依次取偏，重新更换。可见居丧满了周年，似乎也可以终止了。"

孔子说："父母去世，还不到三年，你就吃那稻米饭，穿那华丽的锦衣，你的心里觉得安不安呢？"

宰我回答说："安啊！"

孔子说："你既然心安，那就这样去做好了！说到君子在居丧的时候，因为心里悲伤，即使吃美味的食物，也不觉得甘美；听美好的音乐，也不觉得快乐；住华美的房屋，也不觉得安适；所以不忍心只守一年丧。现在你既然说心安，那就这样去做好了！"

宰我退身出去，孔子对门人说："宰予真是不仁啊！一个婴儿从出生以后，自孩提要有三年的时间，才能离开父母的怀抱。父母的恩情，本是儿女报答不尽的，古人所以制定三年的丧期，不过略报初生三年抚育怀抱之恩而已。为父母服丧三年，是天下通行的丧礼；宰予难道会有三年报恩之诚，来发出对父母的敬爱吗？"

春秋战国，礼崩乐坏，三年之丧，已很久不通行了。当时的一般诸侯，当他们的父母去世，还停尸在堂上，没有举行葬礼时，就急于去参加列国的盟会，甚至亲迎他国的女子，其余卿大夫则可想而之。晏子的父母去世时，晏子睡在草垫上，当时人都以为奇异，可见当时一般士人早已不知道这项古礼。

事实上父母恩重如山，正如寸草之报春晖，哪里能报得尽呢？只能终身孺慕而已。孔子这种基于人性所主张的孝道和居丧敬爱之礼，足以弘扬人性，敦厚人伦。

然而现今亲情渐疏，纲常紊乱。有些不肖之子，上坟祭祖时，喜笑颜开，吃喝玩乐，没有一点追思感念祖先的味道，这怎么不让九泉之下的祖先感到难过呢？更有甚者连祖宗都忘了，根本不去扫墓。苏格拉底说："不爱自己的父母，又怎能把这爱施予他人呢？"

一个人连自己的祖宗、父母都不要了，他也绝不会爱国家、爱人民、爱领导，如果说爱，那背后一定有企图、有目的。

今日工业社会，三年之丧，确有不便，但报答父母祖先的方式，便在于终身孺慕，以身行道，扬名于后世，方是应机、应时之策。

中国人的观念是"树高千丈，落叶归根"。主张不忘本，而不忘本则能培养出仁厚的民族道德，使祖先遗德、圣贤礼教绵延不绝，这是中国人寓意"不死"的另一种解释，亦即说人死之后，已将精神传给下一代，故为不死。

孟懿子问孝，孔子对曰："无违。"孔子犹恐孟懿子不明礼制，乃借辞告诉樊迟"无违"之意，"生，事之以礼；死，葬之以礼、祭之以礼。"若能依此三礼，生死葬祭得以兼顾，可谓孝道尽了。

樊迟一听，不明其意，又请问老师其意为何？孔子引申其意答以："当父母健在时，当要居敬以礼，仰体亲心以承欢，得尽天伦之乐。当父母不幸别世时，当对昊天罔极的亲恩感念，办理丧事当致哀依礼，以尽悲戚之情。并时时追思其德，刻骨铭心，于一定的时节依礼诚祭，以安其在

天之灵，以尽为人子思慕之心。若能依此三礼，生死葬祭得以兼顾，可谓孝道尽了。"

由于春秋时代鲁国的三大公族——孟孙氏、叔孙氏、季孙氏掌权扩势，破坏礼制，为孔子所痛心，故特以"无违"两字来回答鲁国大夫孟孙的问孝。

子路曾问孔子说："论孝，处处皆得依礼，但极端贫穷的人，于双亲尚在时，都无法充分供养父母物质，死后更遑论要如何祭以礼呢？"

孔子答以："有心为孝，即便是吃那便宜的菽草，饮白开水，亦能使双亲尽欢，没钱买棺，只要用简单的木材蔽体而下葬，亦是不失礼的。如此说来，贫穷又有何妨于孝道呢？"

可见孝顺重在一个心，无孝心，即便是山珍海味当前，父母亦会如嚼蜡食铁丸般的无心下咽。父母丧，请五子哭墓、乐队百人，亦无非掩耳盗铃，欲盖弥彰地显其大不孝，故俗云"在生孝顺一粒豆，较好于死后祭了三个猪公头"即是此意的妙喻与引申。

樊迟高兴极了。在孔子曾经说过的有关孝的话语里面，他发现了"不违"两字；现在他可以从这里摸到线索，来表示他了解孔子对孟孙的回答。然而，当他试图把"不违"和"无违"联系在一起时，他脑子里瞬间竟是一片混乱。他发觉"不违"是人子劝谏父母的过错，必须始终不违尊敬父母的原则；很明显地是指父母还在世而言。但"无违"则似乎有不同的地方，最起码孟懿子的父母已经去世了啊。这两句表面看来相似，意义却不相同的话，反而给他带来了更大的困惑。

"想什么？"

背后的孔子，还在等他表示意见。樊迟虽然感到难以启口，但再也想不出该如何回答了。

"我一直在思索'无违'的意思，却始终不能了解。"

"连你都不懂我的话，那孟孙就更不用说了。"

樊迟只得硬着头皮又说："我想了很久，还是不懂。"

"也许我讲得太简单了。"

"到底是什么意思呢？"

"我的意思是不背礼（理）。"

"哦——"樊迟把头点了点，他觉得太平庸了，刚才不应该想得那么深入。

孔子接着说："就是说，父母在世的时候，做儿子的要依礼侍奉，父母去世了以后，做儿子的要依礼安葬，依礼祭祀。"

"既然是这个意思，那么我想不用老师再多解释，相信孟孙一定知道的。因为他学礼也有相当的功夫。"

"不！我不这样认为。"

"可是孟孙最近将要举行一次很隆重的祭典……"

"你也听说过？"

"详细情形我是不知道，但听说这次祭典，打算要比以往的都要来得隆重呢！"

"原来的方式不可以吗？"

"当然没有不可以的道理。不过做儿子的，总希望父母的祭典能更加隆重，应……"

"樊迟！"

不等樊迟说完，孔子就打断了他的话，同时声调也提高了许多。孔子已了解后面将听到什么。

"看来你也没有彻底了解'礼'的意义。"

樊迟从御车座位转过头来，惊讶地望着孔子。

孔子神色依然不变，只是声音越来越沉重："礼，不能过于简略，也不能过于隆重，过犹不及，同样都是违礼的。每个人各有他们不同的身份，不落后，也不僭越，这才符合礼的真意。如果僭越自己的身份来祭祀

父母，不但会使父母的神灵蒙受僭礼之咎，而且，身为百姓模范的大夫违犯礼制，也将导致天下秩序的紊乱。这样一来，父母的神灵又另外沾了紊乱天下的秩序之罪，这还能算是孝吗?"

樊迟再也不敢回头看孔子。他失神似的望着前面的路，呆呆地赶着车。

当然，在送孔子回去以后，樊迟马上拜访了孟懿子。如果孟懿子举行的这次祭典，目的不是夸耀他的权势，而是真心要安慰他父母的神灵，那么，樊迟这次的拜访，对孟懿子而言，必会给他带来重大的意义。

父母丧亡时，为人子的，要备办棺木，举行小殓、大殓，入了殓以后又在奠堂陈列祭器，举哀祭奠，以尽悲哀忧戚之情礼。捶胸顿足哭得声嘶力竭，送亲入了棺，出了殡，又占卜好风水，以好的墓地来安葬亲人。又建了祭祀祖宗的宗庙，使亲人的灵魂有享祭的地方。又在春秋两季到宗庙祭祀，追念父母，以表敬心、孝思。父母生前的事奉是要尽到亲爱恭敬的心，若不幸父母丧亡了，要尽到悲哀忧戚的礼，心和礼都尽到了，生养（生事爱敬）死葬（死事哀戚）的大义，都齐全了，如此，孝子事亲的道理，到这时才可以说是圆满地终结了。

所以曾子云:"慎终追远，民德归厚矣!"在父母寿终的时候，办理丧事，要谨慎地尽礼尽哀；祖先殁后，虽然为时久远，举行祭祀，仍须诚敬追念，在上位的人如果这样不忘本，百姓受了感化，风俗道德自然归于淳厚了。

# 孝 道

·····································

# 八、孝之承志

一个真正的孝子，不仅仅是要顺从和让父母快乐，而且还要继承父母的遗志，替父母完成他们生前的懿德善愿。《中庸》曰："夫孝者，善继人之志，善述人之事者也。"儿女果能如此，才算尽了大孝。

周朝的武王在这方面为我们做出了表率。文王得到姜子牙的扶持，正准备讨伐昏庸无道的商纣王，却不幸病故了。他的儿子姬发后来继承父亲的遗志，经过多年的筹备，最后直捣朝歌，灭商建周，救百姓脱离水火，使天下得以太平，也最终完成了文王的心愿。

《百孝经》讲："自古忠臣多孝子，君选贤臣举孝廉。"汉武帝时期，选取贤臣的标准就是孝顺。凡是不孝顺者，坚决不录用。康熙帝以孝治天下，历代封建王朝，把举孝廉一直当作是选择官员的黄金法则。

古往今来，忠臣大多是孝子，孝子大多是忠臣。中国人民引以为豪的民族英雄岳飞就是集"忠""孝"于一身的典型。

正值岳飞率领岳家军在战场抗金之时，忽闻母亲病重，岳飞骑上快马日夜兼程赶回家中。母亲见到儿子既高兴，又担忧。为了激励儿子心无挂碍地抗击金兵，岳母用绣花针在儿子背上刺了"精忠报国"四个大字，在中国历史上谱写了光辉一页。

后人作诗赞曰："教儿矢志宜为公，殉国精忠全始终。千古母教青史在，岳家名望万年隆。"

岳飞的后代不仅以实际行动弘扬岳家忠孝本色，而且还通过各种形式极力宣传孝道。岳浚精选当时最好的工匠，运用当时最先进的工艺，选用当时最好纸张刻印的孔子的《孝经》，成为历史《孝经》中的珍本，现在善本被奉为国宝，藏于国家图书馆。

提及岳飞就自然联想到"杨家将"，在杨令公与佘太君的教导下，满门忠孝，把忠与孝做到最完美的结合与统一。

东汉赵苞镇守辽西，威震天下。为尽孝道，派人去接母亲和妻子。正值此时，鲜卑族万余人入侵，把他的母亲和妻子劫为人质。赵苞率两万人进行抵抗，没料到鲜卑人把他母亲推到阵前，赵苞悲号着对母呐喊："孩儿不孝，本想接您早晚奉养，没想到反使你得祸。过去是母子，现在是王臣，我不能顾私恩毁掉忠节，只有万死一报了。"

赵母喊道："人各有命，何必顾私情而亏忠义。过去有王陵的母亲面对敌人伏剑自杀，以稳定儿子的志向，你要勉励自己，效法王陵。"于是赵苞即时进战，大破敌军，其母及妻子均被敌军杀害。

王陵的故事是这样的：王陵汉初人，当他准备投奔刘邦时，项羽抓他的母亲为人质，希望母亲能劝说儿子"弃刘投项"。王陵的母亲非常坚强，对儿子派来看望她的使者说："愿为老妾语陵，善事汉王，汉王长者。勿以老妾故持二心，妾以死送使者。"遂伏剑而死。项羽一怒之下将王陵母亲的尸体给蒸了。

北宋范滂是一个清正廉洁、公正无私的好官，深受人们爱戴。他因得罪权贵被判死刑，临刑前范滂跪着对母亲说："母亲，我一生唯一的遗憾是不能为母亲尽孝，望母亲不要过度悲伤。"当时到刑场送行的民众人山人海。

苏轼 10 岁的时候，其父到外地去游学，母亲程氏亲自教他读书，当读到《后汉书·范滂传》时，小小年纪的苏轼颇为感动，对母亲说："母亲，我长大也要做范滂这样的好官，您同意吗？"母亲程夫人赞同地说："你如果能成为范滂一样的人，我又怎么会不和范滂的母亲一样深明大义呢？"在母亲的教育下，苏轼终成人们爱戴的清官和伟大的诗人。

清末"戊戌变法"失败后，谭嗣同为忠于变法、忠于光绪皇帝，放弃外逃的机会，决心以生命和热血唤醒国人。在被捕的前夜，他还以父亲的名义并模仿父亲的笔迹，写了一封痛斥自己的信，以表明父亲的立场和态度。写这封信的目的是留给慈禧看的，以期减轻父亲受株连之罪。从这一点看，谭嗣同不也是一个忠孝双全的孝子吗？

我们有理由相信，一个孝敬父母、尊敬兄长的君子，更可能是国家的栋梁之材。反之，自私虚荣、嫌弃双亲的人，即使有再高的学识，也不会成为真正造福国家社会的人。

习近平总书记指出，在全面对外开放的条件下做宣传思想工作，一项重要任务是引导人们更加全面客观地认识当代中国、看待外部世界。宣传阐释中国特色，要讲清楚每个国家和民族的历史传统、文化积淀、基本国情不同，其发展道路必然有着自己的特色；讲清楚中华文化积淀着中华民族最深沉的精神追求，是中华民族生生不息、发展壮大的丰厚滋养；讲清楚中华优秀传统文化是中华民族的突出优势，是我们最深厚的文化软实力；讲清楚中国特色社会主义植根于中华文化沃土、反映中国人民意愿、适应中国和时代发展进步要求，有着深厚历史渊源和广泛现实基础。中华民族创造了源远流长的中华文化，中华民族也一定能够创造出中华文化新的辉煌。独特的文化传统、独特的历史命运、独特的基本国情，注定了我们必然要走适合自己特点的发展道路。对我国传统文化，对国外的东西，要坚持古为今用、洋为中用，去粗取精、去伪存真，经过科学的扬弃后使之为我所用。

习近平总书记强调，对世界形势发展变化，对世界上出现的新事物新

情况，对各国出现的新思想新观点新知识，我们要加强宣传报道，以利于积极借鉴人类文明创造的有益成果。要精心做好对外宣传工作，创新对外宣传方式，着力打造融通中外的新概念新范畴新表述，讲好中国故事，传播好中国声音。

近年来，为了响应党的号召，传统文化讲座在全国各地风风火火地开展了，笔者有幸能与当代的给位大孝子同台演讲。其中王希海老师和王凯、王悦兄弟让人印象深刻。

1980 年，王希海的父亲因脑出血成了植物人。母亲体弱多病，弟弟又患有先天性肢体残疾，不能就业，全家的重担都落在了当时仅有 23 岁的王希海的肩上。面对这样的情况，王希海先是毅然放弃了去马来西亚工作的机会，后来又向单位请了长假，直至最后下岗失业，25 年来一直照顾生活不能自理的父亲。当时他就在心底发誓：一定要让父亲活到 80 岁。

王希海有两个哥哥和一个姐姐。王希海看到哥哥姐姐都已经成家，家里也挺困难，就主动肩负起照顾父亲的责任。为了防止父亲得褥疮，他每天都会每隔半个小时就给父亲翻一次身，白天还要把父亲扶到轮椅上坐半小时到 1 小时，而且还要给父亲按摩、敲背五六遍。为了让父亲躺得舒服，他用 8 个枕头垫在后背、腿下等不同部位。

王希海一直要照顾父亲到半夜 12 点半以后，后半夜由母亲替换。此外，王希海一天还要洗两大盆衣服或床单等衣物。母亲心疼儿子，让儿子去工作，自己照顾老伴，可儿子说："你可不能倒了，要那样，两个人我也伺候不过来呀。"

为了照顾父亲，他放弃了工作和个人婚姻，超过 50 岁的王希海早已过了该成家的年纪。在他的生命中最重要的就是父亲。他说："如果成了家，肯定会以家庭为第一位，照顾父亲的时间就少了；而我不成家，那父亲永远是第一位。这些年来，有许多人要给我介绍对象，但我不能放弃父母，我首先要做好的是一个儿子的角色。我觉得我很满足。"

王希海年轻时最大的心愿是当一名船员，但为了父亲不得不放弃了。他说："父亲的病我治不了，但在生活上、精神上给他安慰、照顾，却是我能做到的。只要父亲活着，我就感到高兴，感到幸福。"

另一个感人的故事的主人公王凯、王悦兄弟俩是黑龙江兰西县人，他们俩都年近六旬，为了让年迈的老母亲能看看祖国的山河，兄弟俩用自制的"感恩号"人力房车，从2007年3月开始载母万里游。因为母亲晕车也晕机，所以兄弟俩让80岁老母亲坐上他们自制的人力车，遍游祖国，实现老人的愿望。

王凯、王悦兄弟俩一路历经艰辛万苦，一路途经北京，并游历到香港，他们用双脚拉着老母亲超过了268个日日夜夜，完成了万里感恩之路，他们的壮举感动了中国。磨破了无数双鞋子，留下了无数滴汗水，他们兄弟二人以自身的孝心感动着无数的人。

当然，在传统文化论坛上，还有很多的大德老师与大孝子，他们身体力行孝道，传递给了这个世界一股股正能量。

所以我们只有孝顺好自己的父母，慈爱自己的儿女，又能推己及人去尊敬天下所有的父母，慈爱天下的孩子，才能达到"老吾老以及人之老，幼吾幼以及人之幼"的境界。果能如此，居家孝顺双亲，当了官替国家办事，怎么会对国家不忠呢？能爱国忠君，又怎能做出违背良心的事来？不违背自己的良心，这就是事天了！因为天理对良心。

《礼记》云："居处不庄，非孝也；事君不忠，非孝也；莅官不敬，非孝也；朋友不信，非孝也；战争不勇，非孝也。"朱德总司令与许世友将军等一大批老革命家，为中华民族不受外夷之欺凌，为了天下父母都能过上好日子，身先士卒，浴血奋战，虽不能守在父母膝下，但也如同岳母所说的："吾儿乃是尽天下父母之大孝！"这是对孝的扩展与延伸！

《大学》云："所谓治国必先齐其家者，其家不可教，而能教人者无之。故君子不出家而成教于国。孝者，所以事君也。"要想治理好国家，

必须先整齐其家，如果本身不能教诲自家，家中无法施行父慈子孝兄友弟恭之道，而要教化天下之人是绝对不可能的。

周成王十三岁登基，周公为相辅正，教诲成王说："你是天子，统一万邦，都要追念你祖父文王的德政，好好效法伊尹的政治，才算是行孝。"

孔子说："为天子的，能够亲爱自己的父母，就是对他人的父母，也不敢不亲爱。能够恭敬自己的父母，就是对他人的父母，也不敢不恭敬。亲爱恭敬的最高境界就是事奉双亲。然后德行和教化，就能推及老百姓身上，同时也可以作为全国的模范，影响全国民众，这就是奉行天子孝亲。"

《书经·甫刑篇》说："天子有敬爱父母的好行为，那么天下万民都仰赖他了。"

所以，一个有德行的君子不必走出家门，就能成全教化全国人民。天下之本在国，国之本在家，家之本在孝。

# 孝 道

# 九、孝之境界

　　小孝，以物养亲。尽心养亲，使父母衣食无虑，让父母不缺吃不缺穿，这只做到了小孝。中孝，以顺怡亲，上体亲志，使父母顺心安乐，能够让父母开心无忧，不为我们牵挂，这是中孝。大孝，以养荣亲，行善济世，使父母光耀门庭。今天，以父母的名义做各种公益慈善事业，来彰显父母的德行，这是大孝。至孝，以德拔亲，行道立德，使父母成就生命。我们把中国优秀的传统文化讲给父母听，让父母明白道理成就圣贤，这是至孝。

　　孝敬与忤逆是人心善恶的两个方面，为恶固然不好，但刻意行孝也不符合人性的自然。

　　古代宋国的一个居民死了双亲，由于哀伤过度，面容憔悴，形销骨立。宋国国君知道了此事，为了表扬他的孝行，乃封他做官师。当地人听到这个消息，每逢他们的父母去世，都拼命地伤害自己的形体，结果大半都因此而死。

　　这就是老子所担忧的"假仁"、"假义"。因为离开了天性根本的仗义行仁，只不过是图有虚表，犹如露水、气泡，转瞬即逝，亵渎了大道的至纯、至真。事实证明，美恶同门，相对而立。我们之所以非常敬仰舜帝之

孝，乃是因为他在最恶劣的六亲不和的环境中，仍力行孝道。又我们之所以赞美比干、文天祥为爱国忠臣，乃是因其所处的朝代中出现了昏君与奸臣的缘故。反之，若大道盛行，则人人沐浴仁义春风，就如在空气充足之处，已经不觉得空气的存在一般。

至孝出乎天心，发于自然。从医学的角度看，《黄帝内经》认为"心者，生之本，神之变也"。从哲学的角度来看，王阳明认为孝行是"心"中之"理"发于亲的结果："理也者，心之条理也。是理也，发之于亲则为孝。"从道德的角度看，心是道德价值的源头。王充认为"心含诸德"，他说："仁惠之情，俱发于心。"《孟子》中也说："仁义礼智根于人心。"仁慈、爱惠、礼智、孝悌等道德都是发自于"亲亲"之内心。父母是子女生命的本源，子女是父母生命的延续，所以无论是父母对子女之慈，还是子女对父母之孝，它的原动力都是血缘之情，天然之性。

孟子把是否有孝心看成是人与兽的分界线，他曾说："无恻隐之心非人也，无羞耻之心非人也，无辞让之心非人也，无是非之心非人也。"这"四心"之中均含仁爱慈孝。孝心是动机，孝行是过程，孝行是孝心的自然流露。孝心是一切孝行的出发点，是孝子的标志，是衡量孝子与逆子的分水岭和试金石。

商太宰荡问庄子："什么叫作'仁'？"

庄子说："虎狼就有仁。"

太宰荡说："这话怎么讲呢？"

庄子说："虎狼父子相亲相爱，这不就是仁吗？"

太宰荡说："那样的仁太浅薄了，请问至仁在哪里？"

庄子说："至仁无亲。"

太宰荡说："我听说不亲就不爱，不爱就不孝啊！如果照你所说，至仁就是不孝吗？"

庄子说："不是这样的。至仁的境界很高，一般孝的境界达不到。好比冥山是在遥远的北方，郢是在南方。如果你站在，郢地望着北方，冥山是望不到的。所以，用爱心去行孝，很容易。使双亲顺适而忘掉你的爱心，就难些。如果用自然的爱心，不亲不疏，使天下的人都很舒适而忘掉人与人之间的爱，那就更难了。"

庄子又说："用孝悌仁义，忠信贞廉，来使人相亲相爱，这不是最高的境界。那就像湖水干了，鱼相互吐着口沫来相亲相爱一样。不如江湖水满的时候，鱼儿在水里悠游自在，互不相干的好。所以，人要到达至仁的境界，就要超越世俗的孝悌仁义以及忠信贞廉才行。"

最尊贵的人，不要爵位；最富有的人，不要金钱；最快乐的人，不要名誉；这才是最高的道。至孝的心就是佛心就是道心。这种境界非凡夫所能达到，从古至今甚为稀有。至孝的境界纯然发自本性，逆来顺受，无怨无悔。

在中国古代出了一例"至孝"的案例，那就是虞舜之孝。

上古时期五帝之一的舜帝，他的孝行与德行被千载传唱。《中庸》赞美道："舜其大孝也与！德为圣人，尊为天子，富有四海之内。宗庙飨之，子孙保之。"由于舜的大孝的德行，使他成为圣人，尊贵为天子，富有四海，长命百岁。

那么，他是怎样一个孝子呢？为何能感天动地呢？又是如何登上天子之位的呢？

舜帝的家庭并不圆满，因为他有一位不太明理的父亲，继母及同父异母的弟弟象多次想害死他。

一次，他们让舜去修补谷仓的仓顶，这时趁机从谷仓下纵火，想烧死舜，可是舜却手持两个斗笠飞了下来逃脱一劫；又一次，他们又让舜去挖井，父亲与象在井上填土，想把舜压死，幸亏舜早有防备，在旁边掘地道又逃过了一劫。

舜深爱他的父母及兄弟，生怕陷父母、兄弟于不仁不义，因为杀子害

兄，罪名很大，所以舜每次都想尽办法逃脱，事后舜毫不记恨父母与弟弟，仍对父亲恭顺，对弟弟友爱。尽管这样，他的继母仍然不肯放过他。

一天，继母故意找茬赶他出门，舜赶忙跪在地上，磕头忏悔："请父母不要赶我走，让我孝顺你们吧！我会尽力做个好孩子！请原谅孩子不孝，再给我一次机会吧！"继母虽然口头上答应了，但却又给舜出了一道难题，命令他一个人要在太阳下山之前耕种好方圆百里的荒地。舜二话没说，欢喜应诺了。

由于他的孝行感动了天帝，耕种的时候，大象替他耕地，小鸟代他锄草，在太阳下山之前果然耕作完了。

舜的孝名远播四海，传到了尧帝的耳朵里，于是尧帝把两个女儿娥皇和女英嫁给他，相继将九个儿子和群臣都交给他管理。

尧帝经过28年的观察和考验，发现舜不仅懂得齐家之道，而且还深明安邦之策，做到了"在家无冤，在邦无怨"，亲人都爱戴他，百姓都拥护他。于是，尧帝决定将帝位禅让给舜。舜登天子位后，去看望父亲，仍然恭恭敬敬，并封他的异弟象为诸侯，又派贤臣辅佐，生怕他有半点闪失。可以说舜帝达到了至孝的境界，也因为这样孝的德行而感化了父母、兄弟及天下，使得风调雨顺、国泰民安。相传尧天舜日，五风十雨，麦收双穗，凤凰鸣于山，麒麟奔于野。

儒家有《孝经》，佛家也有《孝经》，即《地藏王菩萨本愿经》及《父母恩重难报经》。《梵网经》也曾云："一切男子是我父，一切女子是我母。"这是对孝的一种升华，也是大孝的体现。

地藏王菩萨是大孝子。经文记载他曾经有一世是个女子，非常孝顺母亲，母亲去世日夜垂泣，瞻恋如来，感天动地。忽闻空中自在王如来告诉她曰："我见汝忆母，倍于常情众生之分。汝念我名号，即当知母亲生处。"此女经一日一夜，念到一心不乱，来到地狱。因她念佛力故自然无惧，此女问鬼王："我为何到地狱？"鬼王答曰："若非威神，即须业力，汝云承孝顺，念觉华定自在王如来名号，汝母升天已经三日。"地藏王菩萨不仅想到自己的母亲，也想到天下人的母亲都在受这样的苦痛，于是发出了"地狱不空，誓不成佛"的大悲愿！这与孔子所说的"立身行道，扬名于后世，以显父母，孝之终也"有异曲同工之妙。

社会在发展，时代在进步，作为孝的形式与内容，完全恢复古道是不可能的，但孝的精髓与本质则不会改变，这是人类生存与社会安定的保障。著名学者任继愈先生说："五四以来，有些学者没有历史地对待孝这一社会现象和行为，出于反对封建思想的目的，把孝说成罪恶之源是不对的，因为它不符合历史实际。"又说："忠孝两者相较，孝比忠更基本。"没有孝的基础，忠是谈不上的。历史上的有道明君，皆深知孝道的重要，故以孝治天下。

《大学》云："古之欲明明德于天下者，先治其国，欲治其国者，先齐其家；欲齐其家，先修其身……"孝道乃是修身的基础，不具备孝心的人，一切无从谈起，故"自天子以至于庶人，一是皆以修身为本，其本乱而末治者否矣"。

1988 年 1 月，75 位诺贝尔奖获得者，在法国巴黎发表了共同宣言："如果人类要在 21 世纪生存下来，必须回到两千五百年前，去吸取孔子的智慧。"孔子思想的核心是"礼"，然而"孝"正是礼之灵魂。

细想古今所有的社会问题，无不是由人心之私欲引起，而孝道正是做人的基础，是名利欲望的除草剂，不孝行为的根子正是自私，想拔除自私的祸根，唯孝道莫属。

人人惧怕三灾八难，害怕原子弹，害怕自然灾害，岂不知孝道沦丧之可怕，远远大于各种灾难！人类一旦突破了这道生命的底线，将走到生命的尽头，自我毁灭！这个因果关系是亘古不变的。有人说因果是封建迷信，其实因果说得简单点就是因为所以，因果是朴素的、辩证的，是自然规律。

所以中央电视台公益广告提醒大家"关爱老人，从心开始"。"以父母之心为心，天下无不友之兄弟；以祖宗之心为心，天下无不知之族人；以天地之心为心，天下无不爱之民物；人君以天地之心为心，人子以父母之心为心，天下无不一天心矣。"（金兰生《传世言》）如果人人都能做到这样，社会就能呈现出人人孝敬父母、友爱兄弟，忠于民族、热爱祖国，万众一心的可喜局面。

江湖的泉源干枯了，鱼儿都被困在地面上，相亲相爱地用口沫互相滋润着。这倒不如在江湖水塘的时候，大家悠游自在，不互相照顾的好。世人的"仁爱"，就像鱼儿用口沫互相滋润一样。所以退一步想，当人需要用"仁爱"来互相救助的时候，这世界便已不好了。大自然的爱，是无量的爱，就像江湖中的水一样。人如果要效法自然的话，就必须了解人为的"博爱"毕竟是有限的。所以，人应该相忘于自然，如同鱼儿相忘于江湖一样。

老子与孔子之观点是异曲同工，老子告诉世人仁义之提出，皆是因为离道久矣，让世人迷途知返。而孔子提倡仁义，则是要世人回到道中，最终恢复道之体用，止于至善。该是人性回归的时候了，这是爱的呼唤，是大自然的召唤，因为我们来源于自然。

# 孝 道

# 十、孝之忏悔

我们好像很有钱　抽着爸爸买不起的烟

我们好像很有钱　用着父母没见过的东西

我们好像很有钱　出门就打车

我们好像很有钱　出去吃喝玩乐

我们好像很有钱　买一些没用的东西

我们好像很厉害　不顺心就对父母大喊

我们好像很厉害　没事就和父母吵架

我们好像很厉害　动不动就离家出走

我们好像很厉害　把父母当用人指手画脚

我们好像高高在上　在外面挥金如土

我们好像高高在上　埋怨自己没有好家庭

我们好像高高在上　一点苦也不想吃

我们好像高高在上　嫌弃自己的父母

我很想知道我们凭什么这样　我们有什么好高傲的

父母已经给予了我们最宝贵的生命

做最真实的自己又怎样

这就是我们的真实写照。

可能我们觉得父母身体尚好，一日三餐不缺，生活还能自理，用不着经常看望问候。可能觉得年老的父母与我们没有共同的语言。可能父母从来不提出什么要求……

当你为人父母时，当你年老孤独时，以上问题的答案就出来了。古人云："养儿方知父母恩。"可惜我们已经为人父母且又父母在堂还不能全部体味。一旦你的父母离去，而你的生命也将接近终点的时候，你才真正地明白酸甜苦辣的各种味道，正是自己为自己准备好的。

孟子讲不孝有五种表现："四肢懒惰，不养父母，一不孝；好赌博、喝酒，不关心父母，二不孝；偏爱妻室儿女，钱财据为己有，不管父母的生活，三不孝；纵欲享乐，使父母因此丢人现眼，遭受耻辱，四不孝；逞勇敢，好打架斗殴，常遭官司，危及父母，五不孝。"

我们每个人对照自己做一个深刻的反省，反省是觉悟的第一步，只有灵魂的觉醒才能变为行动。我记得有这样一个真实的案例：

在福建贫困山区有一对孤儿寡母，相依为命。孩子很争气，考上清华大学，但母亲却发愁了，因为交不起这高昂的学费，没办法，去城里卖血，希望换一点路费，不料被孩子发现了，孩子不愿意母亲去卖血："妈，你为什么要卖血呢？你要这样我就不念这个书了。"说着就要把录取通知书撕掉。

母亲冲上去，给了儿子一个耳光："你这个没出息的东西，我们全家都指望你呢！只要能把书读好，妈别说卖一点血了，就是卖一个肾也愿意！"于是乎母亲便卖了所有的家产，带着儿子来到了北京城。母亲用了两天两夜的时间来到了北京城，有谁会收留这样一个山区的单身女人，有谁会可怜这样一个没有文化的女人呢？万般无奈之下，找不到工作的母亲做了最后的选择，从此在北京大街小巷的垃圾桶旁就多了一个捡破烂的女人，每当有人拎着垃圾丢进垃圾桶，母亲就赶紧上前去翻腾。她写信给儿子："儿子啊，身体要紧，别舍不得花钱，妈妈会给你寄生活费来的。"儿子并不知道妈妈的钱是怎样赚的，到了学校以后他不用功了，开始谈恋爱，和女同学去咖啡厅一次消费就要三十几块，他哪里知道三十几块是他妈妈一周都赚不到的啊！

这一天他领着自己的女朋友去王府井玩耍回来的路上，看到街边的垃圾箱那里围了好些人，他也挤到前面去，原来是一个捡破烂的女人中暑了晕倒在地上。他顿时呆住了，天啊！那是自己的妈妈呀！他终于知道妈妈的钱是哪里来的了。

男孩因为身边有女同学，他怕丢人，没敢过去叫一声妈妈，就这样咬着牙走开了。半夜的时候他一个人回到垃圾箱旁，妈妈已经不在那里了，他对着垃圾箱磕了三个头。从此这孩子沉默了，他开始用功读书了，母亲写信告诉他，学业无成就不相见。好多好多年过去了，他大学毕业，他读研究生，他考上博士生，终于到了颁发博士学位证书的时候。当校长读到这个孩子的名字的时候，人们没有见到他上台，却看到会场大门打开了，一个穿着博士服的人扶着一个蓬头垢面的女人走进了会场，当保安去阻拦时，被他一下推到旁边："你别碰她，这是我的母亲呐！"他把妈妈扶上前台，他扑通一下跪在那里对全场所有的人说："校长、老师、同学们，这就是我的妈妈呀！七年来，就是这样一个来自福建山区的母亲，在北京的垃圾桶旁供养了一个清华的博士！"

所以孝道需要忏悔，我们为人子女有谁没有伤害过我们的父母呢？究竟我们自己的孝道做得怎么样？请大家一起来回忆——

◎我们在不高兴时，是否给过父母难看的脸色？有没有顶撞过父母？

也许在单位，我们可以忍受苛刻的领导；可以忍受说三道四的同事；甚至可以包容坏脾气的丈夫、娇纵任性的妻子，但是也许父母的一句小心翼翼的叮嘱，就会让我们大发雷霆，每当这个时候，父亲总是叹着气，不敢再触怒你！母亲总是说："妈知道你活得不容易，有气就冲妈撒，别把自己憋坏了！"可是，父母的不容易又有谁去体谅？

父母的经验之谈你遵守了吗？你是否在每次吃到美味佳肴时都能想到父母？父母有病你念念在心吗？

如果有一天，你发现家中的碗筷、锅子好像没洗干净；

如果有一天，你发现家中的地板衣柜经常沾满灰尘；

如果有一天，你发现他们过马路行动反应都慢了；

如果有这么一天，你要知道他们老了。

为人子女者要切记：看父母现在，就是看到自己的未来！

◎当继父继母不能像亲生父母那样对我们，我们是否会心生怨恨而不宽恕他们呢？

绝大多数的父母都是无私地将爱给予孩子，但是也有极个别的父母，与我们缘分比较浅，可能出于种种原因不能给予我们那么多的关爱，遇到这种情况我们又当如何呢？

闵子骞也是孔子的学生。他的继母对他很不好，把好的都给自己的儿子，有受苦受累的差事都让闵子骞做，还常常打骂他，但他从未有过半句怨言。懂事的闵子骞，从未向父亲提及此事。

一年冬天，父亲赶着车要出外做生意，于是让闵子骞去套马。他在拉马车的时候，因为手冻僵了，不小心脱了手，马车翻了。父亲以为是他偷懒，拿起鞭子向他抽来，棉衣破了，芦花随着寒风四处飘扬，这时父亲才恍然大悟，对妻子说："我娶你来，指望你能照顾我的孩子，照顾这个家，现在你的孩子穿棉花做的新棉袄，而我的孩子却穿芦苇絮做的衣服并且忍饥受冻，你这种心肠的女人，我要你何用？"

于是父亲写下休书，决意休掉继母，这时闵子骞跪了下来，说："父亲，我求求您不要赶母亲走，母在一子单，母去三子寒。母亲在家，只我一人受点苦不算什么，若是母亲走了，我们兄弟三人都要受苦挨冻了。"父亲十分感动，就依了他。继母悔恨知错，从此对待他如亲生子一般。

孝道贵在一个"诚"字，必须是发自内心。小小闵子骞能在饱受欺凌后不生嗔恨心，还能想到家庭所有的人，跪地为后母求情。其行感天动地，铁石心肠者亦会流泪。闵子骞的孝行被搬上戏剧舞台，千百年来广为传颂。

由此可见，想要改善与继父后母之间的关系，我们必须学会忍让与宽恕，进而以德行来感化，仁者无敌。

◎我们是否个性刚强，不良爱好很多，让父母忧虑？我们是否做过让父母蒙羞的事情？

《弟子规》云："德有伤，遗亲羞。"儿女能本分为人，堂堂正正做事，让父母放心而宽慰，相反儿女若学坏，损人利己，父母不仅操心、担心，而且得受罪和承担过错啊。因为"养不教父之过"。"过"就是罪过。可是，哪一个父母的初衷不是希望自己的孩子堂堂正正呢？

通过这些年的观察，发现大凡儿女在外惹是生非，坑人、骗人、损人的，他们的父母不是抬不起头做人，就是身体有病。我们可以回想自己的所作所为如何？我们怎么能让为了我们操劳一生的父母，到了晚年还要替我们背上这沉重的包袱，我们的良心又如何能够安然呢？

所以说，一步一个脚印，踏踏实实地做人是如此的重要。我们不能犯错，因为我们在父母心中十分重要。平日里，父母的教育，我们不愿听，可是当错已经犯下时，我们才恍然大悟，而等不到向父母忏悔，他们已经原谅我们。但是，我们能够体谅到多少父母的良苦用心？我们又用什么来安慰父母的谆谆之心呢？

有一个人从小就非常淘气，母亲管教他，他总是埋怨母亲。成年后结识了一帮社会不良青年，经常惹是生非，一次与人打架致人残疾，被判入狱。母亲每次去探监，都劝导他要好好接受改造。可是他怎么也听不进去，监狱的生活让他变得比从前更加暴躁。不久，他又在狱中斗殴，导致自己眼角膜破裂，这一次得到的教训是——永远面临黑暗！当母亲知道了这个消息，痛苦万分，为了换回儿子的光明，母亲瞒着儿子将自己的眼角

膜移植给他。

第一个星期过去了，以往这个时候，母亲一定会带着他喜欢吃的东西来看望他，可是这一次母亲却没有出现，他有些沮丧，尽管平时他讨厌母亲的唠叨。又是一周过去了，他依然没有见到母亲熟悉的身影，他开始怀疑，是不是母亲对自己失望了？是不是因为自己每次都将愤怒发泄在可怜的母亲身上，母亲再也无法承受了？难道母亲放弃我了吗……

而此时的母亲，是多么想去看望儿子。可是，她正在开始适应黑暗的生活。她怕儿子见到自己，会伤心，影响他在监狱改造，所以她几次走到了监狱的门前，却没有勇气走进去，但是每次想到儿子又可以用她的眼睛看到这个世界，她的心里就快乐起来，仿佛黑暗都不见了，每天都是阳光明媚。

第三周，第四周……母亲还是没有出现，儿子开始害怕，难道母亲……？他不敢想，这时他才知道母亲对他来说是如此的重要，他不能失去母亲，他太对不起妈妈了。他后悔、自责、思念，在经历了无数个日日夜夜的煎熬后，终于盼到了自己出狱的那一天，他迫不及待地跑回家。

妈妈早已知道今天儿子出狱，所以一早就起来开始准备他喜欢吃的饭菜，以至于激动地不小心打碎了盘子，割破了手指都无暇顾及。当儿子冲进家门看到了满桌都是自己喜欢吃的饭菜，又看到在厨房里摸索着、忙碌着的妈妈，他一切都明白了，他跪着、哭着、呼喊着，爬到了母亲的脚下，拼命地给母亲磕头，边哭边说道："妈妈，因为我让您在街坊邻居面前抬不起头来！因为我，您被亲人羞辱、父亲责骂！现在又为我这样一个不孝子，失去了眼睛。我发誓一定要重新做人，做一个正直善良的人来报答您的恩德，请您相信我吧，相信我吧……"

◎我们是否对待爱人、朋友、领导，超过对待我们的父母？

据某报调查，当下有80%的年轻人，对自己偶像明星的生日记得是清清楚楚，而对于自己父母的生日竟是毫无所知；还有人对领导的事情事无巨细，对自己的双亲却是不闻不问。在我身边发生过这样一件事：

邻居老张家的儿子已参加工作，一天买了一个非常精美的大蛋糕带回了家，母亲见状，欣喜异常，很是感动，因为今天是她的生日，毕竟这是有史以来头一遭，有感于儿子的一片孝心，母亲在儿子出去时，先切下了一块蛋糕尝了尝，那真是甜到了心里。

晚上儿子回家，发现蛋糕少了一块，心里甚是不爽，便冲着母亲喊："谁吃了蛋糕，这蛋糕是给我们领导母亲拜寿专门定做的！再做就来不及了！这该怎么办呢?!"母亲在屋里听到这话，心里顿时一阵酸楚……

这确实是个令人心酸的案例，然而它以不同的形式发生在我们的生活周围。同时也提醒各位领导与上司，当你收到下级的贺礼时，不妨留心一下他对自己的父母怎样，如果不是个孝敬父母的人，你要小心他的目的，不说历史与古代，就当今，多少的官员断送在这些人的手里！

◎我们是否觉得父母没学问、保守、顽固、不开窍？是否因此轻视父母呢？

俗云："儿不嫌母丑，狗不嫌家贫。"20世纪80年代的大学生被称作是天之骄子。有个农村学子，考上了某名牌大学，因为觉得自己家境寒酸从不在同学面前提及自己的父母。一次，他的父亲千里迢迢从老家赶来给他送钱和衣物，碰巧被同学看到，便问："这是你的父亲吗?"他说："不是！不是！是我父母托他来给我捎东西的。"父亲听后面红耳赤，知道自己给儿子丢脸了，尴尬地说："对！我还有事，要走了！你爹娘让我转告你，好好读书，要是钱不够就给家里写信。包袱里还有一双棉鞋，你娘说北方天寒怕你冻着脚！"

望着父亲渐渐远去的背影，他非常后悔，就把这件事情坦白告诉了同学。他的同学说他："一个人只要堂堂正正，穷富又有什么分别呢？你的父母很伟大，他们在这样的情况下，还能培养出一名大学生来，你应该感到自豪！我该说你什么好呢。"

◎我们有没有纵容妻子，苛待自己的父母？嫁了老公忘了爹，娶了媳妇忘了娘。

◎我们是否与兄长相争而伤父母之心？有时兄弟为小事相争，甚而大打出手；还有的不相往来，让父母左右为难、伤心不已。更有甚者，父母尸骨未寒，为了分家产打得鸡犬不宁，甚至还告上法庭！这怎么能让九泉之下的父母安宁呢？

◎我们是否只孝敬自己的父母而另眼看待公婆呢？

美满和谐的家庭，是幸福人生的基础，也是每个人都渴望获得的，但我们是否想过，在获得幸福美满的家庭之前，自己要先对这个家庭有所付出！家庭中每一个分子，若能彼此相处得非常融洽，他们的事业、学业、身心及人际关系，也会随之变得健康圆满。

2006年3月10日，丹东《广播电视报》转载了《大河报》这样一条消息，题目是《百万富翁陪嫁女儿一封公开信》，看后发人深省。报道的内容是：今年1月5日上午，在登封市一个小区里举行着一场别开生面的婚礼：在司仪的主持下，新娘杨晓曼和新郎郑辉向双方父母鞠躬致礼。随后，主持人抱来一个不锈钢小箱子说："各位请看，这个箱子里装着晓曼小姐父母赠送的所有嫁妆。"参加婚礼的300多名亲朋好友纷纷猜测：是"存折"？是"百万元支票"？是"珠宝首饰"？他们认为按晓曼家的经济条件，父母陪嫁个百八十万不算什么。结果打开箱子之后，是一个大礼包，礼包内装的是一封《致女儿女婿的公开信》。主持人把公开信交给播音员，在播音员动情的朗读中，参加婚礼的人渐渐红了眼圈，新娘则泪流满面。信中写道："女儿晓曼、女婿郑辉：今天是你们成家的大好日子，首先祝福你们新婚愉快，白头偕老。晓曼，听到你要结婚的喜讯，很为你高兴。百行孝为先，孩子，过门后要孝敬公公婆婆，凡事要多谦让，多为别人考虑，处处与人为善，与亲朋好友和睦相处。在力所能及的前提下，对弟弟妹妹们提出的一切事情都要当作自己的事情去办，你们要以父母对你们的胸怀去对待咱们大家庭的兄弟姐妹及亲朋好友，即使他们做错了什么，也不要斤斤计较，而是要学会原谅，学会包容。我衷心希望你们能够学会处事、学会做人、做好人、做善人。不图你们成名，只图你们成才！晓曼，从今天起，你在爸妈的心中已成了大人。按常理，爸妈应该为你们准备一份丰厚的嫁妆，但爸妈没有为你们准备。爸妈只为你们准备了一封发自肺腑的公开信做你们的陪嫁。我想女儿和女婿会理解爸妈的良苦用心。再一次祝福你们幸福快乐每一天！"这封信宣读后，在婚礼上、在社会上引起了强烈反响。

"婆媳关系"与"翁婿关系"双向对等的，都是孝道的重要内容。然而在家庭成员中，最难相处的关系还是婆媳关系。据统计调查结果表明，婆媳关系不和睦是造成家庭不和谐的几大隐患之一，在现实生活中想要听到媳妇赞美婆婆恐怕有些困难，同样要听到婆婆夸奖媳妇的也不多见。

在旧社会，通常公婆虐待媳妇，把媳妇逼得走投无路，不是投河就是上吊；在如今，往往是媳妇欺负公婆，把公婆逼得活不下去，不是跳井就是服毒。

有一位媳妇给婆婆写了这样一封公开信，说明了她不孝顺婆婆的理由："你只不过是我丈夫的母亲，在结婚之前，你在我的生命中根本没有任何意义。我的生命来自我的父母，今天的学历、能力、教养也来自我我母亲的传承，没有任何一分一毫是来自你的贡献。我的心里很不平衡，我的父母养育了我20多年，而你是捡他们辛苦20多年的结晶，根本来说你是不劳而获，捡现成的。所以我在帮助你做事时，你要感激我的父母及我的劳动付出。如果不感谢就算了，你不应该对我有极大的意见，对我做的事情总是拿着放大镜来挑剔，鸡蛋里挑骨头，这简直是得了便宜还卖乖。从今以后你的事情有你的儿子去做，与我无关；我的事情有我自己做主，与你无关！"

对这样有文化而不知廉耻的儿媳该说些什么好呢？不说了，只有当她

自己的儿媳像她一样，"以其人之道还治其人之身"的时候，她才会对自己的所作所为感到羞愧、脸红……

为此，我们不得不在婆媳间做一番探讨。自古以来婆媳之间的相处是一门永远学不完的学问，当家婆婆的习惯与初为媳妇的紧张，两者之间的进退，实在耐人寻味。那么到底婆媳关系如何相处才能和睦呢？

其一，言传身教。婆婆应以身作则，只需引导，不要一味地要求。常言道："教妇初来。"媳妇一进门就要循循善诱，树立模范标杆，身教胜于言教；媳妇就会上行下效，毕竟总有一天，媳妇也要熬成婆。

虽然婆婆的盐吃的比媳妇的饭多，但若太过倚老卖老，也会无端惹事的；尽管安心放手给媳妇去做，自己既换得清闲，又可让媳妇感觉受到尊重，一举两得，何乐而不为？媳妇勤俭持家任劳任怨，贤惠善良相夫教子，必得家人的青睐与敬重。

其二，婆慈妇孝。爱人者人恒爱之，慈悲没有敌人。婆婆慈爱媳妇，把媳妇当成女儿看，无忌讳地说出年轻往事，心中忧喜，纵然媳妇不能帮你解决，但却增进不少彼此的关怀。媳妇也应孝顺婆婆，把婆婆当成自己的母亲对待，不妨主动找婆婆聊天，分享婆婆的心事，分担婆婆的烦恼，这样你就会得到婆婆的疼惜。婆婆多了一个女儿，媳妇多了一个妈妈。彼此不要有半点私心偏见，真诚以待，那么这个家庭才会和谐。

台湾有一个太太，去市场买梨，挑得十分细心，既要大又要嫩。挑到最后连水果店老板都好奇："太太，你挑得这么认真不是给儿子，就是给老公的吧？"她说："都不是，是挑给我婆婆的，她老爱吃梨，但是牙不好！"

老板听到被感动了，将她挑好的水果放在一边，又从桌下打开一箱梨，装了满满一袋递给她说："这袋梨又嫩又大，正适合你婆婆吃。"

这个太太很感激，正要拿钱给老板时，他却说："这是我送给你婆婆吃的，我卖了一辈子的水果，第一次碰到这么用心为婆婆买梨的，太难得了。"可见，一个体贴婆婆的大孝子，走到哪里都会有人敬佩她、帮助她，处处顺利，这就是因孝得福啊！

其三，相互尊敬。每个人都想获得别人的尊重，但要在要求获得尊重之前，自己首先要尊重他人。纵然是至亲骨肉，也不要让随和变成随便，让随便变成过分，如此只会产生相互要求与抱怨的气氛，而没有欢喜和气的感觉。因此相互的恭敬，可以避免不必要的冲突，也可以增加彼此的谅解。母亲爱儿子就应该尊重儿子的选择，爱儿之所爱；既然为人妻，选择了生命中的另一半，就应该无条件地接纳公婆，因为公婆也是丈夫生命中的一部分。

其四，互相包容。女儿犯了错，你能宽容她，但如果媳妇犯了同样的过失，你也能宽恕她，这就表明婆婆很有德行。可是在生活中，我们会见到母亲包容儿子的拈花惹草，却不允许丈夫有一丝的背叛，将心比心难道不应顾及儿媳内心的感受吗？心同此心，理同此理。所以我们不妨换位思考，"己所不欲，勿施于人。"女人何苦为难女人？

有一位心地善良的佛教居士，出嫁后婆婆故意刁难她，明知道她不杀生，却要她破戒做肉食给他们吃，给她出了一个不大不小的难题，若是我们遇到又当如何呢？或许有些人会采取极端的方式来解决。例如说："破戒不可能，想吃你们自己做，要不就分开过。"这不仅让老公下不了台，可能还会与公婆结上怨。然而，这位居士恒顺众生，毫无怨言，只是事后再去忏悔和为婆婆祈福，这样做了整整五年，最后终于用行动感动了公婆。

一天婆婆把她叫到身边说："孩子，这些年为难你了，让你受了那么多委屈！我和你公公商量好了，从今后咱们全家一起吃素，你看行吗？"这位媳妇边点头，边流泪，总算这些年的辛苦没有白费啊！真是精诚所至，金石为开！所以说"婆爱我，孝何难，婆憎我，孝方贤。"《诗经》云："之子于归，宜其家人。"一个有贤德的女子嫁到婆家，就是要让家庭

和睦快乐，要做喜星，不要做丧门星，这就是妇德。

其五，彼此感恩。既然我们成了一家人，不是一家人不进一家门，进了一家门就是一家人。这说明我们的缘分深厚，谁也不要怨谁，谁也不要说谁不适应谁，一个要欢喜，一个要甘愿，双方都感恩。婆婆应感谢儿子娶了这样一个好媳妇，应该以爱自己女儿的心来接纳和爱护儿媳；反之媳妇也要感激婆婆生了这样的好儿子。

当然，遇到婆婆不能够接受我们，我们也要理解、要尊重，因为她毕竟也是我们的母亲！对我们好的应该感恩，同样伤害我们的也应该感恩，因为天堂的恩人是人间的仇人。所以感恩是离苦的第一因，活在感恩世界里的人最幸福。

其六，智慧人生。虽然生活在同一屋檐下，但每个人仍有自己的个性观念，所以仍会有是非冲突，要如何来化解呢？只有智慧。智慧不生烦恼，看不破想不开，就是智慧境界不够。

世界上的事情没有一定的对与错，只是角度有圆方，所以婆婆要学会睁一只眼闭一只眼，打从心眼里不要去计较是非长短，这样才不会跟媳妇发生争执；同样为人媳妇应该学得低姿态些，多笑笑、多请教、多问好、不皱眉，这样就不会讨人嫌，反而可以化解婆媳的危机。人的误会85%来源于不沟通，如果站在对方的立场上着想，沟通就会成功。

是非因智者而止，一个人能不听是非，不说是非，不传是非，以大体为重，自然是非化于无形之中。所以，有了大智慧就能化解婆媳间的矛盾，并能扼杀在摇篮之中，方不至于引起矛盾激化，从而导致婆媳关系破裂。

一位老太太是虔诚的佛教徒，吃素已多年。可有一次生病了，却想要喝海螺汤，媳妇再三相劝也无济于事，无奈只好给她做了海螺汤。等老太太病好了，她为自己破戒感到非常懊悔与痛苦，这时，媳妇把真相告诉了她："妈，您没有破戒，因为我在做汤的时候，并没有放真正的海螺，而是放了貌似海螺的石头，味道虽像但没有杀生。"

家庭幸福不是讲出来的，也不是光想就有的，除了以上婆媳相处的六点之外，最重要的还得从自身修养做起，《大学》云："自天子以至于庶人，一是皆以修身为本。"

◎我们是否对年老的父母生过厌恶心？

有一位母亲，写了这样一封信给自己的儿女：

孩子，我花了很多时间，教你慢慢用汤匙，用筷子吃东西；教你系鞋带，扣扣子，溜滑梯；教你穿衣服，梳头发，擤鼻涕，这些和你在一起的点点滴滴，是多么的令我怀念不已！

所以，当我想不起来，接不上话时，请给我一点时间，等我一下，让我再想一想……极可能最后连要说什么，我也一并忘记。

孩子，你忘记我们练习了好几百回，才学会的第一首娃娃歌吗？是否还记得每天总要我绞尽脑汁，去回答不知道从哪里冒出来的"为什么"吗？所以，当我重复又重复说着老掉牙的故事，唠叨着你已听得厌烦的话语，体谅我，孩子！

孩子，现在我常忘了扣扣子，系鞋带。吃饭时，会弄脏衣服，梳头发时手还会不停地抖，不要催促我，对我多一点耐心和温柔，好吗？只要和你在一起，就会有很多的温暖涌上心头。

孩子，如今，我的脚站也站不稳，走也走不动，所以，请你紧紧地握着我的手，陪着我，慢慢地，就像当年一样，我带着你一步一步地走。

爱你的妈妈

我们，不要嫌老人的唠叨烦心，当有一天这熟悉的声音离你远去，势必你将会无比怀念……

你知道吗？当亲人们微笑着看你哭着来到人世间，你从呱呱坠地起，

便注定应用一生的爱去呵护父母亲因你而衰老的身躯。无论你是丑陋还是美丽，无论你是有所作为还是一败涂地，在父母眼中，他们的爱没有一分一秒因你的荣辱与得失而变轻。反而，爱的天平永远倾斜于他们施爱的那一方。

如果我们有过这样的行为，或者还有更多伤害父母的事情，就应该反省和忏悔。必要的时候跪下来，不只是在形式上，而是发自良心深处说一声："母亲，孩儿错了！""公公婆婆，媳妇错了！""岳父岳母，女婿错了！"重新把爱找回来，用赤子的心来孝顺父母！

孝道是千百年来中华传统文化的精髓。古圣先贤非常重视孝道的学习与实践，目前我国政府正在大力提倡构建和谐社会，也特别重视孝道。百善孝为先，它是众善之源，为人之本。因此，做人应先从这个"孝"字开始，一个"孝"字全家安。愿我们都能发露赤子之心，以此报答天、地、君、亲、师之大恩大德，实现万物和谐、世界大同的最终夙愿。

附录

# 附 录

## 一、孔子简介

孔老夫子一生呕心沥血，为我们子孙后代留下了宝贵的经典，同时也为人类留下光辉的一页：定礼乐，删诗书，作《春秋》，篆《十易》。承受着在他以前的两千五百余年的所有文化遗产；同时运转着在他之后两千五百余年后的文化开展，他一方面发扬古圣的学说，赞扬古圣的人格，接续传授真理大道的使命；更透过古圣的理想，开创出"仁"的境界。

"天不生仲尼，万古如长夜。"就因有了至圣先师——孔子，中华民族五千年的历史，才有了一座光明无比的灯塔，为我们照亮朦胧的过去，也为我们照开渺茫的未来，使我们安然的避过无数的风浪与暗礁，让我们中华民族传统文化得以传承不灭而走向伟大复兴。

孔子的父亲孔纥非常的骁勇善战，建立过两次战功，升任为陬邑大夫。孔父先娶妻，生9女，无子。又娶妾，生一子。孟皮脚有毛病。由一个身有残疾的儿子来继承家业，在过去是不合礼仪的。于是又娶颜征在。

当时叔梁纥已66岁，颜征在还不到20岁。她深明大义，也非常的孝顺，古时候结婚都是父母之命媒妁之言。结婚后的孔纥和颜征在非常的恩爱，为了能够生一个儿子来继承家业，夫妻两个人来到了尼丘山祭拜山神，希望早得贵子。

**公元前 551 年（鲁襄公二十二年）**

迄今两千五百六十多年。孔子生于鲁国陬邑昌平乡（今山东曲阜城东南）。父母为生子，向尼丘山祷告，故名丘。又因孔子排行老二，所以字仲尼。

面相与众不同。穷相、喜相、福相、贵相、怪相（天相，天上来的与众不同）。天生怪相，五露相，五官朝天。年幼的孔子，从小就与众不同，当别的孩子，还穿着开裆裤玩泥巴的时候，六岁的孔子玩耍嬉戏的时候，就已经开始学习古人的俎豆之礼了，就是已经开始学习礼了，学习如何跪拜、作揖、礼敬圣贤等等。

**公元前 537 年（鲁昭公五年）**

多年的学习，孔子的学问日见其长，已意识到此时的自己确实需要好好开始拜师学习了。所以，我们在《论语》中能够看到，孔老夫子总结自己的一生时，说道："吾十有五而志于学。"古时，只有贵族子弟才能够接受非常好的教育。但是，孔子的父亲去世之后，孔子和母亲便被赶出了家门，母子俩回到了姥爷家里。所以，虽然孔子是贵族之后，理应有资格进官学读书，但是命运的捉弄，却使得孔子在求学的这条路上，没有那么顺利。

**公元前 532 年（鲁昭公十年）**

有人说，孔子不尊重女人，说什么"唯小人与女子难养也"。其实，这其中指的女人，是说那些头发长见识短，没有家教没有修养，专门挑拨是非，东家长西家短的那种人。

孔子 19 岁结婚，20 岁太太生一儿子（亓官氏生子），此时正好赶上鲁昭公赐鲤鱼于孔子，故给其子起名为鲤，字伯鱼。同一年，孔子开始为委吏，管理仓库。

**公元前 525 年（鲁昭公十七年）**

接下来，孔子 28 岁开办私人教学。孔子开办私塾——私立学校，第一个民办学校。孔子为什么要创办私人教学，原因何在呢?

在孔子创办私人教学之前，都是国家来办学，俗称官学。而所谓官学是只有贵族子弟、官宦人家的子弟才能够去官学读书。而一般的平民老百姓是没有办法和机会来学习的。孔子开创私人教学先例，在招收学生的时候，真的是有教无类，各行各业，三六九等什么人都有，都拜孔子为师。在传授真理大道的过程中，孔老夫子有着诲人不倦的精神，因材施教的方法，来教诲自己的弟子。孔老夫子可以说是中国历史上最伟大的教育家。他在教育上的成就有哪些呢?

孔子的确是开创私人教学先例，招收学生，有教无类。为了实现其救世的理想，便带着学生，周游列国，明传诗书暗传道，到处说仁义，讲道德，成为著名教育家。

教学成就如下:

三千弟子

七十二贤人

十哲:颜回、闵子骞、冉伯牛、仲弓、子有、子贡、子路、宰我、子游、子夏。

四配:复圣颜回;宗圣曾子;述圣子思子;亚圣孟子。

德行科——颜回、闵子骞、冉伯牛、仲弓。

言语科——宰我、子贡。

政事科——冉有、子路。

文学科——子游、子夏。

所有的圣人都有老师，悉达多太子之所以能够成为后世顶礼膜拜，学习效仿的释迦牟尼佛，为什么?在中国的历史上，一介平民百姓的慧能，为什么能够成为东方如来六祖?其实，天上没有一尊圣贤和佛菩萨，是没有开悟就能够证悟的。所以，圣人都有拜师，都是在老师的指点下明心见性才开悟的。所以，世尊在《金刚经》中说道:"燃灯古佛与我授记。"六祖在《坛经》中说道:"袈裟遮尾，不令人见。"这说的都是圣人开悟的一

个过程。

孔子也有拜师，拜的是谁呢？老子。公元前 518 年（鲁昭公二十四年），三十五岁的孔子在弟子南宫敬叔的陪同下，到周去拜访老子。孔子拜访老子的时候，据传老子当时是 200 岁左右。老子让自己的小童来接待孔子。孔子当时在鲁国已经有一定的名望，弟子很多，甚至一些王孙贵族也是孔子的学生。而老子却让德行悬殊的小童来接待孔子。其实，这都是老子的良苦用心啊！是要试探孔子的根基，是否是可造之才。三天之后才见孔子。

孔子问礼于老子，问礼之理在哪？礼的源头核心。老子传道于孔子，之后孔子赞叹道："朝闻道夕死可矣。"孔子要离开的时候，老子对孔子叮嘱了几句，老子曰："良贾深藏若虚，君子盛德容貌若愚，去子之骄气与多欲，态色与淫志，皆无益于子之身，吾所以告子者，若是而已。"

良贾深藏若虚：会做生意的人，资金、货物都深藏不露；一般来说，虚有其表的人，十万作百万，百万作千万，海派作风，东西都摆在店里，里面是空的，这是用心不良。

君子盛德容貌若愚：我把真理传给了你，你要培养德行，成为一个有道君子，你的外表容貌要大智若愚，显仁藏智，不可锋芒毕露，精明强干表露在外。

骄气与多欲，态色和淫志，是皆无益于子之身：这个"子"是指孔子。孔子为人师表，知识渊博，追随的弟子很多，难免有一些骄傲的神色和态度。因此，老子对孔子说："你一定要把这些毛病去掉。你没有修行以前是无所谓，毕竟你也是人，但现在不同了，你既然问礼于我，我把真理传给你了，这些习性你必须去掉，因为它会障碍你成道。我所嘱咐你的，仅此而已，你要好自为之。"

受老子教诲的孔子非常的感慨，赞叹老子神龙见首不见尾，高深莫测，游龙之叹！之后几天几夜没说话。深思悟道！

孔子 50 岁走入仕途，拜访国君。一般的大臣都是进殿之后，才行礼，只有孔子在殿外就开始行礼了。孔子的操守，也就是孔子的礼做得非常的到位。

一个礼做得如此到位的人，国君能不喜欢吗？喜欢。但是为什么孔子做官的时间非常的短？是什么原因，使得孔子放弃了仕途，而走向了周游列国？俗话说："道不同，不相为谋。"当时的政治背景下，君王征战，强大国力，根本对孔子的仁义王道不感兴趣，无奈之下，孔子周游列国，55岁周游列国，68岁回鲁国，周游列国十四年。

孔子70岁的时候，登泰山。站在泰山顶上，对自己的弟子说：这是我最后一次登泰山，也是我第一次登泰山。弟子们莫名其妙，面面相觑，你看我，我看你，丈二和尚摸不着头脑。孔子之前登过很多次泰山，但是为什么夫子说自己是第一次登，而且也是最后一次登呢？

孔子站在泰山顶上，上面是蓝蓝的天。泰山如此的厚重，代表着厚德载物；蓝蓝的天代表君子自强不息。孔子的心与天相合，达到了天人合一。"七十而从心所欲，不逾矩。"自己的内心达到至善圆满的境界，与大道的刻度盘相吻合，没有一丝一毫的偏离。孔子的灵终于回归到了大道的母体当中，就好比一滴水回归到大海当中。

当大部分人都在羡慕和敬佩孔老夫子内心中所达到的那样一个境界的时候，但是我们可曾知道孔子是为何才能达到那样一种境界。他的人生经历，又有哪些与众不同的地方呢？孔子一生的命运是非常坎坷的。他经历了很多我们一般人都没有经历过的人生当中诸多的不幸：

3岁——童年丧父

17岁——少年丧母

67岁——中年丧妻

孔子55岁离开家乡，踏上了周游列国的道路。68岁才回到鲁国，妻子在孔子67岁的时候离开。也就是说，当时孔子离开鲁国，和自己的妻子可以说这一别就是永别。所以，孔老夫子为了弘扬真理，抛家舍业，连

自己妻子最后一面都没有见上。

69 岁——晚年丧子

人生最大的不幸莫过于白发人送黑发人。孔子的一生中可说是坎坷无数：人生的四大不幸，早年丧父，少年丧母，中年丧妻，晚年丧子都遇到了。孔老夫子并没有被自己人生中的这些不幸打倒，反而这些人生中的不幸成了孔子成就的垫脚石。孔老夫子不仅经历了人生中的四大不幸，还经历了人生中的七大考验。

55 岁——名利第一考　背井离乡

孔子在 55 岁的时候离开鲁国，开始周游列国，是什么样的原因，使得孔子背井离乡呢？孔子为鲁代国相。为削弱三桓，采取堕三都的措施。叔孙氏与季孙氏为削弱家臣的势力，支持孔子的这一主张，但此一行动受孟孙氏家臣公敛处父的抵制，孟孙氏暗中支持他的家臣。堕三都的行动半途而废。在孔子的治理下，鲁国日益强盛。鲁国的强盛，使得邻居齐国害怕了。齐国就精心准备了 80 名美女，送到鲁国，扰乱君心。季桓子接受了女乐，君臣迷恋歌舞，多日不理朝政。季氏挟天子以令诸侯，排挤孔子。

55 岁——是非第二考　匡地被围

鲁国的权臣阳货曾欺凌过匡地百姓，而孔子又长得像阳货，所以匡地人就把孔子他们给围了起来。被围了五天，孔子的弟子们都恐慌了起来。子路跟着孔老夫子学习真理，可以说时间也不短，而且子路可以说是胆识过人，但是面对此情此景，如此勇敢的子路都非常的畏惧和担忧。但是，我们看孔子在匡地受困，却依然能够谈笑风生，弹琴不辍。看淡名利，孔子过了官考；不被是非所困扰，过了受困这一考。可想而知孔子内心的定力和孔子内心的那种境界，真的是如如不动啊！

56 岁——色情第三考　过美人关

公元前 496 年（鲁定公十四年），孔子在卫国被卫灵公夫人南子召见。弟子子路对孔子见南子这件事情，是颇有微词啊！为人师表，作为一个圣人，怎么能够做这种事情呢？

一般人都认为，对于一个男人来说，看到一个美女的时候，是很难不动心的。如果是那种窈窕淑女自己送上门来的，那肯定是招架不住的。但是，孔子面对南子美女的考验，如如不动。我们看最后孔子说"我未见好德者如好色者多"，我没有见过一个爱好德行的人如同喜欢美好的事物一样！其实是委婉地夸赞南子，喜欢亲近善知识，喜欢亲近大德之人。所以，孔子和南子并没有发生任何事情，反而最后孔子度化了南子。但是弟子们不知道孔子的良苦用心，误会了孔子。所以孔子解释道：天知道我，天知道我，如果我的心里有什么邪念的话，真的是天不容我，天打五雷轰！

59 岁——忍辱第四考　消迹法坛

据史料记载，孔子已经提前预感到了，司马桓魋会派人去加害孔子，孔子提前微服（男扮女装）而行，所以那些人到场扑空，根本没有伤害到孔子。最后，但凡孔子经过的地方，都要把他的足迹消除掉，不留一点痕迹。这对圣人是极大的侮辱，而且极尽侮辱。

61 岁——生死第五考　陈蔡绝粮

陈蔡绝粮，七天七夜。很多弟子是病的病，倒的倒。今天我们学习传统文化，也会遇到一些挫折，但是和孔老夫子相比而言，就是小巫见大巫。生死考可以说是人生最大的考验，但是孔老夫子一直都是弹琴不辍。而他的弟子就不是这样了，他们面对如此大的考验，就开始怨天尤人了，就开始抱怨了。

孔子问弟子，我们不是犀牛不是老虎，为什么我们会这样？颜回善解老师意：如果说仁德的人一定会被人相信的话，那么伯夷、叔齐就不会饿死了。商朝的忠臣，武王伐纣，周朝代替了商朝之后，不愿意吃商朝的食物，最后饿死在首阳山上。要说智者之言一定会被人采行，那么王子比干

也不会遭到虐杀。

71 岁——智慧第六考　道脉断层

孔老夫子的关门弟子，年仅 32 岁的颜回，突然病故，道的传人不在了，孔老夫子是措手不及，伤心欲绝。颜回真不愧是孔子最得意的门生，非常的优秀。君子谋道不谋食，忧道不忧贫，在颜回的身上体现得是淋漓尽致。仁在孔子的心中代表着非常高的境界，当别人问及孔子，自己的弟子有没有仁德的时候，孔老夫子从来都是说这个弟子，他的优点是什么？只有对颜回，孔子用仁德来赞美过颜回说，"回三月不违仁。"颜回能够很长时间不离开仁道。可见，颜回是孔老夫子心目中的接班人。

孔子当年已经 71 岁了，自己的人生路没有多长了，总算是找到一个德行和智慧都非凡的弟子颜回来传承自己的衣钵，继承道脉。但是没想到，年纪轻轻的颜回就不在了。这让年迈的孔子到哪里再去找一个道的传人呢？幸而，有孔老夫子的弟子曾子大孝子，我们都知道至孝能够与天相合，正所谓"孝弟之至，通于神明，光于四海"。所以，后来孔子将真理传承给了大孝子曾子。

是年春，狩猎获麟。孔子认为这不是好征兆，说："吾道穷矣"。于是绝笔《春秋》。

72 岁——亲情第七考　师生永别

孔子闻卫国政变，预感到子路有生命危险。子路果然被害。得意门生子路遇害，被剁成肉酱，让他心痛不已，从此再也不吃猪肉酱了。孔子经历过这么多的磨难和挫折，最终成就了孔子一生的志节。

智——学而不厌；

仁——诲人不倦；

勇——明知不可为而为之。

公元前 479 年，孔子去世。

# 附 录

········································

# 二、孝之格言

孝是教育之始；

孝是德行之本；

百善孝为先；

孝是立国之最伟大的精神；

孝是构建和谐家庭之基本要素；

孝是人格完整的奠基石；

孝是人之天性；

小孝养身；

中孝养德；

大孝养志；

至孝养性；

心不离大道母亲、心性合一是大大孝。

至孝无情，大爱无言。

树有根，水有源，人有祖先。

手包孩儿想起娘，养儿方知父母恩。

人人都会老，父母恩情忘不了。

天高地厚父母恩，千言万语说不清。

家中老是块宝，养老敬老差不了；

天下老是国宝，尊老爱老都说好。

不孝父母，拜神无益。

不孝己父孝他父德之悖；

不敬己母敬她母礼之悖。

以爱己之心爱爹娘，以亲子之心亲父母。

当官又敬老，人人都称好。

天下男人是我父，天下女人是我母，以敬父母之心敬天下人。

为父母所做的一切都是应该的；

替父母做得再多也是微不足道；

天下无不是的父母；

求佛拜佛不如孝顺父母这两位活佛。

只顺不劝不是好儿女；

孝顺儿还生孝顺儿，忤逆子仍生不孝子；

孝顺父母人人有责，赡养长辈个个有份。

孝顺父母各尽各心；

孝顺父母不能等；

孝顺公婆等于孝顺双亲。

活着多孝顺，死后别闹心。

孝顺老人是一面品德高尚的镜子。

成圣成贤是真孝顺。

只孝不敬不是真孝子；

孝敬父母是天下第一道德。

孝敬父母天降福；

孝敬双亲的人会得到儿女的孝敬。

孝敬之人不会差，不孝之人也不会好；

孝敬不论女和男，人人有份儿；

忠孝可以两全，为国尽忠也等于尽孝。

父母在世以礼相待，双亲过世依礼安葬，清明扫墓按礼祭祀。

## 附 录

········································

# 三、《百孝经》

天地重孝孝当先，一个孝字全家安，孝顺能生孝顺子，
孝顺子弟必明贤，孝是人道第一步，孝子谢世即为仙，
自古忠臣多孝子，君选贤臣举孝廉，尽心竭力孝父母，
孝道不都讲吃穿，孝道贵在心中孝，孝亲亲责莫回言，
惜乎人间不识孝，回心复孝天理还，诸事不顺因不孝，
怎知孝能感动天，孝道贵顺无他妙，孝顺不分女共男，
福禄皆由孝字得，天将孝子另眼观，人人都可孝父母，
孝敬父母如敬天，孝子口里有孝语，孝妇面上带孝颜，
公婆上边能尽孝，又落孝来又落贤，女得淑名先学孝，
三从四德孝在前，孝在乡党人亲敬，孝在家中大小欢。
孝子逢人就劝孝，孝化风俗人品端，生前孝子身价贵，
死后孝子万古传，处世惟有孝力大，孝能感动地和天，
孝经孝文把孝劝；孝父孝母孝祖先，父母生子原为孝，
能孝就是好儿男，为人能把父母孝；下辈孝子照样还，
堂上父母不知孝，不孝受穷莫怨天，孝子面带太和相，
入孝出悌自然安，亲在应孝不知孝，亲死知孝后悔难，

孝在心孝不在貌，孝贵实行不在言，孝子齐家全家乐，
孝子治国万民安，五谷丰登皆因孝，一孝即是太平年，
能孝不在贫和富，善体亲心是孝男，兄弟和睦即为孝，
忍让二字把孝全，孝从难处见真孝，孝容满面承亲颜，
父母双全正宜孝；孝思鳏寡亲影单，赶紧孝来光阴快，
亲由我孝寿由天，生前能孝方为孝，死后尽孝徒枉然，
孝顺传家孝是宝，孝性温和孝味甘，羊羔跪乳尚知孝，
乌鸦反哺孝亲颜，为人若是不知孝，不如禽兽实可怜，
百行万善孝为首，当知孝字是根源，念佛行善也是孝，
孝仗佛力超九天，大哉孝乎大哉孝，孝亦无穷孝无边，
此篇句句不离孝，离孝人伦颠倒颠，念得十遍千个孝，
念得百遍万孝全，千遍万遍常常念，消灾免难百孝篇。

## 附 录

### 四、孝之圣歌

母亲，您在何方？

雁群儿飞来飞去白云里，

经过那万里可曾看仔细，

燕儿呀我想问你，

我的母亲，可有消息。

秋风那吹得枫叶乱飘荡，

嘘寒呀问暖却少那亲娘，

母亲呀，我要问你，

天涯茫茫，你在何方？

明知那黄泉难归，

我们仍在痴心等待，

我的母亲啊！

等着你，等着你，等你入梦来。

儿时的情景似梦般依惜，

母爱的温暖永远难忘记，

母亲呀，我真想你，

恨不能够时光倒移。

# 附　录

## 五、《孝之亲恩》

父母弘恩大矣哉！天高地厚总难猜。
我能数尽青丝发，只有亲恩数不来。
生身恩重岂能忘，禽有慈乌兽有羊。
为子若还忘奉养，不如禽兽是豺狼。
我今未说泪先淋，难报爹娘养育恩。
真是断肠歌不得，哪能歌与众人听。
恩大如天不可当，请伊终日细量思。
若还不信亲恩大，你自如何疼令郎？
亲恩当报欲何寻，养子方知爱子心。
想到爱儿真切处，应知昔日爱恩深。
唯有怀胎受折磨，百般病苦好难过。
莫言生产寻常事，古往今来凶险多。
看见荤腥就恼人，几曾尝得半星星。
如今茶饭都难吃，只把姜汤当命根。
下得阶来难上阶，半年换过几双鞋。
旧时穿的鞋和袜，对对双双都胀开。

肚里而今疼得慌，叫人为我检衣裳。

千生万死都难算，只靠神天做主张。

临盆腰腹痛难禁，折骨断肠命莫论。

两日三朝经险难，死生谁管费艰辛。

生下儿来便发昏，牙关紧闭眼难睁。

直从剪下胞衣后，血定心安才是人。

撒的浑身是屎便，爹娘就用手来揩。

可怜几幅裙和布，卷在床头尚未开。

撒的爹娘尿满身，浸来已似水中人。

却无半点嫌臊意，这样天高地厚恩！

尿屎淋漓污满床，恐惊儿睡不声张。

只因天性相关切，粘着还如扑鼻香。

手与娇儿作枕眠，移干就湿受熬煎。

要儿稳睡天明好，不敢翻身常露肩。

梦里听儿哭一声，翻身就把手来擎。

要知两岁三周内，一觉何曾睡得成？

大雪纷飞腊月天，偎头偎脸抱儿眠。

只因奶是孩儿吃，彻夜开胸在外边。

左手擎来右手抬，何曾一刻离娘怀？

忽然遇阵凉风过，紧抱胸怀不放开。

世事心焦几万般，终朝终日皱眉端。

不知这是如何说，望见娇儿就喜欢。

叫声亲儿骨髓疼，亲恩这样海水深！

真如腑肺相连紧，怕听娇儿哭一声。

如何容易得三年，受怕担惊有万千。

儿若病时心便碎，何曾一刻得安然？

觅得鸡肝鸭汁汤，核桃龙眼藕丝糖。
养得孩儿日长成，渐多知觉笑容生。
爹娘相喜还相戒，切莫高声儿受惊。
偶遇孩儿夜哭啼，爹娘心内各忧疑。
不知何处惊儿胆，许愿求神又请医。
富贵生儿胜宝珍，丫鬟乳母共看承。
爹娘犹恐难安稳，日夜焦心看几巡。
贫穷哪来米和柴，儿女啼饥心痛哀。
求得饭来儿尽饱，自身甘心饥肠捱。
万种心肠万种缘，时时缠在小儿边。
听儿说句寻常话，就与砂糖一样甜。
幸得儿今两岁零，扶墙摸壁已能行。
只愁跌着头和面，挂肚牵肠不放心。
生得孩儿性气歪，任他心性使将来。
如何父母偏怜爱，还说乖乖这样乖。
都来递与孩儿吃，自己何曾亲口尝。
儿身潮热出天花，吓得爹娘乱似麻。
恨不与儿分痛痒，三餐忧得不粘牙。
虽然赚得几分钱，费尽心机夜不眠。
不是为儿还为女，自身难得有安然。
严师教诲望成人，只顾娇儿哪顾贫。
赘节修金多礼数，可怜拮据效殷勤。
学生不打不成人，为因要打请先生。
谁知一副真心肺，不忍先生骂一声。
儿今头发已披肩，转眼成人在眼前。
痛杀娘心难割舍，不能常在膝头边。

娘看爹来爹看娘，为何终日面皮黄？
只因儿女将婚嫁，相对愁眉做一房。
爹与亲娘共辛苦，谋求朝夕甚殷勤。
教儿长大完婚后，才把心思放几分。
远游含泪倚门庭，暮宿朝餐总挂心。
唯恐风霜儿受苦，平安书到值千金。
亲到中年气血虚，老来多病最难怯。
请伊服食寻常外，还要随亲意所如。

# 附 录

## 六、孝之报恩

论水寻源，问斤求两，我有此身，从何生长。

身由父母，谁人不知，只妨恩义，忘了多时。

养子之心，如蜂酿蜜，子养双亲，难酬万一。

戒食牛犬，尚念其功，若论父母，恩与天同。

何以世人，竟有不孝，负义忘恩，糊涂混闹。

不思父母，生我劬劳，提携保护，心血枯焦。

长大成人，弃亲不顾，置若罔闻，各行各路。

比喻外出，远去他方，中途日晚，又困空囊。

形影飘零，无处歇宿，欲访亲朋，并无相熟。

此时恼闷，忽遇一人，留宿具饭，待我殷勤。

感谢之情，不胜领纳，他日相逢，深深报答。

受人一饭，笑得酬还，子食父母，千餐万餐。

十月怀胎，移干就湿，有病调医，为儿暗泣。

衣我食我，教我读书，为我完婚，更不推辞。

与田我耕，与屋我住，如此体贴，都算厚爱。

相交朋友，每当知心，须知父母，为第一人。

既受其恩，当思其报，何故无情，反为激恼。

只知自己，快活风流，不顾父母，烦恼忧愁。

子不帮扶，父母无计，空养一场，太觉无谓。

尔知入庙，恭敬神明，叩头拜跪，肃肃诚诚。

禀尽千声，只救庇护，尔食饥寒，真来救否。

救与不救，当属无凭，惟我父母，庇佑为真。

寒则加衣，饥则与食，日日如常，显其圣迹。

号生菩萨，既是爹娘，不知敬奉，枉尔焚香。

尔有老婆，几肯作致，听信妻言，极之有味。

为何父母，总不关心，恩将仇报，当作间人。

丧尽天良，五伦颠倒，罪大难容，终无有好。

求神拜佛，恭喜添丁，待亲何暗，待子何明。

子作珍珠，爱之如宝，日望长成，以为养老。

后来长大，好丑难知，我受父母，养育多时。

我不孝亲，子不孝我，世事轮流，眼前因果。

欲求发达，有好儿孙，须孝父母，培养根源。

父母根本，子孙枝叶，我是树身，气脉相接。

树头要固，加意栽培，开枝发叶，结果成堆。

刻薄双亲，锄伤树蕴，任尔枝条，断难生长。

历观世界，报应分明，薄待父母，后代孤零。

不肖之名，任人羞辱，天眼昭昭，鬼神怒目。

积成罪孽，自己承当，枉生人世，直等豺狼。

及早回头，归于孝义，瑞气满庭，吉祥欢喜。

古来孝子，高出千层，能存孝道，压尽修行。